畜禽产品安全生产综合配套技术丛书

动物生物制品安全应用关键技术

乔宏兴 马 辉 主编

U0242551

中原农民出版社

·郑州·

图书在版编目(CIP)数据

动物生物制品安全应用关键技术/乔宏兴,马辉主编. —郑州:中原农民出版社,2017.1

(畜禽产品安全生产综合配套技术丛书)

ISBN 978 - 7 - 5542 - 1614 - 9

Ⅰ.①动… Ⅱ.①乔… ②马… Ⅲ.①兽医学 - 生物制品 - 安全技术 Ⅳ.①S859.79

中国版本图书馆 CIP 数据核字(2017)第 019576 号

动物生物制品安全应用关键技术

乔宏兴　马　辉　主编

出版社:中原农民出版社

地址:河南省郑州市经五路 66 号　　　　　　　邮编:450002

网址:http://www.zynm.com　　　　　　　　电话:0371 - 65788655

发行单位:全国新华书店　　　　　　　　　　传真:0371 - 65751257

承印单位:新乡市天润印务有限公司

投稿邮箱:1093999369@ qq.com

交流 QQ:1093999369

邮购热线:0371 - 65788040

开本:710mm × 1010mm　　1/16

印张:19.75

字数:327 千字

版次:2017 年 4 月第 1 版　　　　　　　　　　印次:2017 年 4 月第 1 次印刷

书号:ISBN 978 - 7 - 5542 - 1614 - 9　　　　　　定价:39.00 元

序

近年来,我国采取有力措施加快转变畜牧业发展方式,提高质量效益和竞争力,现代畜牧业建设取得明显进展。第一,转方式,调结构,畜牧业发展水平快速提升。持续推进畜禽标准化规模养殖,加快生产方式转变,深入开展畜禽养殖标准化示范创建,国家级畜禽标准化示范场累计超过4 000家,规模养殖水平保持快速增长。制定发布《关于促进草食畜牧业发展的意见》,加快草食畜牧业转型升级,进一步优化畜禽生产结构。第二,强质量,抓安全,努力增强市场消费信心。坚持产管结合、源头治理,严格实施饲料和生鲜乳质量安全监测计划,严厉打击饲料和生鲜乳违禁添加等违法犯罪行为;切实抓好饲料和生鲜乳质量安全监管,保障了人民群众"舌尖上的安全"。畜牧业发展坚持"创新、协调、绿色、开放、共享"的发展理念,坚持保供给、保安全、保生态目标不动摇,加快转变生产方式,强化政策支持和法制保障,努力实现畜牧业在农业现代化进程中率先突破的目标任务。

随着互联网、云计算、物联网等信息技术渗透到畜牧业各个领域,越来越多的畜牧从业者开始体会到科技应用带来的巨变,并在实践中将这些先进技术运用到整条产业链中,利用传感器和软件通过移动平台或电脑平台对各环节进行控制,使传统畜牧业更具"智慧"。智慧畜牧业以互联网、云计算、物联网等技术为依托,以信息资源共享运用、信息技术高度集成为主要特征,全力发挥实时监控、视频会议、远程培训、远程诊疗、数字化生产和畜牧网上服务超市等功能,达到提升现代畜牧业智能化、装备化水平,以及提高行业产能和效率的目的,最终打造出集健康养殖、安全屠宰、无害处理、放心流通、绿色消费、追溯有源为一体的现代畜牧业发展模式。

同时,"十三五"进入全面建成小康社会的决胜阶段,保障肉蛋奶有效供给和质量安全、推动种养结合循环发展、促进养殖增收和草原增绿,任务繁重而艰巨。实现畜牧业持续稳定发展，面临着一系列亟待解决的问题：畜产品消费增速放缓使增产和增收之间矛盾突出，资源环境约束趋紧对传统养殖方式形成了巨大挑战，廉价畜产品进口冲击对提升国内畜产品竞争力提出了迫切要求，食品安全关注度提高使饲料和生鲜乳质量安全监管面临着更大的压力。

"十三五"畜牧业发展，要更加注重产业结构和组织模式优化调整，引导产业专业化分工生产，提高生产效率；要加快现代畜禽牧草种业创新，强化政策支持和科技支撑，调动育种企业积极性，形成富有活力的自主育种机制，提升产业核心竞争力；要进一步推进标准化规模养殖，促进国内养殖水平上新台阶；要积极适应经济"新常态"变化，主动做好畜产品生产消费信息监测分析，加强畜产品质量安全宣传，引导生产者立足消费需求开展生产；要按照"提质增效转方式，稳粮增收可持续"的工作主线，推进供给侧结构性改革，加快转型升级，推行种养结合、绿色环保的高效生态养殖，进一步优化产业结构，完善组织模式，强化政策支持和法制保障，依靠创新驱动，不断提升综合生产能力、市场竞争能力和可持续发展能力，加快推进现代畜牧业建设；要充分发挥畜牧业带动能力强、增收见效快的优势，加快贫困地区特色畜牧业发展，促进精准扶贫、精准脱贫。

由张晓根教授组织编写的"畜禽产品安全生产综合配套技术丛书"涵盖了畜禽产品质量、生产、安全评价与检测技术，畜禽生产环境控制，畜禽场废弃物有效控制与综合利用，兽药规范化生产与合理使用，安全环保型饲料生产，饲料添加剂与高效利用技术，畜禽标准化健康养殖，畜禽疫病预警、诊断与综合防控等方面的内容。

该丛书适应新阶段、新形势的要求，总结经验，勇于创新。除了进一步激发养殖业科技人员总结在实践中的创新经验外，无疑将对畜牧业从业者的培训，促进产业转型发展，促进畜牧业在农业现代化进程中率先取得突破，起到强有力的推动作用。

中国工程院院士

2016 年 6 月

前　言

　　本书第一至第三章主要介绍了动物生物制品的类型及所需基础理论知识、基本技能,并分别介绍细菌性疫苗、病毒性疫苗及其他生物制品的生产技术;第四至第七章根据动物生物制品使用中出现的具体问题,分别介绍了预防类动物生物制品、治疗类动物生物制品、诊断类动物生物制品和常用微生态制剂的安全应用等内容,主要总结了动物疫苗的运输保存、动物免疫与免疫失败原因及控制等方面的具体问题,对目前国内外禽类、猪、牛、羊、马、兔、犬、猫、特种经济动物等常用的动物生物制品的性能、使用方法和注意事项等方面进行了整理,并推荐了畜禽常见疫病的建议免疫程序。

　　本书理论与实践并重,突出了动物生物制品的特点和实用性,增添了实用新技术和新信息,可供养殖户、规模化养殖场、基层畜牧兽医技术人员参考使用,也可作为生物技术类企业员工培训或其他相关技术人员的学习参考用书。

　　本书受河南省自然科学基金资助项目(162300410128)资助,以示感谢。

编者

2017 年 1 月

目 录

动物生物制品安全应用关键技术

第一章 动物生物制品基础知识

随着饲养业的持续发展,动物传染病的流行也产生了许多新的特点,同时由于分子免疫学、分子病毒学、生物化学、有机化学、分子遗传学等基础学科与细胞工程、基因工程、蛋白质工程等生物高技术的不断进步,动物生物制品的研制和发展也不断有新的突破。人们根据动物疫病病原的理化特性、培养特点、致病机制及免疫机制,制备合乎生物制品质量要求、适于防制动物疫病的疫苗、诊断液和生物治疗制剂。

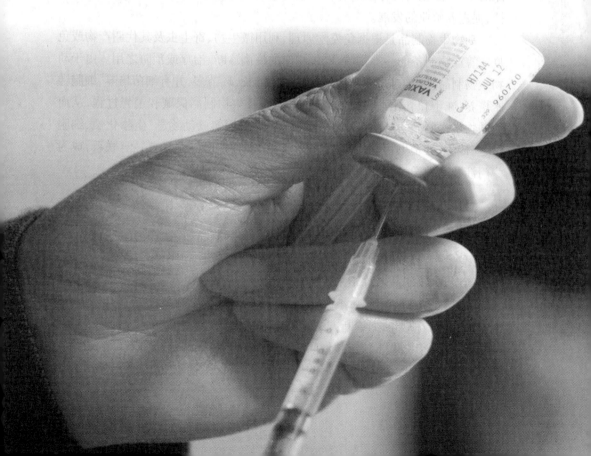

第一节　动物生物制品的概念与命名原则

一、动物生物制品的概念

动物生物制品学是以预防兽医学和生物工程学理论为基础,研究动物传染病和寄生虫病的免疫预防、诊断和治疗用生物性制品的制造理论和技术、生产工艺、制品质量检验与控制和保藏与使用方法,以增强动物机体特异性和非特异性免疫力,及时准确诊断动物疫病,并给予特异性治疗,防止疫病传播的综合性应用学科。它是生物制品学科的重要组成部分,其内容包括两个方面:一是生物制品的生物学,即主要讨论如何根据动物疫病病原的理化特性、培养特点、致病机制及免疫机制,获得合乎生物制品质量要求、适于防制动物疫病的疫苗、诊断液和生物治疗制剂;二是生物制品的工艺学,主要研究生物制品的生产制造工艺、保藏条件和使用方法等,并保证生产优良制品,不断提高制品的质量,防止可能存在的有害因素对动物健康造成的危害和动物疫病的传播,促进养殖业的发展。

动物生物制品是根据免疫学原理,利用微生物、寄生虫及其代谢产物或免疫应答产物制备的一类物质,专供相应的疫病诊断、治疗或预防之用。由于动物生物制品种类繁多,细菌和病毒培养周期长、环节多,并有细菌培养、细胞转瓶培养、冻干和乳化等多种生产形式,还涉及生物制品保藏和销售过程,从而使动物生物制品学与微生物学、病毒学、免疫学、实验动物学、生物化学、细胞学、遗传学、分子生物学、制冷学、生物工程学和管理科学等有一定联系,成为一门涉及多种学科领域的应用科学。

二、动物生物制品的命名原则

根据《兽用新生物制品管理办法》规定,生物制品命名原则有 10 条:

第一,生物制品的命名以明确、简练、科学为基本原则。

第二,生物制品名称不采用商品名或代号。

第三,生物制品名称一般采用"动物种名 + 病名 + 制品种类"的形式。诊断制剂在制品种类前加诊断方法名称。如牛巴氏杆菌病灭活疫苗、马传染性贫血活疫苗、猪支原体肺炎微量间接血凝抗原。特殊的制品命名可参照此方法。病名应为国际公认的、普遍的称呼,译音汉字采用国内公认的习惯写法。

第四,共患病一般可不列出动物种名。如气肿疽灭活疫苗、狂犬病灭活疫苗。

第五,由特定细菌、病毒、立克次体、螺旋体、支原体等微生物以及寄生虫制成的主动免疫制品,一律称为疫苗。例如仔猪副伤寒活疫苗、牛瘟活疫苗、牛环形泰勒黎浆虫疫苗。

第六,凡将特定细菌、病毒等微生物及寄生虫毒力致弱或采用异源毒制成的疫苗,称活疫苗;用物理或化学方法将其灭活后制成的疫苗,称灭活疫苗。

第七,同一种类而不同毒(菌、虫)株(系)制成的疫苗,可在全称后加括号注明毒(菌、虫)株(系)。例如猪丹毒活疫苗(GC_{42}株)、猪丹毒活疫苗(G_4T_{10}株)。

第八,由两种以上的病原体制成的一种疫苗,命名采用"动物种名 + 若干病名 + x 联疫苗"的形式。例如羊黑疫、快疫二联灭活疫苗,猪瘟、猪丹毒、猪肺疫三联活疫苗。

第九,由两种以上血清型制备的一种疫苗,命名采用"动物种名 + 病名 + 若干型名 + x 价疫苗"的形式。例如牛口蹄疫 O 型、A 型双价活疫苗。

第十,制品的制造方法、剂型、灭活剂、佐剂一般不标明,但为区别已有的制品,可以标明。

第二节　生物制品对动物疾病的作用

一、免疫预防

生物制品是防制动物疫病的主要手段之一,也是保障人、兽健康的必要条件,许多国家借助生物制品控制或消灭了很多危害严重的动物传染性疾病。如牛瘟 18 ~ 19 世纪曾在法国和南美引起大量牛死亡。我国也曾流行该病,仅 1938 ~ 1941 年,青海、甘肃和四川等省死亡牛 100 万头以上。1941 年,我国从日本引进牛瘟兔化毒(355 代),经兔体连续传代,研制成功牛瘟兔化弱毒疫苗,用于预防该病。1952 年全国各地普遍注射牛瘟兔化弱毒疫苗,1956 年宣告扑灭了牛瘟。牛肺疫曾在亚非地区和我国 27 个省区广泛流行,并严重危害养牛业。20 世纪 60 年代,我国育成牛肺疫兔化弱毒株,后来逐渐推广应用牛肺疫兔化弱毒疫苗、牛肺疫兔化绵羊适应弱毒疫苗和牛肺疫兔化藏系绵羊化弱毒疫苗,1996 年宣布在全国消灭牛肺疫。猪瘟曾在世界各国普遍发生,我国年死猪达千万头以上。自20世纪50年代我国培育成功猪瘟兔化弱毒株以来，不仅我国控制了猪瘟的流行，朝鲜和阿尔巴尼亚等国也借此消灭了猪瘟。随着畜禽规模化养殖，免疫预防更成为畜禽生产中必不可少的手段，如鸡马立克病、鸡新城疫、传染性支气管炎和传染性法氏囊病等传染病的疫苗已被用于几乎所有鸡场。由于有些病原体在不同流行时期，其致病力和抗原性会发生变化，所以，有必要不断研究和开发新的有效疫苗。

疫苗一方面可用于有效防制动物疫病，但另一方面也可成为传播病原体的媒介，有些疫苗本身就是许多感染性病原体的培养基，如鸡胚尿囊液和细胞培养液等。所以，它们就有可能因污染而达到对免疫动物构成危险的水平。不少生产事故的深刻教训，促使我国日益重视生物制品的管理工作，研究生物制品质量规范，积极寻找合乎生物制品要求的实验动物，改进生产工艺及保藏方法，严格规定生产用原料质量，包括鸡胚、细胞和血清等，研究消除并控制危害因子的对策。

二、疾病诊断

动物疫病诊断水平是衡量一个国家兽医水平的主要标志之一。随着免疫学和生物技术的迅速发展，很多国家已研制出相应疾病的血清学和分子生物学诊断试剂盒。如猪瘟、猪伪狂犬病、鸡新城疫及传染性法氏囊病等酶联免疫吸附测定（ELISA）抗体检测试剂盒已在发达国家普遍使用，通过监测免疫动物抗体水平，为制定免疫程序提供依据。猪伪狂犬病 gE 重组蛋白 ELISA 抗体检测盒则可用于临床诊断。我国研制的鸡副伤寒玻片凝集抗原、布氏菌病诊断抗原、牛结核菌素、鸡马立克病琼脂扩散试验抗原及鸡新城疫血凝抗原也已得到广泛使用。

三、疾病治疗

有些动物传染病的高免血清、痊愈血清和卵黄抗体等生物制品具有帮助动物机体杀死、抑制或消除病原体的作用，具有特异性强和疗效快等特点。一般在正确诊断的基础上，只要尽早使用该类制品，疗效较好，如小鹅瘟和鸡传染性法氏囊病等。

当然，一个国家在防制动物疾病、保护畜禽生产和增进人民健康上所采取的措施是多方面的，动物生物制品只是在预防兽医学理论和实践的角度直接为畜牧业和人类健康事业服务的一个方面，它无论是作为一门学科还是具体实践,目的都是为了保证动物健康生长。其主要任务是研究制造安全有效的疫苗、诊断液和生物性治疗制剂,杜绝生物性和化学性有害因子的污染和扩散,预防控制动物疫病的发生和传播。

第三节　动物生物制品的分类

一、按动物生物制品的性质和作用分

1. 疫苗

凡动物接种后能产生自动免疫和预防疾病的一类生物制剂均称为疫苗,包含细菌性菌苗、病毒性疫苗和寄生虫性虫苗。

2. 类毒素

类毒素是用细菌产生的毒素经解毒精制而成。

3. 免疫血清

免疫血清是用细菌、病毒、类毒素、毒素等免疫注射动物或人体所产生的抗细菌、抗病毒、抗毒素的超免疫血清,经精制而成。

4. 卵黄抗体

通过免疫注射产蛋鸡,即可由其生产的蛋黄中提取相应的抗体,并可用于相应疾病的预防和治疗。

5. 诊断制品

诊断制品包括用于体外免疫实验诊断的各种诊断抗原、诊断血清和体内诊断制品等。诊断试剂种类繁多,可分为细菌学、病毒学、免疫学、肿瘤和临床化学以及其他临床诊断试剂等。

6. 微生态制剂

微生态制剂是利用正常微生物或促进微生物生长的物质制成的活的微生物制剂。也就是说,一切能促进正常微生物群生长繁殖的及抑制致病菌生长繁殖的制剂都称为微生态制剂。

二、按动物生物制品的制备方法和物理性状分

1. 普通制品

指一般生产方法制备的、未经浓缩或纯化处理,或者仅按毒(效)价标准稀释的制品,如无毒炭疽芽孢疫苗、猪瘟兔化弱毒疫苗、普通结核菌素等。

2. 精制生物制品

将普通制品（原制品）经物理或化学方法除去无效成分，进行浓缩和提纯处理制成的制品，其毒（效）价均高于普通制品，如精制破伤风类毒素和精制结核菌素等。

3. 液状制品

与干燥制品相对而言的湿性生物制品。一些灭活疫苗（如猪肺疫氢氧化铝疫苗、猪瘟兔化弱毒组织湿苗等）、诊断制品（抗原、血清、溶血素、豚鼠血清补体等）为液状制品。液状制品多数既不耐高温和阳光，又不宜低温冻结或反复冻融，否则其效价会受到影响，故只能在低温冷暗处保存。

4. 干燥制品

生物制品经冷冻真空干燥后能长时间保持其活性和抗原效价，活疫苗、抗原、血清、补体、酶制剂和激素制剂均如此。将液状制品根据其性质加入适当冻干保护剂或稳定剂，经冷冻真空干燥处理，将96%以上的水分除去后剩留疏松、多孔呈海绵状的物质，即为干燥制品。冻干制品应在8 ℃下运输，在0～5 ℃保存。如猪瘟兔化弱毒冻干疫苗、鸡马立克病火鸡疱疹病毒冻干疫苗等。有些菌体生物制品经干燥处理后可制成粉状物，成为干粉制剂，十分有利于运输、保存，且可根据具体情况配制成混合制剂，例如羊梭菌病五联干粉活疫苗。

5. 佐剂制品

为了增强疫苗制剂诱导动物机体的免疫应答反应，提高免疫效果，往往在疫苗制备过程中加入适量的佐剂（免疫增强剂或免疫佐剂），制成的生物制剂即为佐剂制品。若加入的佐剂是氢氧化铝胶，即制成氢氧化铝胶疫苗，如猪丹毒氢氧化铝胶灭活疫苗；若加入的是油佐剂，则称为油乳佐剂疫苗，如鸡新城疫油乳剂灭活疫苗。

第四节　新型动物生物制品

随着免疫学理论及其相关技术的发展与突破，生物制品业也不断得到发展。早期利用传统疫苗产品，并结合其他综合防制措施，某些动物传染病已在一些国家被消灭，我国也消灭了牛瘟和牛肺疫。由于有些病原微生物所具有的特殊性质，对开发常规的疫苗有更大的困难和更高的技术要求，例如：①抗原性不断演变，同一致病原具有多种不同的血清型，如禽流感和口蹄疫。②病毒的核酸基因组感染后能插入并整合到动物染色体中。③某些病毒不能在体外大量增殖,因而无法制备常规疫苗。④病毒感染免疫器官或细胞而造成免疫缺陷,如猪圆环病毒。这给生物制品的制备带来了新的困难。

随着生物技术在生物制品领域应用的不断深化和发展,产生了一些新的疫苗,开辟出一条更新的疫苗研制途径。

一、重组亚单位疫苗

基因工程重组亚单位疫苗是将某种特定蛋白质的基因组,经与适当质粒或病毒载体重组后导入受体(细菌、酵母或动物细胞),使其在受体中高效表达,提取所表达的特定多肽,加佐剂即制成亚单位疫苗。这种疫苗只含有产生保护性免疫应答所必需的免疫原成分,不含有免疫所不需要的成分,因此有很多优点,比如降低副作用、安全性和稳定性好、便于保存和运输、产生的免疫应答可以与感染产生的免疫应答相区别,因此,更适合于疫病的控制和消灭。

其制备步骤:病原保护性抗原的 DNA → 导入质粒中重组 → 导入细胞 → 鉴定和筛选细胞 → 纯化 → 制备抗原多肽。

常用的表达系统:原核生物(大肠杆菌和枯草杆菌)、真菌、昆虫细胞、哺乳类细胞。

二、重组活载体疫苗

基因工程活载体疫苗是将外源目的基因用重组 DNA 技术克隆到活的载体病毒中制备的一种疫苗,可直接用这种疫苗经多种途径免疫动物。病毒活载体疫苗其本质是杂交病毒,它既含有一种病毒复制所需的全部基因,又含有另一种病毒编码免疫原性蛋白质的基因片段,用这种杂交病毒免疫动物既能刺激宿主产生体液免疫,又能刺激宿主产生细胞免疫。

目前研究最多的是重组痘病毒,其他作为候选的病毒载体还有腺病毒、口疮病毒、禽痘病毒等。虽然疱疹病毒和反转录病毒也可作为载体,但它们的癌基因或/和潜伏感染的可能性妨碍了对它们的应用。

重组痘病毒作为新型活载体疫苗的优点:①价廉、稳定、易于繁殖。②可制备多价疫苗,动物只需免疫一次就能对同一病毒的不同血清型或不同病毒的几种抗原物质产生免疫应答。③接种方便。④宿主范围广,人用、兽用均可。⑤可刺激机体产生体液和细胞免疫应答,而一般的灭活苗和亚单位苗不能有效产生细胞免疫应答。⑥无致癌性和转化现象。⑦痘病毒有近 200 年的使用历史，人类对其使用禁忌证和不良反应都比较清楚。⑧可能用于目前尚无疫苗的疾病或取代那些价格昂贵、难以广泛使用的疫苗。

缺点：①人接种后可能会发生种痘后脑炎。②种过痘的个体，因机体产生抗痘苗病毒抗体，故免疫效果较差。③天花病毒在全世界范围内已消灭，现已停止种痘，对人体再次启用痘苗病毒作为活疫苗载体尚有争议，对家畜则无此顾虑。

载体病毒有痘病毒、腺病毒、疱疹病毒等。

三、基因缺失疫苗

基因缺失疫苗是利用重组 DNA 技术去掉病毒致病基因组中的某一片段，使缺损病毒株难以自发地恢复成强毒株，但并不影响其增殖或复制，且保持其良好的免疫原性，从而制备成免疫原性好且十分安全的基因缺失苗。

某些病毒难以用传统的方法制备成弱毒活疫苗，因为在非正常宿主培养物上传代致弱的同时也部分地丢失了免疫原性，连续致弱传代的次数越多，其返祖现象的可能性越高，因此，有些病毒至今尚无满意的弱毒活疫苗。用重组 DNA 技术，去除强毒株的致病基因片段，使其毒力明显减弱，而其免疫原性不受影响，这种基因缺失的弱毒株有可能被制成优质疫苗。

四、基因疫苗

基因疫苗包括 DNA 疫苗和 RNA 疫苗，由编码能引起保护性免疫反应的病原体抗原的基因片段和载体构建而成。其被导入机体的方式主要是直接肌内注射，或用基因枪将带有基因的金粒子注入。

基因疫苗注入机体后，病原体抗原的基因片段在宿主细胞内得到表达并合成抗原，这种细胞内合成的抗原经过加工、处理、修饰提呈给免疫系统，激发免疫应答。其刺激机体产生免疫应答的过程类似于病原微生物感染或减毒活疫苗的接种。但基因疫苗克服了减毒活疫苗可能的返祖以及人类和动物疾病及病毒发生变异而对新型的变异株不起作用的缺点，从这个意义上讲，基因疫苗有望成为传染性疾病的新型疫苗。

五、多肽疫苗

利用重组 DNA 技术根据病毒基因组的核苷酸序列，可推导出病毒蛋白质的氨基酸序列，从而可用人工合成方法制备病毒主要抗原相应的寡肽，制备合成肽苗。蛋白质抗原的特异性取决于其表面有特殊空间构型的抗原决定簇，而不是整个蛋白质序列。

某些免疫学家认为,合成肽不可能代替完整的病毒蛋白的天然抗原决定簇,并认为保护性决定簇可能是不连续性的,即决定簇中的一组氨基酸残基在一级结构上是相互分开的,必须通过一定的三级折叠才能聚集在一起,因而,即使合成很长的多肽,如果缺乏抗原分子的其余部分,就不能定向折叠成正确的三级结构,也就没有理想的免疫原性。

但也有研究认为,多数病毒的蛋白质抗原决定簇并不是构象决定簇,而是由相连的5~6个氨基酸残基组成的顺序决定簇,只要附近有几个氨基酸残基(支架氨基酸)的维持,形成一定的二级盘曲或折叠,就能保证其特异性。因此,只需人工合成由抗原决定簇与其相连的几个氨基酸残基组成的短肽(一般20个氨基酸左右),模拟天然蛋白质抗原决定簇的空间构型,将其连接在载体上就能激发与完整病毒(蛋白质)所相应的反应抗体。

因此,一般通过分离出与保护力有关的抗原后进行序列分析,用电子计算机预测特异性抗原决定簇,然后合成较短多肽。为了使其具有良好的抗原性,还必须与一种较大的蛋白质相连。合成肽苗的优点对于像传染性支气管炎病毒和流感病毒等容易发生抗原漂移的病毒来说,可能更为重要。当出现抗原变异时,可从抗原决定簇氨基酸序列的变化中迅速查明抗原变异原因,针对性地合成新疫苗,及时地控制疾病。

优点:①不引发疾病、无毒力。②不会出现遗传变异。③不需低温保存。④可制成多价、多联苗。

缺点:免疫原性差,需要加佐剂,成本高。

第二章　动物生物制品的免疫学技术

　　随着微生物学、免疫学和分子生物学及其他学科的发展,生物制品有了更进一步的发展。目前从分子水平方面对微生物结构、生长繁殖、遗传基因等进行分析,已能识别蛋白质中的抗原决定簇,并可分离提取,进而可人工合成多肽疫苗。对微生物的遗传基因也有了进一步认识,可以用人工方法进行基因重组,将所需抗原基因重组到无害而易于培养的微生物中,改造其遗传特征,在培养过程中产生所需的抗原,这就是所谓的基因工程,由此可研制一些新的疫苗。

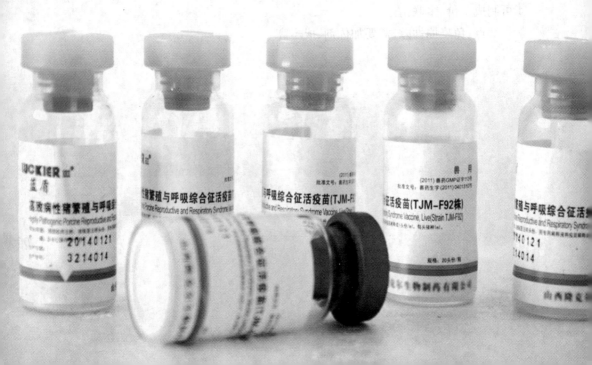

第一节 动物生物制品的免疫学基础

一、细菌与病毒

（一）细菌

细菌是生物的主要类群之一，属于细菌域。细菌是所有生物中数量最多的一类，据估计，其总数约有 5×10^{30} 个。细菌的个体非常小，目前已知最小的细菌只有 0.2 mm 长，因此大多只能在显微镜下看到它们。细菌一般是单细胞，细胞结构简单，没有成形的细胞核、细胞骨架以及膜状胞器，例如线粒体和叶绿体。基于这些特征，细菌属于原核生物。细菌的形状相当多样，主要有球状、杆状以及螺旋状。细菌的营养方式有自养及异养，其中异养的腐生细菌是生态系统中重要的分解者，使碳循环能顺利进行。部分细菌会进行固氮作用，使氮元素得以转换为生物能利用的形式。细菌也对人类活动有很大的影响：一方面，细菌是许多疾病的病原体，包括肺结核、淋病、炭疽、梅毒、鼠疫、沙眼等疾病都是由细菌所引发。另一方面，人类也时常利用细菌，例如乳酪、酸奶和酒酿的制作、部分抗生素的制造、废水的处理等，都与细菌有关。在生物科技领域中，细菌也有广泛的运用。

细菌除了细胞壁、细胞膜、细胞质以外，一些特殊结构，如荚膜、鞭毛、菌毛和芽孢等结构也与生物制品的制造密切相关。

1. 细菌的代谢产物

细菌在合成代谢的过程中，除合成菌体自身成分外，还能合成一些其他代谢产物，与生物制品有关的代谢产物包括以下几种：

（1）热原质　许多革兰阴性细菌与少数革兰阳性细菌在代谢过程中能合成一种多糖，注入人体或动物体能引起发热反应，故名热原质。革兰阴性菌的热原质就是细菌细胞壁中的脂多糖（LPS）。药液、器皿等如被细菌污染，即可能有热原质产生。制备注射药剂时应严格无菌操作，出厂前应严格检查，不可含有热原质。热原质耐高温，以高压蒸汽灭菌（121 ℃，20 min）亦不受破坏，用吸附剂和特制石棉滤板可除去液体中的大部分热原质，玻璃器皿则须在250 ℃高温烘烤才能破坏热原质。

（2）毒素　细菌产生的毒素有内毒素和外毒素 2 种，均有强烈毒性，尤以外毒素为甚。内毒素为脂多糖蛋白复合物，存在于细菌细胞壁的外膜内，在革兰阴性菌中较常见，毒性较弱，抗原性弱，不能用福尔马林脱毒，细菌死亡及菌体破裂时游离出来。热原质即为细菌的内毒素，耐热。注射液、血液制剂、抗毒素等不应含有热原质，因此在生产工艺中应注意细菌的污染，使用的器具应于250 ℃下干烘以除去热原质。世界卫生组织（WHO）所发标准热原质系用大肠杆菌内毒素制成。

外毒素是在细菌生长过程中产生的，是一种蛋白质，毒性较强，抗原性也强，不耐热。可用福尔马林脱毒制成类毒素，如白喉毒素、破伤风毒素、肉毒毒素等。肠毒素和真菌毒素也是外毒素。

（3）色素　许多细菌能产生色素，对其鉴别很有用。如绿脓杆菌可产生蓝绿色素，叫绿脓色素；金黄色葡萄球菌产生金黄色色素，这类色素的功能还不清楚，往往在氧化过程中呈现颜色，还原时无色。

（4）抗生素　是某些微生物在生长中产生的代谢产物，如青霉素是青霉菌产生，利福平是链霉菌产生等。

（5）细菌素　是某些细菌产生的抗菌物质，如大肠杆菌产生的大肠菌素，可以杀死或抑制一些其他病原体，并可用以进行分裂。

（6）维生素　一些细菌，如肠道细菌，能合成 B 族维生素和维生素 K，对人类有益。现在常利用这些特点生产某些维生素，如维生素 B_{12} 就是生产庆大霉素时的副产品。

（二）病毒

病毒是由一个核酸分子（DNA 或 RNA）与蛋白质构成的、非细胞形态的、靠寄生生活的生命体。它实际上就是由一个保护性的外壳包裹的一段 DNA 或者 RNA，借用感染的机制，这些简单的生物体可以利用宿主的细胞系统进行自我复制，但无法独立生长和复制。病毒可以感染几乎所有具有细胞结构的生命体，迄今已有超过 5 000 种类型的病毒得到鉴定。病毒都含有遗传物质（RNA 或 DNA），所有的病毒也都有由蛋白质形成的衣壳，用来包裹和保护其中的遗传物质。此外，部分病毒在到达细胞表面时能够形成脂质的包膜环绕在外。病毒的形态各异，从简单的螺旋形和正二十面体形到复合型结构。病毒颗粒大约是细菌大小的百分之一。病毒的起源目前尚不清楚，不同的病毒可能起源于不同的机制：部分病毒可能起源于质粒（一种环状的 DNA，可以在细胞内复制并在细胞间进行转移），而其他一些则可能起源于细菌。

病毒的传播方式多种多样，不同类型的病毒采用不同的方法。例如，植物病毒可以通过以植物汁液为生的昆虫，如蚜虫在植物间进行传播；动物病毒可以通过蚊虫叮咬而得以传播;流感病毒可以经由咳嗽和打喷嚏来传播;轮状病毒常常是通过接触受感染的儿童而直接传播的;此外,艾滋病毒则可以通过性接触来传播。

并非所有的病毒都会导致疾病,因为许多病毒的复制并不会对受感染的器官产生明显的伤害。一些病毒,如艾滋病毒,可以与人体长时间共存,并且依然能保持感染性而不受到宿主免疫系统的影响,即病毒持续感染。但在通常情况下,病毒感染能够引发免疫反应,消灭入侵的病毒。而这些免疫反应能够通过注射疫苗来产生,从而使接种疫苗的人或动物能够终生对相应的病毒免疫。像细菌这样的微生物也具有抵御病毒感染的机制,如限制修饰系统。抗生素对病毒没有任何作用,但抗病毒药物已经被研发出来用于治疗病毒感染。

二、抗原

(一)抗原的概念

1. 抗原与抗原性

凡是能刺激机体产生抗体和致敏淋巴细胞并能与之结合引起特异性反应的物质称为抗原。抗原具有抗原性,抗原性包括免疫原性与反应原性两个方面的含义。免疫原性是指能刺激机体产生抗体和致敏淋巴细胞的特性。反应原性是指抗原与相应的抗体或致敏淋巴细胞发生反应的特性,又称为免疫反应性。

2. 完全抗原与不完全抗原

抗原又分为完全抗原与不完全抗原。既具有免疫原性又有反应原性的物质称为完全抗原,也可称为免疫原。只具有反应原性而缺乏免疫原性的物质称为不完全抗原,亦称为半抗原。半抗原又分为简单半抗原和复合半抗原,前者的相对分子质量较小,只有一个抗原决定簇,虽然能与相应的抗体结合,但不能与相应的抗体发生可见反应,如抗生素、酒石酸、苯甲酸等;后者的相对分子质量较大,有多个抗原决定簇,能与相应的抗体发生肉眼可见的反应,如细菌的荚膜多糖、类脂质、脂多糖等都为复合半抗原。

(二)形成免疫原性的条件

抗原物质要有良好的免疫原性,需满足以下条件:

1. 异源性

通常动物之间的亲缘关系相距越远,生物种系差异越大,免疫原性越好,如异种动物之间的组织、细胞及蛋白质均是良好的抗原，此类抗原称为异种抗原。同种动物不同个体的某些成分也具有一定的抗原性，如血型抗原、组织移植抗原，此类抗原称为同种异体抗原。动物自身组织细胞通常情况下不具有免疫原性，但在某些情况下可显示抗原性成为自身抗原。

2. 分子大小

抗原物质的免疫原性与其分子大小有直接关系，在一定条件下，相对分子质量越大，免疫原性越强。免疫原性良好的物质，其相对分子质量一般都在 10 000 以上，相对分子质量小于 5 000 的物质其免疫原性较弱。

3. 化学组成、分子结构与立体构象的复杂性

一般而言，分子结构和空间构象愈复杂的物质免疫原性愈强。如果用物理化学的方法改变抗原的空间构象，其原有的免疫原性也随之消失。同一分子不同的光学异构体之间免疫原性也有差异。

4. 物理状态

不同物理状态的抗原物质其免疫原性也有差异。颗粒性抗原的免疫原性通常比可溶性抗原强，可溶性抗原分子聚合后或吸附在颗粒表面可增强其免疫原性，免疫原性弱的蛋白质如果吸附在氢氧化铝胶、脂质体等大分子颗粒上可增强其抗原性。

此外，蛋白质抗原被消化酶分解为小分子物质后，便失去抗原性。所以抗原物质通常要通过非消化道途径以完整分子状态进入体内，才能保持抗原性。

（三）抗原决定簇

抗原的分子结构十分复杂，但抗原分子的活性和特异性只取决于其一小部分抗原区域。抗原分子表面具有特殊立体构型和免疫活性的化学基团称为抗原决定簇，由于其通常位于抗原分子表面，因而又称为抗原表位。抗原决定簇决定着抗原的特异性，即决定着抗原与抗体发生特异性结合的能力。抗原分子中由分子基团间特定的空间构象形成的决定簇称为构象决定簇，又称不连续决定簇，一般是由位于伸展肽链上相距很远的几个残基或位于不同肽链上的几个残基，通过抗原分子内肽链盘绕折叠而在空间上彼此靠近而构成，其特异性依赖于抗原大分子整体和局部的空间构象，随抗原决定簇空间构象的改变而改变。抗原分子中直接由分子基团的一级结构序列（如氨基酸序列）决定的决定簇称为顺序决定簇，又称为连续决定簇。抗原决定簇的大小是相当恒定的，蛋白质分子抗原的每个决定簇由 5~7 个氨基酸残基组成，多糖抗原由 5~6 个单糖残基组成，核酸抗原的决定簇由 5~8 个核苷酸残基组成。

(四)抗原的交叉性

自然界中存在着无数抗原物质,不同抗原物质之间、不同种属的微生物间、微生物与其他抗原物质间,难免有相同或相似的抗原组成或结构,可能存在共同的抗原决定簇,这种现象称为抗原的交叉性或类属性。这些共有的抗原组成或决定簇称为共同抗原或交叉抗原。种属相关的生物之间的共同抗原又称为类属抗原。

(五)主要的微生物抗原

1. 细菌抗原

细菌的抗原结构比较复杂,每个菌的每种结构都由若干抗原组成,因此细菌是多种抗原成分的复合体。根据细菌的结构,抗原组成有鞭毛抗原、菌体抗原、荚膜抗原和菌毛抗原。

(1)菌体抗原 又称 O 抗原。主要指革兰阴性菌细胞壁抗原,其化学本质为脂多糖。在细胞壁最内层紧靠胞浆膜外有一层黏肽(肽聚糖),之外为脂蛋白,它与外边的外膜连接。外膜之外为类脂 A,其外附着一个多糖组成的核心,称为共同基核,共同基核之外的多糖侧链即为菌体抗原。

(2)鞭毛抗原 又称 H 抗原。鞭毛为细菌的丝状附属器官,由丝状体、钩状体和基体 3 部分组成,其中丝状体占鞭毛的 90% 以上,因此鞭毛抗原主要决定于丝状体。细菌鞭毛是一种空心管状结构,由蛋白亚单位(亚基)组成,此亚单位称为鞭毛蛋白或鞭毛素。不同种类细菌的鞭毛蛋白,其氨基酸种类、序列等可能彼此有所不同,但具有不含半胱氨酸、芳香族氨基酸含量低、无色氨酸的共同特点。鞭毛抗原不耐热,56 ~ 80 ℃即被破坏。鞭毛、鞭毛蛋白多聚体的免疫效果好于鞭毛蛋白单体。因鞭毛抗原的特异性较强,用其制备抗鞭毛因子血清,可用于沙门菌和大肠杆菌的免疫诊断。

(3)荚膜抗原 又称 K 抗原。荚膜由细菌菌体外的黏液物质组成,电镜下呈致密丝状网络。细菌荚膜构成有荚膜细菌有机体的主要外表面,是细菌主要的表面免疫原。荚膜抗原的成分为酸性多糖,可以是多糖均一的聚合体和异质的多聚体。只有炭疽杆菌和枯草杆菌是广 D - 谷氨酸多肽的均一聚合体。各种细菌荚膜多糖互有差异,同种不同型间多糖侧链也有差异。

(4)菌毛抗原 许多革兰阴性菌(如大肠杆菌的某些菌株、沙门菌、痢疾杆菌、变形杆菌等)和少数革兰阳性菌(如某些链球菌),菌体表面有无数细小、坚韧、没有波曲的绒毛,称为菌毛或纤毛。根据菌毛的形态和功能,分为普通菌毛和性菌毛。菌毛由菌毛素组成,有很强的抗原性。

（5）毒素抗原　很多细菌（如破伤风杆菌、白喉杆菌、肉毒梭菌）能产生外毒素，其成分为糖蛋白或蛋白质，具有很强的抗原性，能刺激机体产生抗体（即抗毒素）。外毒素经甲醛或其他方法处理后，毒力减弱或完全丧失，但仍保持其免疫原性，称为类毒素。

2. 病毒抗原

各种病毒结构不一，因而其抗原成分也很复杂，都有相应的抗原结构。一般有 V 抗原、VC 抗原、保护性抗原和超级抗原。

（1）V 抗原　又称囊膜抗原。有囊膜的病毒均具有 V 抗原，其抗原特异性主要是囊膜上的纤突所决定的。如流感病毒囊膜上的血凝素和神经氨酸酶都是 V 抗原。V 抗原具有型和亚型的特异性。

（2）VC 抗原　又称衣壳抗原。无囊膜的病毒，其抗原特异性决定于病毒颗粒表面的衣壳结构蛋白，如口蹄疫病毒的结构蛋白 VP1、VP2、VP3 和 VP4 即为此类抗原。其中 VP3 能使机体产生中和抗体，可使动物获得抗感染能力，为口蹄疫病毒的保护性抗原。口蹄疫病毒还可产生一种病毒感染相关抗原，简称 VIA 抗原，是具有酶活性的病毒特异性核糖核酸聚合酶，只有当病毒复制时才出现，并能刺激机体产生抗 VIA 抗体，但当病毒粒子装配完后，VIA 就不存在于病毒结构中。灭活疫苗免疫动物体内不产生抗 VIA 抗体，因此在临床诊断和进出口检疫中检测 VIA 抗体具有重要意义。

（3）保护性抗原　在微生物具有的多种抗原成分中，一般只有 1～2 种抗原成分刺激机体产生的抗体具有免疫保护作用，因此将这些抗原称为保护性抗原或功能抗原，如口蹄疫病毒的 VP3、肠致病性大肠杆菌的菌毛抗原（如 K88、K99 等）和肠毒素抗原（如 ST、LT 等）。

（4）超级抗原　超级抗原 SAg 是存在于细菌和病毒中的一组抗原，如一些细菌的毒素葡萄球菌肠毒素和病毒蛋白（如小鼠乳腺瘤病毒 3，端 LTR 编码的抗原成分），具有强大的刺激能力，只需极低浓度（1～10 ng/mL）即可诱发最大的免疫效应。此类抗原在被 T 细胞识别之前不需要抗原递呈细胞的处理，而直接与抗原递呈细胞的 MHC Ⅱ 类分子的肽结合区以外的部位结合，并以完整蛋白分子形式被递呈给 T 细胞，而且 SAg-MHC Ⅱ 类分子复合物仅与 T 细胞的 TCR 的 β 链结合，因此可激活多个 T 细胞克隆。

三、抗体

抗原进入机体后，经过加工处理，刺激 B 细胞，B 细胞转化为浆母细胞、前浆细胞,再增殖发育成浆细胞。浆细胞针对抗原的特性,合成及分泌特异的免疫球蛋白,不断排出细胞外,分布于体液中,发挥特异性的体液免疫作用。

(一)免疫球蛋白与抗体

1. 免疫球蛋白(Ig)

是指存在于人和动物血液(血清)、组织液及其他外分泌液中的一类具有相似结构的球蛋白,过去曾称为球蛋白。依据化学结构和抗原性差异,免疫球蛋白可分为 IgG、IgM、IgA、IgE 和 IgD。

2. 抗体(Ab)

动物机体受到抗原物质刺激后,由 B 淋巴细胞转化为浆细胞产生的,能与相应抗原发生特异性结合反应的免疫球蛋白,这类免疫球蛋白称为抗体。抗体的本质是免疫球蛋白,它是机体对抗原物质产生免疫应答的重要产物,具有各种免疫功能,主要存在于动物的血液(血清)、淋巴液、组织液及其他外分泌液中。但有的抗体可与细胞结合,如 IgG 可与 T 淋巴细胞、B 淋巴细胞、K 细胞、巨噬细胞等结合,IgE 可与肥大细胞和嗜碱性粒细胞结合,这类抗体称为亲细胞性抗体。此外,在成熟的 B 细胞表面具有抗原受体,其本质也是免疫球蛋白,称为膜表面免疫球蛋白。

(二)免疫球蛋白的分子结构

1. 单体分子结构

所有种类免疫球蛋白的单体分子结构相似,即是由两条相同的重链和两条相同的轻链4条肽链构成的"Y"字形的分子。IgG、IgE、血清型 IgA、IgD 均是以单体分子形式存在的,IgM 是以 5 个单体分子构成的五聚体,分泌型 IgA 是以 2 个单体构成的二聚体。

2. 水解片段与生物学活性

用木瓜蛋白酶可将 IgG 抗体分子水解成大小相近的 3 个片段,其中有两个相同的片段,可与抗原特异性结合,称为抗原结合片段(Fab),相对分子质量为 45 000;另一个片段可形成蛋白结晶,称为 Fc 片段(Fc),相对分子质量为 55 000。IgG 抗体分子可被胃蛋白酶消化成两个大小不同的片段,一个是具有双价抗体活性的 F(ab')片段,小片段类似于 Fc,称为 pFc',后者无任何生物学活性。

3. 免疫球蛋白的特殊分子结构

免疫球蛋白还具有一些特殊分子结构,为个别免疫球蛋白所具有。

(1)连接链(J 链)　在免疫球蛋白中,IgM 是由 5 个单体分子聚合而成的五聚体,分泌型 IgA 是由 2 个单体分子聚合而成的二聚体,这些单体之间的链接就是依靠 J 链连接起来的。J 链是一条相对分子质量约为 20 000 的多肽链,内含 10% 糖成分,富含半胱氨酸残基,它是由产生 IgM、IgA 的同一浆细胞所合成的,可在 IgM、IgA 释放之前即与之结合,因此 J 链起稳定多聚体的作用,它以二硫键的形式与 Ig 的 Fc 片段共价结合。

(2)分泌成分　分泌成分是分泌型 IgA 所特有的一种特殊结构,相对分子质量为 60 000 ~ 70 000 的多肽链,含 6% 糖成分。它是由局部黏膜的上皮细胞所合成,在 IgA 通过黏膜上皮细胞的过程中,分泌成分与之结合形成分泌型的二聚体。分泌成分具有促进上皮细胞积极从组织中吸收分泌型 IgA,并将其释放于胃肠道和呼吸道内的作用;同时分泌成分可防止 IgA 在消化道内被蛋白酶所降解,从而使 IgA 能发挥免疫作用。

(3)糖类　免疫球蛋白是含糖量相当高的蛋白,特别是 IgM 和 IgA。糖的结合部位因免疫球蛋白种类而异,如 IgG 在 IgM、IgA、IgE 和 IgD 的 C 区和铰链区。糖类可能在 Ig 的分泌过程中起着重要作用,并可使免疫球蛋白分子易溶并具有防止其分解的作用。

(三)免疫球蛋白的主要特性与免疫学功能

1. IgG

IgG 是人和动物血清中含量最高的免疫球蛋白,占血清免疫球蛋白总量的 75% ~ 80%。IgG 是介导体液免疫的主要抗体,多以单体形式存在,沉降系数为 7S,相对分子质量为 160 000 ~ 180 000。IgG 主要由脾脏和淋巴结中的浆细胞产生,大部分存在于血浆中,其余存在于组织液和淋巴液中。IgG 是动物自然感染和人工主动免疫后,机体所产生的主要抗体,在动物体内不仅含量高,而且持续时间长,可发挥抗菌、抗病毒、抗毒素以及抗肿瘤等免疫学活性,能调理、凝集和沉淀抗原,但只有在足够分子存在并以正确构型积聚在抗原表面时才能结合补体。

2. IgM

IgM 为动物机体初次体液免疫反应最早产生的免疫球蛋白,其含量仅占血清的 10% 左右,主要由脾脏和淋巴结中的 B 细胞产生,分布于血液中。IgM 是由 5 个单体组成的五聚体,单体之间由 J 链连接,相对分子质量为 900 000 左右,是所有免疫球蛋白中相对分子质量最大的,又称为巨球蛋白,沉降系数为 19S。IgM 在体内产生最早,但持续时间短,因此不是机体抗感染免疫的主力,但在抗感染免疫的早期起着十分重要的作用,也可通过检测 IgM 抗体进行疫病的血清学早期诊断。IgM 具有抗菌、抗病毒、中和毒素等免疫活性,由于其分子上含有多个抗原结合部位,所以它是一种高效能的抗体,其杀菌、溶菌、溶血、调理及凝集作用均比 IgG 高。IgM 也具有抗肿瘤作用。

3. IgA

IgA 以单体和二聚体两种分子形式存在,单体存在于血清中,称为血清型 IgA,占血清免疫球蛋白的 10% ~ 20%;二聚体为分泌型 IgA,是由呼吸道、消化道、泌尿生殖道等部位的黏膜固有层中的浆细胞所产生的,两个单体由一条 J 链连接在一起,在其分子上还结合有一条由黏膜上皮细胞分泌的分泌成分。因此,分泌型 IgA 主要存在于呼吸道、消化道、生殖道的外分泌液以及初乳、唾液、泪液中。此外,在脑脊液、羊水、腹水、胸膜液中也含有 IgA。分泌型 IgA 对机体呼吸道、消化道等局部黏膜免疫起着相当重要的作用,是机体黏膜免疫的一道"屏障",可抵御经黏膜感染的病原微生物。在传染病的预防接种中,经滴鼻、点眼、饮水及喷雾途径免疫,均可产生分泌型 IgA 而建立相应的黏膜免疫力。

4. IgE

IgE 以单体分子形式存在。其重链比 γ 链多一个功能区,此区是与细胞结合的部位。IgE 的产生部位与分泌型 IgA 相似,是由呼吸道和消化道黏膜固有层中的浆细胞所产生,在血清中的含量甚微。IgE 是一种亲细胞性抗体,易与皮肤组织、肥大细胞、血液中的嗜碱性粒细胞和血管内皮细胞结合,可介导 I 型变态反应。IgE 在抗寄生虫和某些真菌感染方面也有重要作用。

四、免疫系统

免疫系统是机体执行免疫功能的组织机构,是产生免疫应答的物质基础,由免疫器官、免疫细胞以及免疫分子(抗体、补体、细胞因子等)组成。免疫系统分为固有免疫(又称非特异性免疫)和适应免疫(又称特异性免疫),其中适应免疫又分为体液免疫和细胞免疫。

(一)免疫器官

免疫器官是淋巴细胞和其他免疫细胞发生、分化成熟、定居和增殖以及产生免疫应答反应的场所。根据其功能的不同可分为中枢免疫器官和外周免疫器官。

1. 中枢免疫器官

中枢免疫器官又称初级免疫器官,是淋巴细胞等免疫细胞发生、分化和成熟的场所,包括骨髓、胸腺、法氏囊。它们的共同特点是:在胚胎早期出现,青春期后退化,为淋巴上皮结构,是诱导淋巴细胞增殖分化为免疫活性细胞的器官。新生动物被切除中枢免疫器官后,可造成淋巴细胞缺乏,影响免疫功能。

2. 外周免疫器官

外周免疫器官又称次级(二级)免疫器官,是成熟的 T 细胞和 B 细胞定居、增殖以及对抗原刺激进行免疫应答的场所。它包括脾脏、淋巴结和消化道、呼吸道与泌尿生殖道的淋巴小结等。这类器官或组织富含捕捉和处理抗原的巨噬细胞、树突状细胞和朗罕氏细胞,它们能迅速捕获抗原,并为处理后的抗原与免疫活性细胞的接触提供最大机会。

(二)免疫细胞

凡参与免疫应答或与免疫应答有关的细胞统称为免疫细胞,其种类很多。在免疫细胞中,接受抗原物质刺激后能分化增殖,并产生特异性免疫应答的细胞,称为免疫活性细胞,也称为抗原特异性淋巴细胞,主要为 T 细胞和 B 细胞,在免疫应答过程中起核心作用。单核吞噬细胞和树突状细胞,在免疫应答过程中起重要的辅佐作用,故称免疫辅佐细胞,能捕获和处理抗原以及能把抗原递呈给免疫活性细胞。

1. T 细胞和 B 细胞

(1)来源与分布 T 细胞和 B 细胞均来源于骨髓的多能干细胞。多能干细胞中的淋巴细胞分化为前 T 细胞和前 B 细胞。前 T 细胞进入胸腺发育为成熟的 T 细胞,故又称胸腺依赖性淋巴细胞,简称 T 淋巴细胞或 T 细胞。成熟的 T 细胞经血流分布到外周免疫器官的胸腺依赖区定居和增殖,并可经血液—组织—淋巴—血液再循环巡游至全身各处。T 细胞接受抗原刺激后可活化、增殖和分化为效应 T 细胞,执行细胞免疫功能。效应 T 细胞是短寿的,一般存活 4~6 d,其中一部分变为长寿的免疫记忆细胞,进入淋巴细胞再循环,它们可存活数月到数年。

前 B 细胞在哺乳类动物的骨髓或在鸟类的腔上囊(法氏囊)分化发育为成熟的 B 细胞,故又称骨髓依赖性淋巴细胞或囊依赖性淋巴细胞,两者简称为 B 细胞。B 细胞在外周淋巴器官的非胸腺依赖区定居和增殖。B 细胞接受抗原刺激后,活化、增殖和分化为浆细胞,由浆细胞产生特异性抗体,发挥体液免疫功能。浆细胞一般只能存活 2 d。一部分 B 细胞成为免疫记忆细胞,参与淋巴细胞再循环,它们是长寿 B 细胞,可存活 100 d 以上。

(2)表面标志 T 细胞和 B 细胞在光学显微镜下均为小淋巴细胞,形态上难于区分。淋巴细胞表面存在着大量不同种类的蛋白质分子,这些表面分子又称为表面标志。T 细胞和 B 细胞的表面标志包括表面受体和表面抗原,可用于鉴别 T 细胞和 B 细胞及其亚群。表面受体是指淋巴细胞表面上能与相应配体(特异性抗原、绵羊红细胞、补体等)发生特异性结合的分子结构。表面抗原是指在淋巴细胞或其亚群细胞表面上能被特异性抗体(如单克隆抗体)所识别的表面分子。由于表面抗原是在淋巴细胞分化过程中产生的,故又称为分化抗原。

Fc 受体:此受体能与免疫球蛋白的 Fc 片段结合,大多数 B 细胞有 IgG 的 Fc 受体称 Fcγ R,能特异性地与 IgG 的 Fc 片段结合。B 细胞表面的 Fcγ R 与抗原抗体复合物结合,有利于 B 细胞对抗原的捕获和结合以及 B 细胞的激活和抗体产生。检测带有 Fc 受体的 B 细胞可用抗牛(或鸡)红细胞抗体致敏的牛(或鸡)红细胞做 EA 花环试验。

补体受体(CR):大多数 B 细胞表面存在能与 C3b 和 C3d 发生特异性结合的受体。CR 有利于 B 细胞捕捉与补体结合的抗原抗体复合物,CR 被结合后,可促使 B 细胞活化。B 细胞的补体受体常用 EAC 花环试验测出:将红细胞(E)、抗红细胞(A)和补体(C)的复合物与淋巴细胞混合后,可见 B 细胞周围有红细胞围绕形成的花环。

(3)T 细胞亚群及功能　关于 T 细胞亚群划分的原则和命名尚无统一标准。由于 T 细胞存在有许多功能和分化抗原均不相同的亚群,因而对 T 细胞亚群的划分通常以其 CD 抗原的不同而分为 CD4 和 CD8 两大亚群。

(4)B 细胞亚群及功能　根据产生抗体时是否需要 T 细胞协助,可将 B 细胞分成 B1 和 B2 两个亚群。B1 细胞为 T 细胞非依赖性细胞,在接受胸腺非依赖性抗原刺激后活化增殖,不需 T 细胞的协助,只产生 IgM,不表现再次应答,易形成耐受现象。B1 细胞表面仅有 SIgM。B2 细胞为 T 细胞依赖性细胞,这类细胞在接受胸腺依赖抗原刺激后发生免疫应答,必须有 T 细胞的协助,有再次应答,不易形成耐受,可产生 IgM 和 IgG 抗体,细胞表面有 SmIgM 和 SmIgD。

2. K 细胞和 NK 细胞

淋巴细胞可以根据其表面是否具有 Ig 分子及是否能与绵羊红细胞形成玫瑰花环而分为 T 细胞和 B 细胞,但另有一类淋巴细胞既无 T 细胞的表面标志,又无 B 细胞的表面标志,称为裸细胞,主要包括具有非特异性杀伤功能的 NK 细胞和 K 细胞。这两类细胞从形态学上难以与淋巴细胞区别开来,它们直接来源于骨髓,其分化过程不依赖于胸腺或囊类器官。

(1)杀伤细胞　简称 K 细胞,其主要特点是细胞表面具有 IgG 的 Fc 受体。当靶细胞与相应的 IgG 结合,K 细胞可与结合在靶细胞上的 IgG 的 Fc 结合,从而使自身活化,释放细胞毒,裂解靶细胞,这种作用称为抗体依赖性细胞介导的细胞毒作用(ADCC)。K 细胞在抗肿瘤免疫和移植物排斥反应、清除自身衰老细胞等方面有一定意义。

(2)自然杀伤细胞　简称 NK 细胞,是一群既不依赖抗体参与,也不需要抗原刺激和致敏就能杀伤靶细胞的淋巴细胞,因而称为自然杀伤细胞。NK 细胞表面存在着识别靶细胞表面分子的受体结构,通过此受体与靶细胞结合而发挥杀伤作用。NK 细胞表面有干扰素和白细胞介素 -2(IL -2)受体。干扰素作用于 NK 细胞后,可使 NK 细胞增多识别(靶细胞的)结构和增强溶解杀伤活性。IL -2 可刺激 NK 细胞不断增殖和产生干扰素,发挥更大的杀伤作用。NK 细胞表面也有 IgG 的 Fc 受体,凡被 IgG 结合的靶细胞均可被 NK 细胞通过其 Fc 受体的结合而导致靶细胞溶解,即 NK 细胞也具有 ADCC 作用。NK 细胞的主要生物功能为非特异性地杀伤肿瘤细胞、抵抗多种衍生物感染及排斥骨髓细胞的移植。

3. 辅佐细胞

T 细胞和 B 细胞是免疫应答的主要承担者,但这一反应的完成,尚需单核吞噬细胞和树突状细胞的协助,对抗原进行捕捉、加工和处理,这些细胞称为辅佐细胞,简称 A 细胞。由于 A 细胞在免疫应答中将抗原递呈给抗原特异性淋巴细胞等免疫细胞,故又称抗原递呈细胞(APC)。

(1)单核吞噬细胞　单核吞噬细胞包括血液中的单核细胞和组织中的巨噬细胞。单核细胞在骨髓分化成熟进入血液,在血液中停留数小时至数月后,经血流随机分布到全身多种组织器官中,分化成熟为巨噬细胞。巨噬细胞寿命较长(数月以上),具有较强的吞噬功能。

单核细胞表面具有多种受体,例如 IgG 的 Fc 受体、补体 B3b 受体,均有助于吞噬功能的进一步发挥。单核吞噬细胞有较强的黏附玻璃或塑料表面的特性,而 T 细胞、B 细胞和 NK 细胞等淋巴细胞一般无此能力,故可利用该特点分离和获取单核吞噬细胞。巨噬细胞表面有较多的 MHC Ⅰ类和Ⅱ类分子,与抗原递呈有关。

(2)树突状细胞　简称 D 细胞,来源于骨髓和脾脏的红髓,成熟后主要在脾和淋巴结中,结缔组织中也广泛存在。树突状细胞表面伸出许多树突状突起,胞内线粒体丰富,高尔基体发达,但无溶酶体及吞噬体,故无吞噬能力。大多数 D 细胞有较多的 MHC Ⅰ 类和 Ⅱ 类分子,少数 D 细胞表面有 Fc 受体和 C3b 受体,可通过结合抗原—抗体复合物将抗原递呈给淋巴细胞。

(三)细胞因子

细胞因子是免疫细胞受抗原或丝裂原刺激后产生的非抗体、非补体、具有激素性的蛋白质分子,在免疫应答和炎症反应中有多种生物学活性作用。许多细胞能够产生细胞因子,概括起来主要有 3 类:第一类是活化的免疫细胞;第二类是基质细胞类,包括血管内皮细胞、成纤维细胞、上皮细胞等;第三类是某些肿瘤细胞。抗原、感染、炎症等许多因素都可刺激细胞因子的产生,而且各细胞因子之间也可彼此促进合成和分泌。

五、免疫应答

免疫应答是指动物机体免疫系统受到抗原物质刺激后,免疫细胞对抗原分子的识别并产生一系列复杂的免疫连锁反应和表现出一定的生物学效应的过程。这一过程包括抗原递呈细胞对抗原的处理、加工和递呈,抗原特异性淋巴细胞即 T 淋巴细胞、B 淋巴细胞对抗原的识别、活化、增殖、分化,最后产生免疫效应分子(抗体与细胞因子)及免疫效应细胞(细胞毒性 T 细胞和迟发型变态反应性 T 细胞),并最终将抗原物质以及再次进入机体的抗原物质予以清除。

参与机体免疫应答的核心细胞是 T 淋巴细胞、B 淋巴细胞,巨噬细胞等是免疫应答的辅佐细胞,也是免疫应答所不可缺少的。免疫应答的表现形式为体液免疫和细胞免疫,分别由 B 细胞、T 细胞介导。免疫应答具有三大特点,一是特异性,即只针对某种特异性抗原物质;二是具有一定的免疫期,这与抗原的性质、刺激强度、免疫次数和机体反应性有关,从数月至数年,甚至终身;三是具有免疫记忆。通过免疫应答,动物机体可建立对抗原物质(如病原微生物)的特异性抵抗力,即免疫力,这是后天获得的,因此又称获得性免疫。

1. 免疫应答的基本过程

免疫应答的全过程是有机的、系统的过程,为了描述方便,人为地将其划分为 3 个阶段,即致敏阶段、反应阶段和效应阶段。

(1)致敏阶段 致敏阶段是抗原物质进入体内,抗原递呈细胞对其识别、捕获、加工处理和递呈,以及 T 细胞、B 细胞对抗原的识别阶段。

(2)反应阶段 反应阶段是 T 细胞或 B 细胞受抗原刺激后活化、增殖、分化的阶段。诱导产生细胞免疫时,活化的 T 细胞分化、增殖为淋巴母细胞,而后再转化为致敏 T 淋巴细胞;诱导产生体液免疫时,抗原则刺激 B 细胞分化,增殖为浆母细胞,而后成为产生抗体的浆细胞。T 细胞、B 细胞在分化过程中均有少数细胞中途停止分化而转变为长寿的记忆细胞(T 记忆细胞及 B 记忆细胞)。记忆细胞储存着抗原的信息,在体内可生活数月、数年或更长的时间,以后再次接触同样抗原时,便能迅速大量增殖成致敏淋巴细胞或浆细胞。

（3）效应阶段 效应阶段是致敏 T 淋巴细胞或浆细胞分泌的抗体发挥免疫效应的阶段。这些效应细胞和效应分子共同作用,清除抗原物质。

2. 体液免疫

抗原进入机体后,经过加工处理,刺激 B 细胞,B 细胞转化为浆母细胞、前浆细胞,再增殖发育成浆细胞。浆细胞针对抗原的特性,合成及分泌特异的免疫球蛋白,不断排出细胞外,分布于体液中,发挥特异性的体液免疫作用。

动物机体初次和再次接触抗原后,引起体内抗体产生的种类、抗体水平等均有差异(图 2-1)。从未接种过抗原的动物,第一次注射抗原以后,在数日之内检查不出反应,这叫作潜伏期。在第一次注射后 1 周左右,开始从血清中检查到抗体,并在 10~14 d 上升到最高水平,以后又迅速下降。一般来说,初次应答期间,所产生的抗体数量以及提供的保护作用,都是较小(少)的。但如果是在第一次接种后经一定时间,对同一动物实施第二次抗原注射,并再次

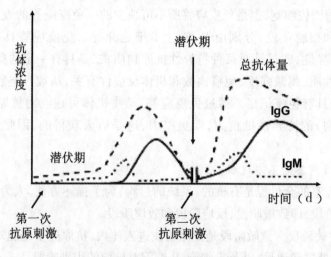

图 2-1 初次及再次免疫应答抗体产生的一般规律

研究其所产生的抗体数量时,其延缓期不超过 3 d,然后其抗体数量就迅速上升到很高水平,持续一定时间后开始缓慢下降。如果给同一动物实施第三次抗原注射,那么就会形成一个更短的潜伏期和更高、更持久的抗体免疫应答。这种通过多次注射抗原刺激来提高抵抗力的方法,构成了通用的预防传染病的疫苗接种技术的基础。

实践证明,动物对第二次抗原的应答与第一次应答是大不相同的,其效果比第一次快而强烈。这种再次的应答是有特异性的,它只能由与第一次相同的抗原所引起。而再次免疫应答常发生在第一次注射抗原数月或数年之后,其反应的强烈程度随时间的流逝而逐渐减弱。而且即使动物对第一次抗原注射的应答微弱到不能测出的程度,也仍然可激发起再次的应答,这说明抗体形成的细胞对已接触过的抗原具有"记忆能力"。

3. 细胞免疫

(1)细胞免疫的概念　细胞免疫又称为细胞介导免疫。T 淋巴细胞接受抗原的刺激后,分泌、增殖形成致敏的淋巴细胞或者效应细胞;当再次与相同的抗原接触时,合成和释放多种具有免疫效应的物质,直接杀伤或激活其他细胞,杀伤破坏抗原或靶细胞,发挥其免疫作用,称为细胞免疫。

(2)细胞免疫的效应

1)抗感染作用　致敏淋巴细胞释放出一系列发挥细胞毒作用的淋巴因子,与细胞一起参与细胞免疫,能够杀灭抗原和携带抗原的靶细胞,使机体得到抗感染的能力。

2)抗肿瘤免疫　肿瘤细胞抗原被机体 T 淋巴细胞识别,产生可直接破坏肿瘤细胞的细胞毒性 T 细胞。同时释放淋巴因子,也可杀伤破坏肿瘤细胞,同时动员机体免疫器官,监视异常的突变细胞的出现。

3)发生迟发型变态反应　某些淋巴因子作用于机体局部产生炎症应答。反应部位血管通透性增高,巨噬细胞聚集于感染处,机体在消灭病原体的同时,引起局部组织损伤、坏死、溃疡等变态反应。

4)同种异体组织移植排斥反应　由于供体与受体的组织相容性抗原不同而发生反应,供体抗原刺激受体 T 淋巴细胞产生毒性 T 细胞,同时释放淋巴毒素等因子,引起移植组织细胞损伤及排斥。

小 知 识

禽流感病毒大起底

禽流感病毒属正黏病毒科甲型流感病毒属。禽甲型流感病毒除感染禽外,还可感染人、猪、马、水貂和海洋哺乳动物。可感染人的禽流感病毒亚型为 H5N1、H9N2、H7N7、H7N2、H7N3 等。禽流感病毒普遍对热敏感,对低温抵抗力较强,这也是禽流感一般在冬季流行的原因。65 ℃加热 30 min 或煮沸(100 ℃)2 min 以上即可灭活病毒。病毒在较低温下可存活 1 周,在 4 ℃水中或有甘油存在的情况下可保持 1 年以上活力。

第二节　灭活剂与保护剂

一、灭活剂与灭活技术

兽医生物制品生产中的灭活,是指破坏微生物的生物学活性、繁殖能力和致病性,但尽可能不影响其免疫原性,被灭活的微生物主要用于生产灭活疫苗;或指破坏诊断血清或待检血清中的补体活性,以避免补体对诊断试验的干扰作用。灭活的对象不同,采用的方法也不尽相同。微生物灭活和微生物致弱有本质的区别。微生物致弱是指通过各种方法使病原微生物的致病性降低或丧失,但其他生物学活性以及免疫原性并未发生本质性改变。研制灭活生物制品,选择合适的灭活剂和灭活方法十分重要。

灭活的方法主要有两类,即物理学方法和化学方法。

物理学灭活包括加热及射线照射等方法,过去用加热灭活方法者较多。该法简单易行,但加热杀死微生物的方法比较粗糙,容易造成菌体蛋白质变性,其免疫原性受到明显影响,所以此方法已基本不用。

射线照射则主要通过破坏核酸来达到灭活微生物的目的,而微生物的蛋白质、脂类和多糖等有机化合物一般不受影响。因此,射线照射不破坏微生物的免疫原性,如 ^{60}Co 照射处理后的血清或裂解红细胞全血的质量没有发生变化,经测定 17 种氨基酸含量与非照射的血清无差异。^{60}Co 照射是目前常用的射线照射灭活方法,但应用时应根据被照射物的容量大小选择照射物与钴源的距离和剂量。根据试验用 60 000 mL 大玻璃瓶装 6 000 mL 血清或血液,当吸收 ^{60}Co 量达 2.00 万 Gy/h 能完全杀死芽孢杆菌,1.50 万 Gy/h 可使非芽孢菌完全灭活。含鸡新城疫病毒的鸡胚尿囊液,吸收 ^{60}Co 剂量达 0.50 万 Gy/h,病毒可完全被灭活。猪瘟病毒强毒吸收量达到 3.00 万 Gy/h 时完全失去致病力。被 ^{60}Co 照射处理的血清用于细胞培养,与未照射的血清比较,病毒培养效果一致。被照射处理的裂解全血,不影响牛出败菌及禽霍乱菌的生长,制出的菌苗免疫效力良好。

化学灭活目前采用最多。用于灭活微生物的化学试剂或药物称为灭活剂。化学灭活剂的种类很多,作用的机制也不同,而且灭活的效果受多种因素影响。

(一)常用灭活剂的灭活机制与应用

尽管灭活剂的应用已有近百年的历史,人们探讨了很多化学试剂对微生物的灭活作用。但是,能应用于生物制品生产和有应用前途的灭活剂的种类并不多,主要包括以下几种:

1. 甲醛溶液

甲醛是最古老的灭活剂,至今仍是生物制品研究与制造中最主要的灭活剂。农业部发布的《兽医生物制品制造及检验规程》(2000)中的 26 种灭活疫苗,均以甲醛作为灭活剂。甲醛溶液是甲醛气体的水溶液,又称福尔马林。常用的甲醛溶液约含 37% 甲醛气体(重量计),为无色透明液体,有辛辣窒息味,对眼、鼻黏膜有强烈刺激性,较冷温度下久储易变混浊,形成三聚甲醛沉淀,虽加热可变清,但会降低其灭活性能,故一般商品甲醛溶液加 10% ~15% 甲醇,以防止其聚合。

甲醛的灭活作用机制是甲醛的醛基作用于微生物蛋白质的氨基产生羟甲基胺,作用于羧基形成亚甲基二醇单酯,作用于羟基生成羟基甲酚,作用于巯基形成亚甲基二醇。上述反应生成的羟甲基等代替敏感的氢原子,破坏生命的基本结构,导致微生物死亡。甲醛还可与微生物核糖体中的氨基结合,使两个亚单位间形成交联链,亦可抑制微生物的蛋白质合成。近年发现,甲醛对病毒和细菌等核酸的烷化作用比对蛋白质的作用更为强大并有利于杀灭微生物。

适当浓度的甲醛可使微生物丧失增殖力或毒性,保持抗原性和免疫原性。针对不同类型的微生物,使用甲醛灭活的浓度一般为:需氧菌 0.1% ~0.2%,厌氧菌 0.4% ~0.5%,病毒 0.05% ~0.4%(多数为 0.1% ~0.3%)。不论是杀菌还是脱毒,使用甲醛或其他灭活剂,其浓度及处理时间都要根据试验结果来确定。通常以用低浓度、处理时间短而又能达到彻底灭活目的为原则,必要时可在灭活后加入硫代硫酸钠,以中断其反应。

2. 烷化剂

烷化剂是含有烷基的分子中去掉一个氢原子基团的化合物,它能与另一种化合物作用,将烷基引入,形成烷基取代物。这类化合物的化学性质活泼,其灭活机制主要在于烷化 DNA 分子中的鸟嘌呤或腺嘌呤等,引起单链断裂或双螺旋链交联,改变 DNA 的结构而破坏其功能,妨碍 RNA 的合成,从而抑制细胞的有丝分裂。因此,这类灭活剂能破坏病毒的核酸,使病毒完全丧失感染力,而又不损害其蛋白衣壳,从而保留其保护性抗原。常用的烷化剂类灭活剂有乙酰基乙烯亚胺、二乙烯亚胺和缩水甘油醛。

(1)乙酰基乙烯亚胺(AEI) 为淡黄色澄明液体,有轻微氨臭味,能与水或醇任意混合。在 0～4 ℃可保存 1 年,在 -20 ℃可保存 2 年,但在常温下由于分子聚合,外观颜色及流动性均发生变化,从而导致灭活作用的改变。AEI功能基团是乙烯亚胺基,可用于灭活口蹄疫病毒生产口蹄疫灭活苗。在口蹄疫病毒培养液中加入最终浓度为 0.05%,30 ℃ 8 h 后达到灭活目的,灭活终末需加 2% 硫代硫酸钠阻断灭活。

(2)二乙烯亚胺(BEI) 市购商品为 0.2% 的 BEI 溶液,在 0～4 ℃可保存 1 个月,按 1/10(V/V)(终浓度为 0.02%)加入口蹄疫病毒悬液中,37 ℃时对口蹄疫病毒 A24 毒株的灭活速率为每小时 $10\log10$ 左右。当灭活结束时,加入 2% 硫代硫酸钠中断灭活。

(3)缩水甘油醛(GDA) 1964 年,Martinsen 将 GDA 用作生物制品灭活剂,对大肠杆菌、噬菌体、新城疫病毒和口蹄疫病毒等有灭活作用。据报告,GDA 的灭活效果优于甲醛,其作用机制是环氧烷基与病毒蛋白或核酸发生反应。法国梅里厄研究所曾用本品生产牛和猪的口蹄疫灭活苗。本品易挥发,水溶液含量为 15～31 μg/mL。保存于 0～4 ℃ 3 个月含量逐渐下降,约 6 个月失效,20 ℃只能保存 10 d。

3. 苯酚

苯酚,又名石炭酸,为羟基与芳烃族(苯环或稠苯环)直接连接的化合物,是苯的一部分被酚取代的化合物。为五色结晶或白色熔块,有特殊气味,有毒及腐蚀性,暴露在空气中和阳光下易变红色,在碱性条件下更易促进这种变化。当不含水及甲酚时,在 4 ℃凝固,43 ℃溶解。一般商品含有杂质,使熔点升高。与80%水混合能溶化,易溶于乙醇、乙醚、氯仿、甘油及二硫化碳,不溶于石油醚。需密封避光保存。本品对微生物的灭活机制是使其蛋白质变性和抑制特异酶系统(如脱氢酶和氧化酶等),从而使其失去活性。生物制品的常用量为0.3%～0.5%。

4. 结晶紫

结晶紫是一种碱性染料,别名甲基青莲或甲紫,为绿色带有金属光泽结晶或深绿色结晶状粉末,易溶于醇,能溶于氯仿,不溶于水和醚,有的商品为五甲基与六甲基玫瑰苯胺的混合物。其对微生物的灭活机制与其他碱性染料一样,主要是其阳离子与微生物蛋白质带阴电的羟基形成弱电性化合物(如COOH、PO_3、H_2等),妨碍微生物的正常代谢,也可能扰乱微生物的氧化还原作用,使电势太高不适于微生物的增殖(如猪瘟结晶紫疫苗、鸡白痢染色抗原等)而灭活。

5. β-丙酰内酯

β-丙酰内酯又名为羟基丙酸-β-内酯,是一种良好的病毒灭活剂。性状为无色有刺激气味的液体,潮气进入时缓缓分解成羟基丙酸,其水溶液迅速全部分解,水溶液有效期为10 ℃保存18 h,25 ℃保存3.5 h,50 ℃保存20 min,密封于玻璃瓶中5 ℃保存较为稳定。水中溶解度37%(V/V),能与丙酮、醚和氯仿任意混合。对皮肤、黏膜及眼有强刺激性,其液体对动物有致癌性。病毒灭活后,能保持良好的免疫原性,主要用于狂犬病灭活疫苗的制备。

除以上灭活剂外,近年来还有使用非离子型去污剂直接裂解病毒。为提高与保证生物制品质量,进一步研究和开发更为优良的灭活剂也是生物制品行业的一项重要工作。

(二)影响灭活作用的因素

1. 灭活剂特异性

某些灭活剂只对一部分微生物有明显的灭活作用,而对另一些微生物则效力很差。如酚类能抑制和杀灭大部分细菌的繁殖体,5%苯酚溶液于数小时内能杀死细菌的芽孢。真菌和病毒对酚类不太敏感。阳离子表面活性剂抗菌谱广,效力快,对组织无刺激性,能杀死多种革兰阳性菌和阴性菌,但对绿脓杆菌和细菌芽孢作用弱,其水溶液不能杀死结核杆菌。因此在选择灭活剂时,应考虑其特异性,即应考虑其对微生物的作用范围。

2. 微生物种类与特性

不同种类的微生物如细菌、病毒、真菌以及革兰阳性菌与革兰阴性菌对各类灭活剂的敏感性并不完全相同；细菌的繁殖体及其芽孢对化学药物的抵抗力不同；生长期和静止期的细菌对灭活剂的敏感程度亦有差别。此外，细菌的浓度也会影响灭活的效果。微生物或毒素的总氮量和氨基氮含量对灭活也有一定影响。一般含氮量越高，甲醛等灭活剂的消耗量就越大，灭活脱毒速度越慢。

3. 灭活剂浓度

以甲醛为例，甲醛浓度越高，灭活脱毒越快，但抗原损失量亦较大。有研究证明，加 0.5% 甲醛溶液脱毒的类毒素，其结合力仅相当于 0.2% 甲醛溶液脱毒类毒素结合力的 2/3。有时可以采用分次加入甲醛溶液进行灭活的方法，即将甲醛溶液分数次加入，加量由小至大，pH 由低而高，温度由室温开始，逐步提高到允许的最高温度。这样对于保护抗原的免疫原性有一定好处。

4. 灭活温度

通常情况下，灭活作用随灭活温度上升而加速。在低温时，温度每上升 10 ℃，细菌死亡率可成倍增加。每升高 10 ℃，金属盐类的灭菌作用增加 2 ~ 5 倍，苯酚的杀菌作用增加 5 ~ 8 倍。但是，如果温度超过 40 ℃ 或更高，对微生物的抗原性将有不利影响。

5. 灭活时间

灭活时间与灭活剂浓度和作用温度密切相关。一般随着灭活剂浓度及作用温度升高，灭活时间则缩短。在生物制品生产中，为保证制品安全和效力，以采用低灭活剂剂量、低作用温度和短时间处理为最佳。

6. 酸碱度(pH)

在微酸性时灭活速度慢，抗原性保持较好，在碱性时灭活速度快，但抗原性易受破坏。灭活初期损失较快，以后逐渐减慢，尤其甲醛溶液浓度高时，在碱性溶液中抗原性损失更大。pH 对细菌的灭活作用有较大影响。pH 改变时，细菌的电荷也发生改变。在碱性溶液中，细菌带阴电荷较多，阳离子表面活性剂的杀菌作用较大；在酸性溶液中，则阴离子的杀菌作用较强。同时，pH 也影响灭活剂的电离度。未电离的分子一般较易通过细菌细胞膜，灭活效果较好。

7. 有机物的存在

被灭活的病毒或细菌液中，如果含有血清或其他有机物质，会影响灭活剂的灭活能力。因为有机物能吸附于灭活剂的表面或者与灭活剂的化学基团相结合。受此影响最大的为苯胺类染料、汞制剂和阳离子去污剂。一旦汞制剂与含硫氢基化合物相遇或季铵盐类与脂类结合,则可明显降低这些灭活剂的灭活作用。

小知识

灭活、灭能与灭菌的区别

灭活是指用物理或化学手段杀死病毒、细菌等,但是不损害它们体内有用抗原的方法。灭活病毒,会使病毒蛋白的高级结构受到破坏,蛋白不再有生理活性,所以失去感染、致病和繁殖能力,但是常规的灭活不影响病毒蛋白的一级结构,意思就是病毒蛋白的序列没有变化。免疫系统对抗原的识别分成 2 种,一种是构象表位,一种是线性表位。构象表位意思就是蛋白的三维结构,而线性表位就是蛋白的序列一级结构。T 细胞只需要识别线性表位就可接受免疫呈递细胞给出的信号,引发免疫反应。所以灭活的病毒具有抗原性,但失去感染力。这个其实是很多疫苗的制造原理。

灭能主要是针对血清的,例如常用的小牛血清,也是一种蛋白质成分,灭能只是使它失去蛋白质的活性,可以恢复,而灭活是使蛋白质的结构破坏不能恢复。

灭菌是用理化方法杀死一定物质中的微生物的微生物学基本技术。灭菌的彻底程度受灭菌时间与灭菌剂强度的制约。微生物对灭菌剂的抵抗力取决于原始存在的群体密度、菌种或环境赋予菌种的抵抗力。灭菌是获得纯培养的必要条件,也是食品工业和医药领域中必需的技术。

二、保护剂

保护剂又称稳定剂,是指一类能防止生物活性物质在冷冻真空干燥时受到破坏的物质。根据其作用机制,保护剂分为两大类:一类为渗透剂,如二甲基亚砜(DMSO)、甘油和蔗糖等,能渗入细菌细胞等生物活性物质内部,降低因冷冻而增加的渗透压,防止细胞内脱水,避免细胞因慢冻可能产生的损害。另一类是非渗透剂,如聚乙烯吡咯烷酮(PVP)和蛋白质等,能防止细胞等生物活性物质由外向内渗漏溶质,避免其在速冻和溶解时可能产生的损害。根据其相对分子质量大小,又分为高分子物质和低分子物质。按其化学性质,可分为复合物、糖类、盐类、醇类、酸类和聚合物（表 2-1）。从广义上讲，保护剂是指保护微生物和寄生虫等活力和免疫原及酶和激素等生物活性的一类物质，还包括细菌或病毒的营养液、赋形剂和抗氧化剂。生物制品的冷冻真空干燥一般都加冻干保护剂，以使制品在冻干后仍保持有较高的生物学活性，而且能够延长制品保存期并提高耐热性。

（一）保护剂的组成、作用机制与效应

保护剂是兽医生物制品生产，特别是在冻干疫苗生产中的一类重要材料。冻干保护剂通常由营养液、赋形剂和抗氧化剂 3 部分组成。营养液可使因冻干而受损伤的细胞修复，对水分子起缓解作用，并能使冻干生物制品仍含有一定量水分，还可促进高分子物质形成骨架，使冻干制品呈多孔的海绵状，增加溶解度，如脱脂乳、蛋白胨、氨基酸和糖类等，常为低分子有机物。赋形剂主要起骨架作用，防止低分子物质的碳化和氧化，保护活性物质不受加热的影响，使冻干制品形成多孔性、疏松的海绵状结构，从而使溶解度增加，如蔗糖、山梨醇、乳糖、聚乙烯吡咯烷酮、葡聚糖等，常为高分子有机物。抗氧化剂可抑制冻干制品中的酶作用，增加生物活性物质在冻干后储存期间的稳定性，如维生素 C、维生素 E 和硫代硫酸钠等。如生产马立克病 814 活疫苗，可将含 10% 二甲基亚砜和 50% 犊牛血清的冻存液加入到培养的病毒液中（1∶9），再放入液氮中保存，以保护细胞不被破坏，保存活性良好的病毒。为适应较高温度储存（4~8 ℃）的储藏稳定性，某些产品的稳定剂中加聚乙烯吡咯烷酮和抗氧化剂（如维生素 C 和维生素 E、氨基酸与尿素等）。

表 2-1　一些常用的冷冻干燥保护剂

分类	保护剂
复合物	脱脂乳、明胶、蛋白质、蛋白胨、糊精、血清、甲基纤维素等
糖类	蔗糖、乳糖、麦芽糖、葡萄糖、果糖等
盐类	乳酸钙、谷氨酸钠、氯化钠、氯化钾、醋酸铵、硫代硫酸钠等
醇类	山梨醇、甘油、甘露醇、肌醇、木糖醇等
酸类	柠檬酸、酒石酸、氨基酸等
聚合物	葡聚糖、聚乙二醇、聚乙烯吡咯烷酮等

1. 冻干保护剂的组成

（1）低分子物质　又称为营养液，低分子物质可产生均匀的混悬液，使微生物保持稳定的存活状态；对水分子起缓解作用；能使冻干生物制品仍含有一定量水分;还可促进高分子物质形成骨架,使冻干制品呈多孔的海绵状,从而增加溶解度,包括糖类(如葡萄糖、乳糖、蔗糖、棉子糖等)和氨基酸类(如谷氨酸、天门冬氨酸、精氨酸、赖氨酸等)。

(2)高分子物质　高分子物质在冻干生物制品中主要起骨架作用,防止低分子物质的碳化和氧化;保护活性物质不受加热的影响;使冻干制品形成多孔性、疏松的海绵状物,从而使溶解度增加,如蔗糖、山梨醇、乳糖、聚乙烯吡咯烷酮、葡聚糖、明胶等。

(3)抗氧化剂　抗氧化剂具有抑制冻干制品中的酶的作用,从而促进、保持微生物等活性物质的稳定性,包括一些有机和无机物质,如维生素 C、维生素 E、硫脲、碘化钾、钼酸铵和硫代硫酸钠等。

2. 冻干保护剂的作用机制与效应

冻干保护剂在冻干制品中的作用机制比较复杂,尚未完全清楚,其功能与效应也是多方面的,既有生物学方面的,也有物理学方面的,主要有以下几点:保护微生物和活性物质在冻干过程中不受物理、化学因素的影响或损伤,以维持较高的存活率和活性,例如菌苗的活菌数、疫苗的病毒滴度、酶的活性等;使微生物的活动、活性物质处于半静止或静止状态,以延长生命、活性期;高分子物质在冻干过程中保持原有的构架,使制品形成海绵状结构且具有一定的含水量;抗氧化剂能抑制制品中的酶作用,从而使微生物、活性物质维持稳定和静止状态。

(二)保护剂种类

1. 按化学成分分类

(1)复合物类　如脱脂乳、明胶、蛋白质及水解物、多肽、酵母浸液、肉汤、淀粉、糊精甲基纤维素、血清、蛋白胨液等。

(2)糖类　如蔗糖、乳精、果糖、麦芽糖、棉子糖、己糖、葡萄糖等。

(3)盐类　如氯化钠、氯化钾、氯化铵、乳酸钙、谷氨酸钠等。

(4)醇类　如山梨醇、甘油、甘露醇、肌醇等。

(5)酸类　如氨基酸、柠檬酸、酒石酸、EDTA、磷酸等。

(6)聚合物类　如葡聚糖、聚乙二醇、聚乙烯吡咯烷酮等。

(7)抗氧化剂类　如维生素 C 和维生素 E、硫脲等。

2. 按分子量及作用分类

(1)高分子化合物　如脱脂乳、明胶、血清、脱纤血液、羊水、蜂蜜、酵母浸汁、肉汤、蛋白胨、淀粉、糊精、果胶、阿拉伯胶、右旋糖苷、聚乙烯吡咯烷酮、葡聚糖、羧甲基纤维素等。

（2）低分子化合物　如谷氨酸、天门冬氨酸、精氨酸、赖氨酸、苹果酸、乳糖酸、葡萄糖、乳糖、蔗糖、棉子糖、山梨醇等。

（3）抗氧化剂　如维生素 C 和维生素 E、硫脲、碘化钾、钼酸铵等。

（三）影响冻干保护剂效能的因素

冻干保护剂的效能主要表现在生物活性物质在冻干过程中的存活率和冻干制品在保存过程中的存活率和保存期。一般来说，每种微生物或生物制品均有其最佳冻干保护剂的组合，从而在冻干过程中失活率最低、制品的保存期长。冻干保护剂的种类、组合、配制以及组分的浓度对其效能的影响十分明显，影响保护剂效能的因素有下列几方面：

1. 保护剂种类

利用不同保护剂冻干的同一种微生物的保存期的存活率不同。如分别用7.5% 葡萄糖肉汤和 7.5% 乳糖肉汤作保护剂冻干的沙门菌，在室温保存 7 个月后的细菌存活率分别为 35% 与 21%。

2. 保护剂组分浓度

保护剂组分浓度可直接影响冻干制品的生物活性物质的存活率。Fry（1951 年）曾以副大肠杆菌 D201H 加不同浓度葡萄糖作保护剂进行冻干，并测定冻干品的细菌存活率，证明以 5% ~10% 葡萄糖存活率最高。

3. 保护剂配制方法

配制方法的不同往往能影响保护剂的效果，例如含糖保护剂灭菌温度不宜过高，否则由于糖的炭化会影响冻干制品的物理性状和保存效果，所以均以114 ℃、30 min 灭菌或间歇灭菌；又如血清保护剂不能用热灭菌法，必须以滤过法除菌。

4. 保护剂 pH

保护剂 pH 应与微生物生存时的 pH 相同或相近，过高或过低都能导致微生物的死亡。例如明胶蔗糖保护剂的 pH 以 6.8 ~7.0 为最佳，否则会造成微生物大量死亡。又如含葡萄糖、乳糖保护剂经高压灭菌后能或多或少改变保护剂 pH，从而影响保护效果，为此最好采取滤过法除菌。

因此，每种新的冻干制品在批量生产前应进行系统的最佳保护剂选择试验，包括保护剂冻干前后的活菌数、病毒滴度和效价测定的比较试验；不同保存条件和不同保存期的比较试验。即使在冻干制品投产后，仍需根据条件的改变不断做选择试验，以改进冻干制品的质量。

(四)常用的冻干保护剂

各类微生物适用的保护剂甚多,各国的配制方法也各异。即使同一种制品所使用的保护剂组成也不一样,例如鸡新城疫弱毒疫苗,我国选用5%蔗糖脱脂乳为冻干保护剂,而日本则用5%乳糖、0.15%聚乙烯吡咯烷酮、1%马血清或0.4%蔗糖脱脂乳、0.2%聚乙烯吡咯烷酮作保护剂;猪丹毒弱毒菌苗,我国以5%蔗糖、15%明胶作冻干保护剂,而日本用5%脱脂乳、2.5%酵母浸膏作保护剂。总之,能作为保护剂的材料很多,不同的制品性质有所不同,不可能制定一个通用的保护剂配方。

1. 不同微生物的保护剂

由于细菌、病毒、支原体、立克次体、酵母菌等生物学特性不同,其适用的冻干保护剂也不相同。各类微生物常用的保护剂如下。

(1)一般病原性细菌　适用的冻干保护剂有10%蔗糖、5%蔗糖脱脂乳、5%蔗糖、1.5%明胶;10%～20%脱脂乳、含1%谷氨酸钠的10%脱脂乳;5%牛血清白蛋白的蔗糖;灭活马血清等。

(2)厌氧细菌　含0.1%谷氨酸钠的10%乳糖、10%脱脂乳、7.5%葡萄糖血清等。

(3)病毒　常以下列物质的不同浓度或按不同的比例混合组成冻干保护剂:明胶、血清、谷氨酸钠、羊水、蛋白胨、蔗糖、乳糖、山梨醇、葡萄糖、聚乙烯吡咯烷酮等,各种成分单独适量加入脱脂奶,或者混合某些成分配成保护剂。

(4)支原体　可用50%马血清、1%牛血浆清蛋白、5%脱脂乳、7.5%葡萄糖加马血清等作为冻干保护剂。

(5)立克次体　常用10%脱脂乳作冻干保护剂。

(6)酵母菌　可用马血清或含7.5%葡萄糖的马血清,含1%谷氨酸钠的10%脱脂乳、蔗糖溶液等作为冻干保护剂。

2. 动物生物制品常用的保护剂

(1)5%蔗糖(乳糖)脱脂乳保护剂　蔗糖(或乳糖)5 g,加脱脂乳至100 mL,充分溶解后,100 ℃蒸汽间歇灭菌3次,每次30 min;或110～116 ℃高压灭菌30～40 min。用途:羊痘、鸡新城疫、鸡痘和鸭瘟等病毒性活疫苗的保护剂。

(2)明胶蔗糖保护剂　明胶2%～3%(g/mL)、蔗糖5%(g/mL)、硫脲1%～2%(g/mL)。先将12%～18%明胶液、30%蔗糖液和6%～12%硫脲液加热溶解,116 ℃高压灭菌30～40 min或100 ℃3次灭菌,每次30 min。用

途:猪肺疫和猪丹毒等细菌性活疫苗保护剂。

(3)聚乙烯吡咯烷酮乳糖保护剂 取聚乙烯吡咯烷酮30～35 g和乳糖10 g,加蒸馏水至100 mL,混合溶解,120 ℃高压灭菌20 min。

(4)SPGA保护剂 蔗糖76.62 g、磷酸二氢钾0.52 g、磷酸氢二钾1.64 g、谷氨酸钠0.83 g、牛血清白蛋白10 g,加去离子水至1 000 mL,混合溶解,过滤除菌。用途:鸡马立克病、火鸡疱疹病毒活疫苗等。

第三节　免疫佐剂

一、佐剂的概念

当一种物质先于抗原或与抗原混合同时注射于动物体内,能非特异性地改变或增强抗原物质的免疫原性,增强机体的免疫应答,或者改变机体免疫应答类型,这种物质称为佐剂,也称免疫佐剂或抗原佐剂。最新的概念为,凡是可以增强抗原特异性免疫应答的物质均称为佐剂。广义上的佐剂指免疫调节剂,能非特异性地改变或增强机体对该抗原的特异性免疫应答,能增强该抗原的免疫原性或改变免疫反应类型,而本身并无抗原性的物质。

疫苗,如灭活苗、类毒素、微生物亚单位苗、基因工程苗及合成肽苗等,免疫原性均较差,必须含有佐剂,以增强其免疫原性。有些佐剂在治疗肿瘤时可发挥重要作用,如应用卡介苗或短小棒状杆菌等,可提高机体免疫功能,增强特异性及非特异性杀瘤细胞作用,因此近年来免疫佐剂的研究进展更为迅速。

佐剂的研究历史很长,20世纪初某些生物制剂已经开始加入佐剂进行试验。1925年,法国兽医免疫学家拉蒙,首先观察到一些物质的佐剂作用。他发现制备白喉抗毒素的高免马匹,接种部位化脓者抗体效价高,继而又发现了木薯淀粉等的佐剂效应。1926年Glenny证明明矾具有佐剂作用。1951年Freund研制成弗氏佐剂,使佐剂研究不断发展。

自20世纪50年代以后,为了提高动物生物制品的免疫效果,在兽医领域对佐剂进行了广泛的研究,特别是对油佐剂的研究进展更快。在我国,佐剂的研究和佐剂苗的生产使用始于20世纪50年代,最初是使用明矾或氢氧化铝胶制备气肿疽菌苗、猪丹毒菌苗、猪肺疫菌苗,均取得较好的效果。1958年曾研制了用羊毛脂和液状石蜡制造猪丹毒油乳剂苗,但效果不理想,由于油剂苗性状十分黏稠,以及所用油的质量问题,注射部位往往因肿胀反应严重,甚至发生溃烂等组织损伤,未能用于生产。20 世纪 80 年代以来,对矿物油白油佐剂的研究和应用发展极快,尤以禽病白油佐剂疫苗的种类更多,使用效果也比较满意,例如新城疫苗油乳剂苗、EDS－76 油乳剂苗、禽霍乱油乳剂苗等。实验证明,不纯的矿物油含重芳烃较高,能致死小鼠,尤其是多环芳烃含有致癌原,必须选用特定标准的矿物油,方能保证疫苗的安全性。一般选用药用级标准的白油。

20 世纪 90 年代以来,在应用生物合成技术以其他现代技术制备大量免疫原性较弱的纯化亚单位疫苗或合成疫苗的过程中,均需加入佐剂提高免疫效果,因而再次推动了佐剂的研究。包括控制释放的投递系统一次免疫、免疫刺激复合体(ISCOM)、人工合成佐剂、细胞因子、蜂胶等,其中部分成果已从实验室研究走向开发应用。

二、佐剂标准

世界卫生组织与世界各国均认为,理想的佐剂除了有效辅助引发免疫反应外,尚应具备下列标准,否则不得用作佐剂:①佐剂物质应安全、无毒、无致癌性,也不应是辅助致癌物,不能诱导、促进肿瘤形成。通过肌肉、皮下、静脉、腹腔、滴鼻、口服等各种途径进入动物体后无任何副作用。②佐剂物质应有较高的纯度,有一定的吸附力,最好吸附力强。③佐剂物质应具有在动物体内降解吸收的性质,不易长时期留存而诱发组织损伤。④佐剂物质不应诱发自身超敏性,不应含有与动物有交叉反应的抗原物质。⑤佐剂物质应稳定,佐剂抗原混合物应储存 1 年以上不分解、不变质和不产生不良反应。

三、佐剂的作用机制

佐剂加强免疫反应是个非常复杂的过程,虽然有些佐剂的作用机制已很清楚,但仍有许多佐剂的作用机制至今尚不甚明确。佐剂的机制,可能主要是改变正常免疫机能:既可吸引大量巨噬细胞以吞噬抗原,改变抗原的构型,使抗原物质降解并加强其免疫原性,又可将过多的抗原暂时储存,延缓释放,并发挥免疫系统的细胞间协同作用(巨噬细胞与 T 细胞,T 细胞与 B 细胞)等。佐剂的作用主要包括以下两个方面:

(一)对抗原的作用

1. 增加抗原分子的表面积

佐剂吸附抗原后增加抗原分子的表面积,并且改变活性基因的构型,因而增强抗原的免疫原性。某些佐剂颗粒表面可以吸附许多抗原，使抗原表面积明显增加，特别是对小分子量可溶性抗原或半抗原，经胶体颗粒吸附后，所产生的抗体滴度明显提高。

2. 增强 T 细胞和 B 细胞的协同作用

佐剂和抗原被巨噬细胞吞噬，对抗原加工处理，赋予较强的免疫原性，促进 T 细胞免疫力，并加强 T 细胞与 B 细胞的协同作用。甲状腺球蛋白与弗氏完全佐剂（FCA）结合后，可以中断 T 细胞的耐受性，从而恢复 T 细胞与 B 细胞相互作用而产生抗甲状腺球蛋白抗体。电镜观察证明，有弗氏佐剂的巨噬细胞与淋巴细胞和正在产生抗体的浆细胞之间有密切的接触。

3. 延长抗原在组织内的储存时间，使抗原缓慢降解和缓释

抗原与某些佐剂混合后形成凝胶状，延长抗原在体内的储存时间，增加抗原与机体免疫系统接触的广泛程度，减缓抗原的降解速度，使其缓缓释放，因而明显提高抗原物质的免疫原性。

此外，佐剂还可保护抗原物质不受酶系统的降解。

(二)对抗体的作用

1. 引起细胞浸润

佐剂能引起细胞浸润，出现巨噬细胞、淋巴细胞及浆细胞聚集，促进这些细胞增殖，发挥产生抗体的作用。例如注射 FCA 后，从组织切片可见，注射局部有巨噬细胞、上皮样细胞以及淋巴细胞和浆细胞聚集成团。又如加佐剂吸附与不加佐剂破伤风类毒素免疫豚鼠后的血清抗体滴度差异非常明显。

2. 加速淋巴细胞的转化

佐剂能加速淋巴细胞转化成为效应细胞，生成更多的致敏淋巴细胞并转变为浆细胞。

3. 膜和细胞质的变化

淋巴细胞膜上的磷脂被酶激活，使膜上或邻近的部位发生膜运动及合成新的膜。巨噬细胞经佐剂作用后，也出现类似的改变，主要表现为膜活性增加和分泌辅助性因子。

4. 细胞功能的改变

巨噬细胞被佐剂刺激和激活后出现的主要变化包括数量增多、膜表面积增大、产生大量辅助因子和前列腺素等调节因子。T 细胞和 B 细胞受佐剂作用后，最大的改变是细胞数目增多，进入细胞增殖周期，膜表面成分发生改变，产生大量辅助因子（LK）。B 细胞则分化为浆细胞，并分泌大量的抗体。

四、佐剂的类型

作为一种良好的佐剂,必须具备下列条件:①增加抗原的表面积,并改变抗原的活性基团构型,从而增强抗原的免疫原性。②佐剂与抗原混合能延长抗原在局部组织的存留时间,减低抗原的分解速度,使抗原缓慢释放至淋巴系统中,持续刺激机体产生高滴度的抗体。③佐剂可以直接或间接激活免疫活性细胞并使之增生,从而增强了体液免疫、细胞免疫和非特异性免疫功能。④良好的佐剂应具有无毒性或副作用小的特点。

佐剂能改变抗体类型,使用佐剂诱导优先合成一种或多种抗体,取决于刺激初次效应的佐剂类型。使用不同佐剂苗免疫接种不同动物,产生的抗体种类和量有所不同,这是使用佐剂应该注意和研究的问题。

近年来的研究还证明,有些具有佐剂作用的物质,对正常状态的免疫功能并无影响,只增强已经低下的免疫功能,增强免疫功能的物质称为免疫增强剂,不同制剂的增强作用也不一样,但多数是增强巨噬细胞活性,促进 T 细胞或 B 细胞的反应。这些对于肿瘤的免疫治疗具有重要意义。

佐剂种类很多,目前尚无一致的公认合理的分类方法,可从不同角度作如下分类:

1. 根据佐剂的生物学性质分类

这种分类最早由 Ballanti 提出,故又称 Ballanti 分类法。

（1）微生物及其组分佐剂　某些死菌的菌体成分与抗原在一起注射,具有明显的佐剂效应,如将结核杆菌加入到弗氏佐剂中。证明有佐剂活性的微生物有厌氧短小棒状杆菌、葡萄球菌、链球菌、酵母曲、结核杆菌、卡介苗（BCG）、布氏杆菌、百日咳杆菌、绿脓杆菌、沙门菌、李氏杆菌、乳杆菌、双歧杆菌、肺炎克雷伯菌、诺卡放线菌、副黏病毒及细小病毒等。

具有佐剂活性的微生物组分有革兰阴性菌外膜脂多糖、革兰阳性细菌的细胞壁和细胞膜中的脂磷壁酸（LTA）、分枝杆菌提取的高分子多肽糖脂（脂溶性蜡质 D）、分枝杆菌细胞壁中提取的胞壁酰二肽（MDP）、乳酸菌及粪链球菌提取的细胞壁肽聚糖（PG）、短小棒状杆菌等提取的细胞壁骨架成分（CWS）、耻垢分枝杆菌等提取的水溶性佐剂（WSA）、肺炎杆菌的糖蛋白、酵母菌提取的酵母多糖及香菇提取的香菇多糖等。此外,一些蛋白毒素,如霍乱毒素（CT）、百日咳毒素（PT）、破伤风类毒素（TT）等,均具有较强的佐剂效应。

（2）非微生物物质佐剂

1）核酸及其类似物佐剂　从微生物提取出来的核酸成分（DNA、RNA 以及它们的多核苷酸）或合成核苷酸聚合体与抗原一起接种动物，能显示出佐剂作用，而单独给予则无佐剂效应。例如 DNA、RNA、多核苷酸以及合成核苷酸聚合体、聚丙烯酸、聚 4 - 乙烯吡啶、丙烯酸及聚乙烯吡咯烷酮等。

2）不溶性铝盐类胶体佐剂　例如硫酸铝、磷酸铝、氢氧化铝、磷酸钙、钾明矾、铬明矾、铵明矾等。

3）油佐剂　包括矿物油（如白油）、植物油（如花生油）等。

4）药物佐剂　例如吡喃、梯洛龙、丙胺肌苷、2 - 氮丙啶类、D - 青霉素胺类及左旋咪唑等。中草药类，如冬虫夏草、天麻、黄芪、苦参等也有佐剂作用。

5）表面活性剂佐剂　阴离子表面活性剂：包括硬脂酸铝、单硬脂酸甘油酯等；阳离子表面活性剂：如十二烷基三甲基溴化铵、十六烷基三甲基溴化铵和十八烷基三甲基溴化铵、十八烷基酪氨酸盐酸盐等；非离子性表面活性剂：如 Arlacel A、Span - 80、Span - 85、Tween - 80 等。

2. 根据佐剂在体内存留时间分类

（1）储存型佐剂　能将抗原物质吸附或黏着而成为一种凝胶状态物，注入动物体后可较久地存留在体内，持续地释放出抗原物质起刺激作用，从而能显著地增高抗体滴度，提高免疫效果。如不溶性胶体佐剂（氢氧化铝胶、明矾、磷酸铝、EDTA、藻胶酸钠等）、油乳佐剂（弗氏完全佐剂、弗氏不完全佐剂、司本白油佐剂等）。

（2）非储存型佐剂　又称为细胞毒型佐剂。这类佐剂不同于抗原混合，两者在相互隔开的部位分别注射也可出现效果，非储存型佐剂又可分为生物佐剂（微生物及其产物）和非生物佐剂（表面活性剂、胺及其类似物、核酸及其类似物、药物等）两类。

3. 根据佐剂的物理性质分类

（1）颗粒型佐剂　盐类佐剂：氢氧化铝胶、各种明矾、磷酸铝等；油水乳剂佐剂：弗氏完全佐剂（FCA）、弗氏不完全佐剂（FIA）和矿物油白油佐剂；免疫刺激复合物（ISCOM）佐剂；蜂胶佐剂；脂质体佐剂；其他：MF59 佐剂、微囊化佐剂、硬脂酰酪氨酸佐剂和 γ - 菊粉等。

（2）非颗粒型佐剂

1）肽类佐剂　如胞壁酰二肽（MDP）及其衍生物、去胞壁酰多肽、脂肽和免疫调节多肽等。

2)表面活性分子类佐剂　如非离子阻断共聚物表面活性剂和海藻糖合成衍生物(TDM)等。

3)核酸及其衍生物类佐剂　如合成核苷酸聚合体、次黄嘌呤衍生物和免疫刺激序列 DNA(CpG DNA)或 CpG 寡聚脱氧核苷酸(CpG – ODN)等。

4)含硫复合物类佐剂　如左旋咪唑。

5)碳水化合物高分子类佐剂　如香菇多糖、硫酸多糖等其他一些多糖和 DEAE – 葡聚糖等。

6)细胞因子类佐剂　如白介素 – 1(IL – 1)、白介素 – 2(IL – 2)、白介素 – 4(IL – 4)和 γ – 干扰素(γ – IFN)等。

7)脂质分子类佐剂　如脂多糖及其衍生物,一些脂溶性维生素如维生素 A 和维生素 E 等。

8)其他　包括一些蛋白毒素如霍乱毒素、百日咳毒素、破伤风类毒素等;脂磷壁酸;维生素 B 等。

五、常用的免疫佐剂

1. 氢氧化铝胶佐剂

氢氧化铝胶又称铝胶,其佐剂活性与质量密切相关。质优的铝胶分子细腻,胶体状态良好、稳定,吸附力强,含 $Al(OH)_3$ 约2%(Al_2O_3 为1.3%),保存2年以上吸附力不变。铝胶制造法甚多,如铝粉加氢氧化钠合成法,明矾加碳酸钠合成法,明矾加氨水合成法,三氯化铝与氢氧化钠合成法等。取5%硫酸铝溶液250 mL,在强烈搅拌下加入5%氢氧化钠溶液100 mL,用生理盐水离心洗涤沉淀2次,再悬入生理盐水中使达250 mL。免疫接种时,取适量氢氧化铝佐剂加等体积抗原即可免疫。

2. 明矾佐剂

明矾有钾明矾和铵明矾之分,是一种无色结晶状物,溶于水,不溶于乙醇。动物生物制品常用钾明矾作佐剂,如破伤风明矾沉降类毒素、气肿疽明矾菌苗等。制造时取精制钾明矾配成10%溶液,高压灭菌后冷却至25 ℃以下,按1% ~2%加入 pH 8.0 ±0.1 的灭活菌液中,充分振摇即为明矾佐剂苗。钾铝矾(硫酸铝钾)在一定 pH 条件下产生氢氧化铝胶体吸附抗原而产生佐剂效应。制备方法是用生理盐水溶解蛋白质抗原,在搅拌下缓慢滴入一定量10%硫酸铝钾溶液,用 NaOH 调 pH 到6.5,此时溶液变成乳状悬液,离心后去掉上清液,沉淀用生理盐水洗涤2次,加入硫柳汞防腐,4 ℃保存备用。明矾佐剂一般用于肌内注射,皮下注射容易引起肉芽肿和脓肿。

3. 弗氏佐剂

弗氏佐剂分不完全弗氏佐剂与完全弗氏佐剂2种,迄今仍是动物实验中广泛应用的佐剂,但在生物制品上使用不广。不完全弗氏佐剂的成分主要为:3份液状石蜡、1份羊毛脂、4份磷酸缓冲盐水(pH 7.2)。制造时,先将各成分混合均匀,116 ℃高压灭菌30 min,然后加入1% Tween-80混匀,使用时与抗原物质等量混合。

不完全弗氏佐剂中加卡介苗(最终浓度为2~20 μg/mL)或死的结核分枝杆菌,即为完全弗氏佐剂。一般首次注射时用1/2体积完全弗氏佐剂加上1/2体积的抗原进行乳化,第二次或第三次注射时用不完全佐剂或不用佐剂。如不加佐剂,则抗原量增大10~20倍。

配制方法:按比例将羊毛脂与液状石蜡置容器内,用超声波使之混匀,高压灭菌,置4 ℃下保存备用。

在免疫动物前,先将弗氏佐剂与抗原按一定比例混合,佐剂和抗原体积比一般为1:1,制备成油包水乳状液。抗原用量视抗原分子量不同及免疫原性及免疫动物不同而有一定差异,无统一标准和固定模式。一般是每兔(约2 kg重)或每羊(约20 kg重)第一次注射抗原1 mg,以后逐次增加抗原量,最多每次不超过3 mg。

佐剂与抗原乳化可按如下方法进行:

(1)研磨法　先将佐剂加热并取适量放入无菌的玻璃研钵内,待冷却后再缓缓滴入等体积的抗原溶液,边滴边按同一方向研磨,滴加抗原的速度要慢。待抗原全部加入后,继续研磨一段时间,使之成为乳白色黏稠的油包水乳剂。本法适于制备大量的佐剂抗原,缺点是研钵壁上黏附大量乳剂,抗原损失较大。

(2)注射器混合法　将等量的弗氏佐剂和抗原溶液分别吸入两个注射器内,两注射器之间以一细胶管相连,注意排净空气,然后交替推动针管,直至形成黏稠的乳剂为止。本法优点是容易做到无菌操作,抗原损失少,适用于制备少量的抗原乳剂。但同时难以乳化完全,个别抗原用塑料注射器根本推不动,而用玻璃注射器又有渗漏。制备好的乳化剂经鉴定才能适用。鉴定方法是将乳化剂滴入冷水中,若保持完整不分散,成滴状浮于水面,即乳化完全,为合格的油包水剂。

(3)超声　实验室条件好点的,比如说有超声破碎仪的,一定要控制超声频率和时间,超声容易激发一些自由基,对抗原有未知损害。乳化方法要根据抗原和需要而定。

4. 油乳佐剂

油乳佐剂是以矿物油、水溶液加乳化剂制成的一种储存型免疫佐剂,分单相乳化佐剂和双相乳化佐剂两种。前者为水包油(O/W)或油包水(W/O)型乳化佐剂,通常 W/O 型佐剂较黏稠,在机体内不易分散,佐剂活性优良,是动物生物制品所采用的主要剂型;O/W 型乳化佐剂较稀薄,在机体内易于分散,但佐剂活性很低,动物生物制品中很少采用。后者是水包油包水(W/O/W)或油包水包油(O/W/O)型乳化佐剂。油乳佐剂的佐剂活性、安全性与油、乳化剂质量及乳化方法和技术密切相关。免疫学上广泛应用的弗氏佐剂是著名的油乳佐剂。

(1)乳剂 乳剂是将一种溶液或干粉分散成细小微粒,混悬于另一不相溶的液体中所形成的分散体系。被分散的物质称为分散相(内相),承受分散相的液体称为连续相(外相)。

(2)乳化剂 指乳剂中分散相与连续相两相间的界面活性物质,能够促进和稳定两种互不相溶物形成乳剂。如弗氏佐剂中的羊毛脂,油乳佐剂中的 Span - 80、Arlacel - 80、Tween - 80 等。乳化剂又称表面活性剂,具有降低分散物的表面张力,在微滴(粒)表面上形成薄膜或双片层,以阻止微滴(粒)的相互凝结。

(3)乳化剂的种类 乳化剂可分为天然乳化剂和合成乳化剂两类。天然乳化剂多来源于植物、动物,如阿拉伯胶、海藻酸钠、卵黄、炼乳等。合成乳化剂又可分为阴离子型(如碱肥皂、月桂酸钠、十二烷基磺酸钠、硬脂酸等)、阳离子型(如氯化苯甲烃铵、溴化十六烷基三甲基铵、氯化十六烷基铵代吡啶等)、非离子型(多元醇或聚合多元醇的脂肪酸酯类、醚类物质,如月桂酸聚甘油酯、山梨醇酯、单油酸酯等)3 类。

(4)乳化剂的选择 商品乳化剂种类很多,通常可根据用途和乳化剂的 HLB 值(亲水亲油平衡值)进行选择。乳化剂在水中的溶解度与它的 HLB 值有密切关系。亲水强的乳化剂,在水中溶解度大,HLB 值高,容易形成 O/W 型乳剂。亲油性强的乳化剂,在水中溶解度小,HLB 值也相应较低,容易形成 W/O 型的乳剂。当 HLB 值为 4~6 时适于制备 W/O 型乳剂,HLB 值为 8~18 的乳化剂宜于制备 O/W 型乳剂。因而为调整 HLB 值以达到制取稳定乳剂目的,以用混合乳化剂为好。

（5）白油佐剂　白油是种矿物油，国外用于制苗的商品为 Drakocel – 6VR、Marcol – 52 及 LiPolul – 4，国产白油的型号分 5、7、10、15 号等，其标准与性状为：无色无味；50 ℃运动黏度 7m²/s 左右；紫外吸收值 250～350 nm，紫外消光系数小于 1.2×10^9；单环芳烃与双环芳烃含量低于 0.5%；无多环芳烃；小鼠腹腔注射 0.5 mL 观察 160 d 或家兔皮下注射 2.0 mL 观察 60 d 正常。

（6）白油佐剂疫苗的配制　依据抗原性质、乳化方法而有所不同。通常大量生产疫苗时，可将 94% 白油与 6% Span – 80 混合后再加入 1%～2% 硬脂酸铝溶化混匀，116 ℃高压灭菌 30 min，即为油相。取抗原液（通常先经灭活），加入 2%～4% Tween – 80 混匀，即为水相。乳化时，按油相与水相（2～3）∶1（体积比）混合乳化，即将油相置组织捣碎容器内，慢速搅动油相同时缓慢加入水相进行乳化，最后高速乳化制成 W/O 型油乳佐剂疫苗。在乳化过程中亦可根据乳剂黏稠度适当调整油、水相比，或将黏稠的 W/O 型乳剂抗原制剂再加入 2% Tween – 80 生理盐水后继续乳化成双相油乳佐剂疫苗制剂。双相油乳佐剂疫苗制剂黏度小，注射局部反应轻微，易吸收，佐剂效应高。

（7）油乳剂检验　检验项目为乳剂类型检查、黏度测定、稳定性测定、黏度大小及分布检测等，生产实际中以黏度测定与稳定性测定为主。

1）黏度测定　最简易的方法是取内径为 1.2 mm 的吸管，在室温下吸乳剂 1 mL，以垂直放出 0.4 mL 所需的时间作为黏度单位，以 2～6 s 为合格，不得大于 15 s。

2）稳定性测定　离心分层法，于半径 10cm 离心管装油乳剂，3 000 r/min 离心 10～15 min 不分层，相当于保存 1 年以上不破乳。或将疫苗 37 ℃储存，加速老化，10～30 d 不破乳。

5. 蜂胶佐剂

蜂胶是蜜蜂采自柳树、杨树、栗树和其他植物幼芽分泌的树脂，并混入蜜蜂上颚分泌物，以及蜂蜡、花粉及其他一些有机物与无机物的一种天然物质。蜂胶是固体状黏性物，呈褐色、深褐色或灰褐带青绿色，具有芳香气味，味苦，在低于 15 ℃条件下变硬，0 ℃以下变脆，35～45 ℃时质软带黏度可塑性。60 ℃以上熔化，相对密度 1.112～1.136。蜂胶的颜色及品质与蜜蜂所采集的植物种类有关，新收集的蜂胶，约含 55% 的树脂和香脂、30% 蜂蜡以及芳香挥发油、10% 以上花粉和其他杂质，是一种质量不均的混合物。将蜂胶溶于 95% 乙醇中，应呈透明的栗色溶液。

目前已知蜂胶含树脂、蜂蜡、芳香油、花粉、多种酸类、醇类、酚类、酮类、脂类、烯烃和萜类等化合物,还有多种氨基酸、酶和多糖、脂肪酸及维生素以及30 余种化学元素。

蜂胶是一种广谱生物活性物质,具有良好的免疫增强作用,它能增强巨噬细胞的吞噬能力,促进抗体的产生,提高机体的特异性和非特异性免疫力。但由于蜂种不同、产地不同,天然蜂胶的质量和成分有较大的差异,用于免疫佐剂需进行纯化。用市售蜂胶,放 4 ℃以下低温储存,用前在 4 ~ 8 ℃下粉碎,过筛,按质量体积比 1∶4 加 95% 的乙醇,18 ~ 25 ℃浸 24 ~ 48h,冷却离心取上清液即为纯化蜂胶,以干物质计算配成 30 μg/mL 溶液,4 ℃保存备用。

6. 左旋咪唑、葡聚糖佐剂

左旋咪唑驱虫药物是噻唑苯咪唑的派生物,白色,无定形或结晶形粉末,易溶于水。本剂具有恢复 T 细胞和吞噬细胞功能以及胸腺细胞有丝分裂功能的作用,还能调节免疫系统的细胞免疫机能。葡聚糖可作为载体,两相结合后有明显的免疫佐剂效能。于 5% 左旋咪唑液中加入葡聚糖微粒混匀,4 ℃浸泡 24h 后低温干燥制成佐剂载体。在鸡新城疫Ⅱ系毒液中加入 0.8% 左旋咪唑、葡聚糖佐剂混匀,4 ℃下放置 2 h,即为鸡新城疫Ⅱ系佐剂疫苗。或在液体苗液中加入保护剂后分装、冻干,制成冻干疫苗。

六、新型佐剂

1. 细胞因子类佐剂

多种细胞因子都证明是有效的免疫增强剂,亦称之为免疫佐剂,能够增强疫苗的保护作用,在肿瘤免疫模型试验中,亦能提高其免疫性参数。随着合成和重组抗原的日渐增多,应进一步强调合适的佐剂的作用以确保疫苗的最大活性以及对所有接种者的保护作用。目前,制备安全、有效的佐剂有几种途径,其中直接利用细胞因子作佐剂,已成为科学家的研究热点。这类细胞因子主要为 IL－1、IL－2、IL－4、IL－12 及 γ－干扰素。

(1)IL－1 又称淋巴细胞活化因子,是第一个细胞因子佐剂。IL－1 用作佐剂可增强对抗原的初次和二次抗体应答。

IL－1 可引起许多与炎症有关的严重副作用,这是其用作疫苗佐剂的不足。因此,科学家对 IL－1β 序列中 163 ~ 171 位的短肽很感兴趣。该肽不存在上述问题,但仍可保持 IL－1 的免疫刺激作用。因此,肽 163 ~ 171 已被成功地用于动物,以增强对如下抗原的特异性免疫应答。其中有 T 辅助细胞依赖的细胞抗原,不依赖 T 辅助细胞的多糖抗原,重组以及来自人病原体的合成抗原,并已成功地用于实验性肿瘤疫苗。

(2)IL-2 是 T 细胞在抗原或促有丝分裂原刺激下所分泌的一种淋巴因子,可引起 T 细胞增殖和维持 T 细胞在体外持续生长,故曾称为 T 细胞生长因子(TCGF)。它具有促进 T 细胞生长、诱导或增强细胞毒性细胞的杀伤活性、协同刺激 B 细胞增殖及分泌免疫球蛋白、增强活化的 T 细胞产生 IFN 和集落刺激因子(CSF)、诱导淋巴细胞表达 IL-2 受体、促进少突胶质细胞的成熟和增殖及增强吞噬细胞的吞噬杀伤能力等免疫生物学效应。

当 IL-2 用于灭活疫苗和正常接种对象时,其免疫原性的增强,取决于给予抗原后的连续注射。IL-2 与疫苗合用,然后注射 5 d 或 17 d 可增强对胸膜肺炎嗜血杆菌、狂犬病和单纯疱疹病毒的防御作用。虽然对上述感染的防御作用得到增强,但抗体应答并不增强。

在抗体应答增强并无重要意义的情况下,细胞因子显然具有佐剂潜能,但其实际用途将取决于是否可通过一些缓慢释放机制来避免每天注射。这方面的研究已取得一些进展,如应用聚乙二醇-IL-2,将 IL-2 掺入脂质体。

IL-2 多次注射,可通过增强抗原特异性 T 细胞的增殖而起作用,但用油乳化 IL-2 克服遗传性无应答性时,未见这种活性。

(3)IL-4 又称为 B 细胞刺激因子(BSF-1),是由辅助性 T 细胞(Th 细胞)经抗原或丝裂原刺激后产生的一类重要的淋巴因子,为蛋白性质的肽类。IL-4 对 T 淋巴细胞、B 淋巴细胞分化和成熟具有潜在的佐剂活性,它能激活 T 细胞、B 细胞、NK 细胞和自身 IL-4 受体,增强或抑制免疫球蛋白的合成,可能成为一种强有力的佐剂候选因子。

(4)IL-12 是发现的唯一由 B 细胞产生的细胞因子,与 IL-2 有协同作用,曾被称为细胞毒性淋巴细胞成熟因子(CLMF)和天然杀伤细胞刺激因子(NKSF)。IL-12 与亚剂量的 IL-2 能协同诱导抗体产生细胞毒 T 淋巴细胞(CTL)。IL-12 还能诱导 NK 细胞和 T 细胞产生 γ-干扰素。IL-12 活性高于 IL-2 和 IFN,在极低浓度时就有显著活性,对灭活疫苗、肿瘤和寄生虫抗原具有有效的佐剂活性。

IL-12 的产生是一些细菌性佐剂发挥作用的机制,这些细菌成分激发巨噬细胞产生 IL-12。许多研究者建议,IL-12 可替代这些细菌佐剂,并更为安全。而且 IL-12 应用于主要诱导细胞免疫应答的疫苗(如 HIV 疫苗)。

2. 免疫刺激复合物(ISCOM)佐剂

ISCOM 是由抗原与皂树皮提取的一种糖苷 Quilt A 和胆固醇按 1∶1∶1 的分子混合共价结合而成的一种较高免疫活性的脂质小泡,ISCOM 直径 40 nm,每个 ISCOM 含 10~12 分子的蛋白质,是一种具有较高免疫学价值的新的抗原递呈系统,最初由瑞典 Moreino(1984)报道。ISCOM 现已广泛应用于多种细菌、病毒和寄生虫病的疫苗。ISCOM 可以长期增强特异性抗体应答,甚至存在被动转移抗体时也如此。又由于 ISCOM 能有效地通过黏膜给药,从而提高了用于抗呼吸道感染疫苗的可能性,具有产生"全面"免疫应答的效力。

已由 20 多种病毒的亲水脂蛋白如外壳蛋白,以及若干种细菌和原生动物的膜蛋白被用来制备 ISCOM。以 ISCOM 制备的病毒亚单位疫苗,在使用中既可增强体液免疫,也可增强细胞免疫,从而延长了免疫保护期。特别是 ISCOM 可导致细胞毒记忆 T 细胞的增加,这在灭活苗或组分苗中是独一无二的。同时又可使半抗原、化学合成小分子肽和基因工程产品成为理想的免疫原。兽用 ISCOM 疫苗已在国外投放市场,这种技术的应用亦将更为广泛。

3. 脂质体佐剂

脂质体是人工合成的具有单层或多层单位膜样结构的脂质小囊,由 1 个或多个类似细胞单位膜的类脂双分子层包裹水相介质所组成。脂质体可分为复层脂质体(MLV)、大单层脂质体(LUV)和小单层脂质体(SUV)3 类,LUV 直径较大(≥200 nm),适合包裹抗原,应用较多。

脂质体具有佐剂兼载体效应,诸如能明显地诱导抗体形成细胞提高抗体滴度,增高记忆免疫能力,增加细胞免疫应答,可作为半抗原载体以诱发特异性免疫应答,对多肽等亚单位抗原的佐剂作用更明显,可提高抗原的稳定性从而延长保存期。

4. CpG DNA

CpG DNA 是含有非甲基化 CpG(胞嘧啶鸟嘌呤二核苷酸)基序的脱氧核糖核酸 DNA。

最早提出细菌基因体 DNA 具有免疫效用的是一些日本学者。1992 年,这些学者又提出细菌 DNA 可激活 NK 细胞、诱导分泌干扰素,并可抑制肿瘤细胞的生长,但脊椎动物的 DNA 却无上述效用。而后,也有其他学者提出,细菌 DNA 基因体不但可活化 B 细胞的增生,而且有促进免疫球蛋白分泌的效用。直到 1995 年,Krieg 等人正式提出 CpG 双核苷才是 DNA 组成中具有刺激免疫反应的关键。在所有具有佐剂效用的生物或化学成分中,CpG 基序是近年来被学者广泛研究的重要课题。

CpG DNA 可同时诱导非特异性免疫及特异性免疫的反应,因此若结合抗原同时使用,便可诱导其佐剂的效用。值得注意的是 CpG DNA 在 Th1 细胞方面会诱发比弗氏完全佐剂更强烈的免疫反应。和其他的佐剂相比,CpG 可诱导更快速的抗体分泌,并诱出比毒杀性 T 细胞更强烈的活性。CpG DNA 目前可应用于疫苗佐剂、过敏疾病的免疫治疗剂、抗肿瘤效用剂和基因治疗等方面。

5. 毒素佐剂

毒素中最具代表性的佐剂是霍乱毒素(CT)和大肠菌不耐热毒素(LT),这两个毒素如用于黏膜免疫,不但本身具有高免疫性,也同时具有佐剂效用。CT、LT 毒素在核酸序列上有 80% 的相似性,而且二者结构相似,都是由 A、B 两个区所组成,其中 B 区具有主要免疫学作用,由 5 个相同分子(分子量为 1.16×10^4)以非共价键方式结合成环状结构 B 亚单位,和肠道表皮细胞受体有极高的亲和力。而 A 区(分子量为 2.7×10^4)是毒素的生物学活性部分,具有酶活性,由 A1 及 A2 两个亚区以二硫键结合在一起。

佐剂除了增进免疫效果外,最好还能减少抗原量以及稳定抗原性以维持较长的有效期。因此近年来学者的研发方向,大都是注重以造成局部慢性发炎、增加淋巴细胞和吞噬细胞数目为主。较特别的是 CT 不会引起发炎反应。过去也有人想直接使用 CT 当作佐剂,而应用于其他疫苗之上,可惜的是 CT 毒性过高,只要 5 mg 就可使人产生腹泻症状,25 mg 就可使人产生和霍乱菌感染相似的严重症状,于是基因重组的 CT 和 LT 便成为科学家的希望。

除了 CT 和 LT 之外,将毒素应用在黏膜佐剂的还有百日咳毒素(PT)。PT 有许多生物功能,除了本身被灭活后是百日咳疫苗的主要成分之外,PT 会诱导迟发型过敏反应和 IgE 的分泌。以遗传工程技术去除毒性的 PT 可成为黏膜免疫的优质佐剂。此外,破伤风类毒素(TT)现已表明也具有强的佐剂效应,特别适应于多糖或小分子肽半抗原。这些抗原经偶联结合到 TT 后,可诱发高水平的 IgG 抗体应答,表现出明显的辅佐效应。莱姆病病源的外表面蛋白 A(Outer Surface Protein A, OSPA)不但具有高免疫性,也具有佐剂的功用,当 OSPA 和大豆尿素酶共同经鼻腔注射后,OSPA 会强力促进血清 IgG 和唾液 IgA 的形成。与 CT 不同的是 OSPA 对人类具有较高的安全性。

为何要停止生产含氢氧化铝佐剂的狂犬病疫苗？

研究发现，含氢氧化铝佐剂的狂犬病疫苗较无佐剂狂犬病疫苗免疫人体后中和抗体的产生晚 7 d 左右。狂犬病疫苗的暴露后免疫是一种应急使用，抗体的产生越早越好。因此，氢氧化铝佐剂对狂犬病的暴露后治疗十分不利。另外，狂犬病疫苗中的氢氧化铝佐剂同样可以导致不良反应增多。因此，2004 年 12 月的人用狂犬病疫苗质量工作会议上，国家食品药品监督管理局已要求各生产企业在 2005 年 6 月 30 日前停止氢氧化铝佐剂人用狂犬病疫苗的生产。

第四节　免疫学反应

1. 免疫学反应概论

抗原与抗体的特异性结合既会在体内发生，亦可以在体外进行。由于抗体主要存在于血清中，传统免疫学技术多采用人或动物的血清作为抗体的标本来源，所以在体外进行的抗原抗体反应习惯上称作血清学反应。但现代的抗原抗体反应早已突破了血清学时代的概念。抗原和抗体的体外反应是应用最为广泛的一种免疫学技术，为疾病的诊断、抗原和抗体的鉴定及定量提供了良好的方法。

2. 免疫学反应的应用

免疫血清学检查是一种特异性的诊断方法。根据抗原抗体结合形成免疫复合物的性状与活性特点，对样品中的抗原或抗体进行定性、定位或定量的检测，广泛用于临床检查，以进行疾病诊断和流行病学调查。

3. 常用的免疫学反应类型

（1）凝集试验　某些微生物颗粒性抗原的悬液与含有相应的特异性抗体的血清混合，在一定条件下，抗原与抗体结合凝集在一起，形成肉眼可见的凝集物，这种现象称为凝集（图 2 - 2）或直接凝集。凝集中的抗原称为凝集原，抗体称为凝集素。凝集反应是早期建立起来的 4 个古典的血清学方法（凝集反应、沉淀反应、补体结合反应和中和反应）之一，在微生物学和传染病诊断中有广泛的应用。按操作方法，分为试管法、玻板法、玻片法和微量法等。

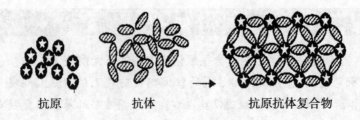

抗原　　　　　　抗体　　　　　　　　抗原抗体复合物

图2-2　凝集试验示意图

1) 直接凝集试验　是指颗粒性抗原与相应抗体直接结合,在电解质的参与下凝聚成团块的现象。按操作方法可分为平板凝集试验和试管凝集试验。

平板凝集试验(图2-3)是一种定性试验,可在玻板或载玻片上进行。将含有已知抗体的诊断血清与待检菌悬液各一滴在玻片上混合均匀,数分钟后,如出现颗粒状或絮状凝集,即为阳性反应。反之,也可用已知的诊断抗原悬液检测待检血清中有无相应的抗体。

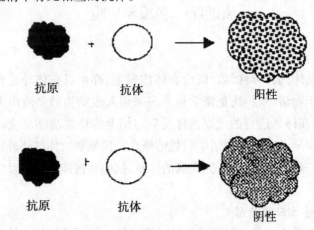

抗原　　　　　　抗体　　　　　　　　阳性

抗原　　　　　　抗体　　　　　　　　阴性

图2-3　平板凝集试验示意图

此法简便快速,适用于新分离细菌的鉴定、分型和抗体的定性检测。如大肠杆菌和沙门菌等的鉴定,布氏菌病、鸡白痢、禽伤寒和败血霉形体病的检疫,亦可用于血型的鉴定等。

试管凝集试验是一种定性和定量试验,可在小试管中进行。操作时将待检血清用生理盐水或其他稀释液做倍比稀释,然后每管加入等量抗原,混匀,37 ℃水浴或放入恒温箱中数小时,观察液体澄清度及沉淀物,根据不同凝集程度记录结果。以出现50%以上凝集的血清最高稀释倍数为该血清的凝集价,也称效价或滴度。本试验主要用于检测待检血清中是否存在相应的抗体及其效价,如布氏菌病的诊断与检疫。

2)间接凝集试验　将可溶性抗原(或抗体)先吸附于与免疫无关的小颗粒的表面,再与相应的抗体(或抗原)结合,在有电解质存在的适宜条件下,可出现肉眼可见的凝集现象(图2-4)。用于吸附抗原(或抗体)的颗粒称为载体。常用的载体有动物红细胞、聚苯乙烯乳胶、硅酸铝、活性炭和葡萄球菌A蛋白等。抗原多为可溶性蛋白质,如细菌、立克次体和病毒的可溶性抗原、寄生虫的浸出液、动物的可溶性物质、各种组织器官的浸出液、激素等,亦可为某些细菌的可溶性多糖。吸附抗原(或抗体)后的颗粒称为致敏颗粒。

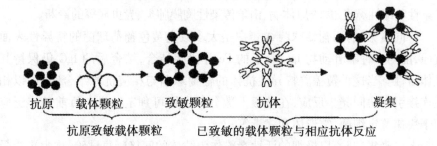

抗原　载体颗粒　　致敏颗粒　　抗体　　　凝集

抗原致敏载体颗粒　　已致敏的载体颗粒与相应抗体反应

图2-4　间接凝集反应原理示意图

间接凝集试验根据载体的不同,可分为间接血凝试验、乳胶凝集试验、协同凝集试验和炭粉凝集试验等。

间接血凝试验:以红细胞为载体的间接凝集试验,称为间接血凝试验。吸附抗原的红细胞称为致敏红细胞。致敏红细胞与相应抗体结合后,能出现红细胞凝集现象。用已知抗原吸附于红细胞上检测未知抗体称为正向间接血凝试验,用已知抗体吸附于红细胞上鉴定未知抗原称为反向间接血凝试验。常用的红细胞有绵羊、家兔、鸡及人的O型红细胞。由于红细胞几乎能吸附任何抗原,而且红细胞是否凝集容易观察,因此,利用红细胞作载体进行的间接凝集试验已广泛应用于血清学诊断的各个方面,如多种病毒性传染病、霉形体病、衣原体病、弓形体病等的诊断和检疫。

间接血凝抑制试验:抗体与游离抗原结合后就不能凝集抗原致敏的红细胞,从而使红细胞凝集现象受到抑制,这一试验称为间接血凝抑制试验(图2-5)。通常是用抗原致敏的红细胞和已知抗血清检测未知抗原或测定抗原的血凝抑制价。血凝抑制价即抑制血凝的抗原最高稀释倍数。

乳胶凝集试验:以乳胶颗粒作为载体的间接凝集试验,称为乳胶凝集试验。该试验既可检测相应的抗体也可鉴定未知的抗原,而且方法简便、快速,在临床

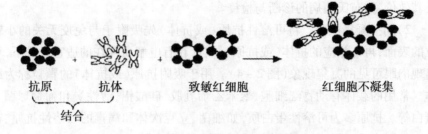

抗原　抗体　　　致敏红细胞　　　红细胞不凝集

结合

图2－5　间接血凝抑制反应原理示意图

诊断中广泛应用于伪狂犬病、流行性乙型脑炎、钩端螺旋体病、猪细小病毒病、猪传染性萎缩性鼻炎、禽衣原体病、山羊传染性胸膜肺炎、囊虫病等的诊断。

协同凝集试验:葡萄球菌 A 蛋白是大多数金黄色葡萄球菌的特异性表面抗原,能与多种哺乳动物 IgG 分子的 Fc 片段相结合,结合后的 IgG 仍保持其抗体活性。当这种覆盖着特异性抗体的葡萄球菌与相应抗原结合时,可以相互连接引起协同凝集反应,在玻板上数分钟内即可判定结果。目前已广泛应用于快速鉴定细菌、霉形体和病毒等。

炭粉凝集试验:以极细的活性炭粉作为载体的间接凝集试验,称为炭粉凝集试验。反应在玻板上或塑料反应盘进行,数分钟后即可判定结果。通常是用抗体致敏炭粉颗粒制成炭素血清,用以检测抗原,如马流产沙门菌;也可用抗原致敏炭粉,用以检测抗体,如腺病毒感染、沙门菌病、大肠杆菌病、囊虫病等的诊断。

(2)琼脂扩散试验　琼脂扩散试验简称琼扩。抗原抗体在含有电解质的琼脂凝胶中扩散,当两者在比例适当处相遇时,即发生沉淀反应,出现肉眼可见的沉淀带,称为琼脂扩散试验。

琼脂扩散试验有单向单扩散、单向双扩散、双向单扩散和双向双扩散 4 种类型。最常用的是双向双扩散。

单向单扩散:在冷至 45 ℃左右质量分数为 0.5% ~ 1.0% 的琼脂中加入一定量的已知抗体,混匀后加入小试管中,凝固后将待检抗原加于其上,置密闭湿盒内,于 37 ℃温箱或室温扩散数小时,抗原在含抗体的琼脂凝胶中扩散,在比例最适处出现沉淀带。此沉淀带的位置随着抗原的扩散而向下移动,直至稳定。抗原浓度越大,则沉淀带的距离也越大,因此可用于抗原定量。

单向双扩散:单向双扩散在小试管内进行。先将含有抗体的琼脂加于管底,中间加一层不含抗体的同样浓度的琼脂,凝固后加待检抗原,置密闭湿盒内,于 37 ℃温箱或室温扩散数日。抗原抗体在中间层相向扩散,在比例最适处形成沉淀带。此法主要用于复杂抗原的分析,目前较少应用。

双向单扩散:即在冷至45 ℃左右质量分数为2%的琼脂中加入一定量的已知抗体,制成厚2~3 mm的琼脂凝胶板,在板上打孔,孔径3 mm,孔距10~15 mm,于孔内滴加抗原后,置密闭湿盒内,37 ℃温箱或室温进行扩散。抗原在孔内向四周辐射扩散,与琼脂凝胶中的抗体接触形成白色沉淀环,环的大小与抗原浓度呈正比。本法可用于抗原的定量和传染病的诊断,如马立克病的诊断。

双向双扩散:即用质量分数为1%的琼脂制成厚2~3 mm的凝胶板,在板上按规定图形、孔径和孔距打圆孔,于相应孔内滴加抗原、阳性血清和待检血清,放于密闭湿盒内,置37 ℃温箱或室温扩散数日,观察结果。

当用于检测抗原时,将抗体加入中心孔,待检抗原分别加入周围相邻孔,若均出现沉淀带且完全融合,说明是同种抗原;若两相邻孔沉淀带有部分相连并有交角时,表明二者有共同抗原决定簇;若两相邻孔沉淀带互相交叉,说明二者抗原完全不同。

图2-6 双向双扩散试验用于检测抗原结果判定

抗:抗体 1,2,3,4,5,6:被检抗原

当用于检测抗体时,将已知抗原置于中心孔,周围1,2,3,4孔分别加入待检血清,其余两对应孔加入标准阳性血清,若待检血清孔与相邻阳性血清孔出现的沉淀带完全融合,则判为阳性;若待检血清孔无沉淀带或出现的沉淀带与相邻阳性血清孔出现的沉淀带相互交叉,判为阴性;若待检血清孔无沉淀带,但两侧阳性血清孔的沉淀带在接近待检血清孔时向内弯曲,判为弱阳性,而向外弯曲,则判为阴性。

本法应用广泛,已普遍用于传染病的诊断和抗体的检测,如鸡马立克病、鸡传染性法氏囊炎、禽流感、霉形体病、鸡传染性喉气管炎、伪狂犬病、牛地方性白血病、马传染性贫血和蓝舌病等。

(3)补体结合试验 补体结合试验是应用可溶性抗原如蛋白质、多糖类、脂质、病毒等,与相应抗体结合后,其抗原抗体复合物可以结合补体。但这一反应肉眼看不到,只有在加入一个指示系统即溶血系统的情况下,才能判定。

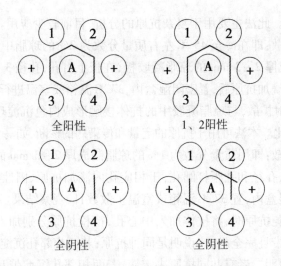

图2-7 双向双扩散用于检测抗体结果判定

A:抗原+阳性血清 1,2,3,4:被检血清

参与反应的抗体主要是 IgG 和 IgM。

1)补体结合试验的原理 补体结合试验有溶菌和溶血两大系统,含抗原、抗体、补体、溶血素和红细胞5种成分。补体没有特异性,能与任何一组抗原抗体复合物结合,如果与细菌及相应抗体形成的复合物结合,就会出现溶菌反应;而与红细胞及溶血素形成的致敏红细胞结合,就会出现溶血反应。试验时,首先将抗原、待检血清和补体按一定比例混匀后,保温一定时间,然后再加入红细胞和溶血素,作用一定时间后,观察结果。不溶血为补体结合试验阳性,表示待检血清中有相应的抗体,抗原抗体复合物结合了补体,加入溶血系统后,由于无补体参加,所以不溶血。溶血则为补体结合试验阴性,说明待检血清中无相应的抗体,补体未被抗原抗体复合物结合,当加入溶血系统后,补体与溶血系统复合物结合而出现溶血反应。

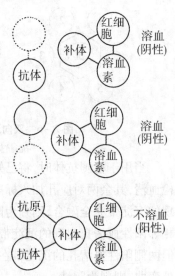

图2-8 补体结合反应原理示意图

2)补体结合试验的应用 补体结合试验可用于检测未知抗原或抗体,生产上用于多种传染病如口蹄疫、水疱病、副结核病、山羊传染性胸膜肺炎、禽衣

原体病等的诊断及抗原的定型。但由于操作较烦琐,影响因素较多,已逐渐被其他简易敏感的试验所替代。

(4)中和试验　病毒或毒素与相应抗体结合后,丧失了对易感动物、鸡胚和易感细胞的致病力,称为中和试验。

中和试验可用于病毒种型鉴定、病毒抗原分析、中和抗体效价测定等。

中和试验是以病毒对宿主细胞的毒力为基础的,首先需根据病毒特性选择适合的细胞、鸡胚或实验动物,然后测定其毒价,再比较用免疫血清和正常血清中和后的毒价,进而判定该免疫血清中和病毒的能力,即中和价。毒素和抗毒素亦可进行中和试验,其方法与病毒中和试验基本相同。

毒价单位:根据试验材料、试验对象、观察指标不同,毒价单位不同。病毒毒力较强,能引起多数动物致死的,以半数动物致死量(LD_{50})作为毒价单位;病毒只引起动物感染发病的,以半数动物感染量(ID_{50})作为毒价单位;有的仅以体温反应作为指标,则以半数动物反应量(RD_{50})作为毒价单位。另外,以鸡胚作为试验对象时,可以半数鸡胚致死量(ELD_{50})或半数鸡胚感染量(EID_{50})作为毒价单位;以单层细胞作为试验对象时,可以半数细胞感染量($TCID_{50}$)作为毒价单位。

病毒感染单位:能够引起宿主或宿主细胞发生一定特异性反应的病毒最小剂量称病毒感染单位(IU)。

病毒的效价或毒力:病毒的效价或毒力是指单位体积(mL)病毒悬液的感染单位数目(IU/mL)。

噬菌体的效价:是指能使感染细菌裂解,产生噬菌斑的噬菌体数,或形成噬菌斑单位数(pfu)。因为病毒粒子对细菌细胞感染率不会超过100%,所以根据噬菌斑或空斑计算出的病毒粒子数总比噬菌体电镜下直接计数低。pfu与噬菌体的真实数目之比即成斑率(EoP)。

病毒中和试验有体内和体外两种方法。

1)体内中和试验　体内中和试验也称保护试验,即先给试验动物接种疫苗或抗血清,间隔一定时间后,再用一定量病毒攻击,视动物是否得到保护来判定结果。常用于疫苗免疫原性的评价和抗血清的质量评价。

2)体外中和试验　体外中和试验是将病毒悬液与抗病毒血清按一定比例混合,在一定条件下作用一段时间,然后接种易感动物、鸡胚或易感细胞,根据接种后动物、鸡胚是否得到保护,细胞是否有病变来判定结果。此试验常用于病毒性传染病的诊断,如口蹄疫、猪水疱病、蓝舌病、牛黏膜病、牛传染性鼻气管炎、鸡传染性喉气管炎、鸭瘟和鸭病毒性肝炎等的诊断。此外，还可用于新分离病毒的鉴定和定型等。

终点法中和试验：本法是以滴定被血清中和后的残余毒力，通过对中和后病毒50%终点的滴定，以判定血清的中和效价。滴定方法有以下两种：

固定病毒稀释血清法：本法需先滴定病毒毒价，然后将其稀释成每一单位剂量含 $200LD_{50}$（或 EID_{50}、$TCID_{50}$），与等量的递进稀释的待检血清混合，置37 ℃1h。每一稀释度接种 3~6 只试验动物（或鸡胚、细胞），记录每组动物的存活数和死亡数，按内插法或 Karber 法计算其半数保护量（PD_{50}），即该血清的中和价。

固定血清稀释病毒法：将病毒原液做 10 倍递进稀释，分装两列无菌试管，第一列加等量正常血清（对照组），第二列加待检血清（中和组），混合后置37 ℃1h，分别接种试验动物（或鸡胚、细胞），记录每组死亡数，分别计算 LD_{50} 和中和指数。

中和指数 = 中和组 LD_{50} / 对照组 LD_{50}

本试验具有高度的特异性和敏感性，并有严格量的要求。

（5）酶联免疫吸附试验 酶联免疫吸附试验（ELISA）是应用最广、发展最快的一项新技术，其基本过程是将抗原（或抗体）吸附于固相载体，在载体上进行免疫酶反应，底物显色后用肉眼或分光光度计判定结果。

固相载体：有聚苯乙烯微量滴定板、聚苯乙烯珠等。聚苯乙烯微量滴定板（40 孔或 96 孔板）是目前最常用的载体，小孔呈凹形，操作简便，有利于大批样品的检测。新板在应用前一般无须特殊处理，直接使用或用蒸馏水冲洗干净，自然干燥后备用。一般均一次性使用，如用已用过的微量滴定板，需进行特殊处理。

用于 ELISA 的另一种载体是聚苯乙烯珠，由此建立的 ELISA 又称微球ELISA。珠的直径 0.5~0.6 cm，表面经过处理以增强其吸附性能，并可做成不同的颜色。此小珠可事先吸附或交联上抗原或抗体，制成商品。检测时将小珠放入特制的凹孔板或小管中，加入待检标本将小珠浸没进行反应，最后在底物显色后比色测定。本法现已有半自动化装置，用以检验抗原或抗体，效果良好。

包被：将抗原或抗体吸附于固相表面的过程，称载体的致敏或包被。用于包被的抗原或抗体，必须能牢固地吸附在固相载体的表面，并保持其免疫活性。各种蛋白质在固相载体表面的吸附能力不同，但大多数蛋白质可以吸附于载体表面。可溶性物质或蛋白质抗原,例如病毒蛋白、细菌脂多糖、脂蛋白、变性的 DNA 等均较易包被上去。较大的病毒、细菌或寄生虫等难以吸附,需要将它们用超声波打碎或用化学方法提取抗原成分,才能供试验用。

用于包被的抗原或抗体需纯化,纯化抗原和抗体是提高 ELISA 敏感性与特异性的关键。抗体最好用亲和层析和 DEAE 纤维素离子交换层析方法提纯。有些抗原含有多种杂蛋白,须用密度梯度离心等方法除去,否则易出现非特异性反应。

蛋白质(抗原或抗体)很易吸附于未使用过的载体表面,但适宜的条件更有利于该包被过程。包被的蛋白质数量通常为 1 ~ 10 μg/mL。高 pH 和低离子强度缓冲液一般有利于蛋白质包被,通常用 0.1 mol/L pH 9.6 碳酸盐缓冲液作包被液。一般包被均在 4 ℃过夜,也有经 37 ℃2 ~ 3 h 达到最大反应强度。包被后的滴定板可置于 4 ℃冰箱,可储存 3 周。如真空塑料封口,于 - 20 ℃冰箱可储存更长时间。用时充分洗涤。

洗涤:在 ELISA 的整个过程中,需进行多次洗涤,目的是防止重叠反应,避免引起非特异吸附现象。因此,洗涤必须充分。通常采用含助溶剂 Tween - 20(最终质量分数为 0.05%)的 PBS 作洗涤液。洗涤时,先将前次加入的溶液倒空,吸干,然后加入洗涤液洗涤 3 次,每次 3 min,倒空,并用滤纸吸干。

ELISA 的核心是利用抗原抗体的特异性吸附,在固相载体上一层层地叠加,可以是 2 层、3 层甚至多层,如搭积木一样。整个反应都必须在抗原抗体结合的最适条件下进行。每层试剂均稀释在最适于抗原抗体反应的稀释液 (0.01 ~ 0.05 mol/L pH 7.4 PBS 中加 Tween - 20 至 0.05%,10% 犊牛血清或 1% BSA)中,加入后置 37 ℃反应一定时间(一般 30 min 至 2 h)。每加一层反应后均需充分洗涤。应设阳性、阴性对照。试验方法主要有以下几种(图 2 - 9):

1)间接法　用于测定抗体。用抗原包被固相载体,然后加入待检血清样品,经孵育一定时间后,若待检血清中含有特异性的抗体,即与固相载体表面的抗原结合形成抗原—抗体复合物。洗涤除去其他成分,再加上酶标记的抗抗体,反应后洗涤,加入底物,在酶的催化作用下底物发生反应,产生有色物质。样品中含抗体越多,出现颜色越快越深。

2)夹心法　又称双抗体法,用于测定大分子抗原。将纯化的特异性抗体包于固相载体,加入待检抗原样品,孵育后,洗涤,再加入酶标记的特异性抗体,洗涤除去未结合的酶标抗体结合物,最后加入酶的底物,显色,颜色的深浅

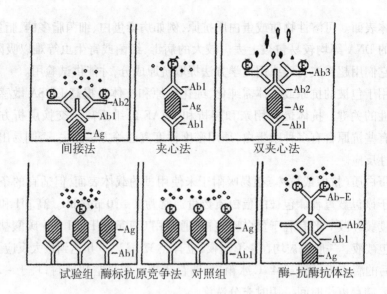

图 2-9 酶联免疫吸附试验（ELISA）的类型

Ag:抗原 Ab1:特异性抗体 Ab2:抗抗体 Ab3:用另一种动物制备的特异性抗

体 Ab-E:酶与抗酶抗体复合物 E:酶,黑色小点为底物酶解后的色素 白色

小环为未酶解的底物

与样品中的抗原含量成正比。

　　3）双夹心法　用于测定大分子抗原。此法是采用酶标抗抗体检测多种大分子抗原,它不仅不必标记每种抗体,还可提高试验的敏感性。将抗体（如豚鼠免疫血清 Ab1）吸附在固相载体上,洗涤除去未吸附的抗体,加入待测抗原（Ag）样品,使之与固相载体上的抗体结合,洗涤除去未结合的抗原,加入不同种动物制备的特异性相同的抗体（如兔免疫血清 Ab2）,使之与固相载体上的抗原结合,洗涤后加入酶标记的抗 Ab2 抗体（如羊抗兔球蛋白 Ab3）,使之结合在 Ab2 上。结果形成 Ab1-Ag-Ab2-Ab3-HRP 复合物。洗涤后加底物显色,呈色反应的深浅与样品中的抗原量呈正比。

　　4）阻断 ELISA　用于测定抗体。用抗原包被固相载体,加入待检血清,然后加入酶标单克隆抗体,最后加底物显色。呈色反应的深浅与待检血清中的抗体水平呈反比。

　　5）酶标抗原竞争法　用于测定小分子抗原及半抗原。用特异性抗体包被固相载体,加入含待测抗原的溶液和一定量的酶标记抗原共同孵育,对照仅加酶标抗原,洗涤后加入酶底物。被结合的酶标记抗原的量由酶催化底物反应产生有色产物的量来确定。待检溶液中抗原越多,被结合的酶标记抗原的量越少,显色就越浅。可用不同浓度的标准抗原进行反应绘制出标准曲线,根据样品的光密度值(OD 值)求出检测样品中抗原的含量。

6)酶标抗体直接竞争法 用于测定小分子抗原及半抗原。用抗原包被固相载体,将待检抗原与酶标抗体共同孵育后,加入反应板,最后加底物。

7)酶标抗体间接竞争法 用于测定小分子抗原及半抗原。用抗原包被固相载体,将待检抗原与特异性抗体共同孵育,加入反应板,然后加入酶标二抗,最后加底物。

8)酶-抗酶抗体(PAP)法 又称 PAP - ELISA,反应过程同免疫酶组织化学染色法,只是操作在反应板上进行。此方法虽可提高试验的敏感性,但因不易制备理想的酶-抗酶抗体复合物,试验中较多干扰因素影响结果的准确性,因此较少采用。

9)SPA - ELISA 葡萄球菌蛋白 A(SPA)能与多种动物(如人、猪、兔等)的 IgG Fc 片段结合,可用 HRP 标记制成酶标 SPA,代替间接法中的酶标抗抗体进行 ELISA。酶标 SPA 有商品化试剂供应。

底物显色:与免疫酶组织化学染色法不同,应使用可溶性的底物供氢体,常用的为邻苯二胺(OPD)和四甲基联苯胺(TMB)。OPD 产物呈棕色,但对光敏感,因此要避光进行显色反应。底物溶液应在用前新鲜配制。底物显色以室温 10 ~ 20 min 为宜。反应结束,用 2mol 硫酸终止反应。TMB 产物为蓝色,用氰氟酸终止(如用硫酸终止,则为黄色)。应用碱性磷酸酶时,常用对硝基苯磷酸盐(PNP)作底物,产物呈黄色。

结果判定:ELISA 试验结果可用肉眼观察,也可用 ELISA 测定仪测定样本的 OD 值。每次试验都需设阳性和阴性对照,肉眼观察时,如样本颜色反应超过阴性对照,即判为阳性。用 ELISA 测定仪来测定 OD 值,所用波长随底物供氢体不同而异,如以 OPD 为供氢体,测定波长为 492nm,TMB 为 650 nm(氰氟酸终止)或 450 nm(硫酸终止)。

结果可用下列方法表示:①用阳性"+"与阴性"-"表示:若样本的 OD 值超过规定吸收值判为阳性,否则为阴性。(规定吸收值 = 一组阴性样本的吸收值之均值 + 2 或 3 倍 SD,SD 为标准差)。②以 P/N 比值表示:样本的 OD 值与一组阴性样本 OD 值均值之比即为 P/N 比值,若样本的 P/N 值≥1.5,2 或 3 倍,即判为阳性。③以终点滴度(即 ELISA 效价,简称 ET)表示:将样本做倍比稀释,测定各稀释度的 OD 值,高于规定吸收值(或 P/N 值大于 1.5,2 或 3 倍)的最大稀释度即仍出现阳性反应的最大稀释度,即为样本的 ELISA

滴度或效价。可以做出 OD 值与效价之间的关系,样本只需做一个稀释度即可推算出其效价,目前国外一些公司的 ELISA 试剂盒都配有相应的程序,使测定抗体效价更为简便。

定量测定:对于抗原的定量测定(如酶标抗原竞争法),需事先用标准抗原制备一条吸收值与浓度的相关标准曲线,只要测出样本的吸收值,即可查出其抗原浓度。

(6)胶体金免疫层析法　胶体金作为免疫标记物始于 1971 年,由 Faulk 和 Taylor 将其引入免疫化学。Faulk 和 Taylor 首先将兔抗沙门菌抗血清与胶体金颗粒结合,用直接免疫细胞化学技术检测沙门菌的表面抗原。此后,他们还把胶体金与抗胶原血清、植物血凝素、卵白蛋白、人免疫球蛋白轻链、牛血清白蛋白结合应用。1974 年 Romano 和他的同事们将胶体金标记在马抗人的 IgG 上,实现了间接免疫金染色法。层析法检测试剂最早出现于 1988 年,是 Unipath 公司利用染料颗粒开发生产的一种非常方便使用的怀孕检测试剂。1989 年,Spielberg F 等发展了以胶体金为标记物用于检测艾滋病毒抗体的渗滤法检测试剂,此后,免疫胶体金在快速检测试剂中得到了广泛的应用和发展,相伴随的层析法检测试剂在组成结构、生产用的材料等方面也取得了长足的进步。将特异性的抗原或抗体以条带状固定在 NC 膜上,胶体金标记试剂(抗体或单克隆抗体)吸附在结合垫上,当待检样本加到试纸条一端的样本垫上后,通过毛细作用向前移动,溶解结合垫上的胶体金标记试剂后相互反应,再移动至固定的抗原或抗体的区域时,待检物与金标试剂的结合物又与之发生特异性结合而被截留,聚集在检测带上,可通过肉眼观察到显色结果。该法现已发展成为诊断试纸条,使用十分方便。

第三章　动物生物制品的安全生产技术

　　动物生物制品种类繁多,用途各异,除了能够用于各种传染性疾病的免疫预防外,还可以用于动物疾病的诊断,如各种诊断抗原、血凝抗原;或者是用于动物疾病的治疗,如高免血清和卵黄抗体等;以及用于提高动物机体的免疫力,如干扰素、白介素等。

第一节　细菌性疫苗生产技术

细菌性疾病是动物主要的传染性疾病之一,由于集约化养殖模式的推广以及抗生素滥用等因素,造成目前细菌性疾病的传播速度加快、发病迅速、疗效不明显、死亡率高等特点。而传染病控制的原理是针对引起流行的3个环节,即消灭传染源、切断传播途径和保护易感群体,疫苗免疫的作用主要是保护易感群体。通过研制疫苗来控制细菌性传染病是非常必要的。通过本节的学习,要求掌握细菌性疫苗的生产技术,能进行细菌性灭活苗的制备。

细菌性疫苗生产工艺流程见图3-1。

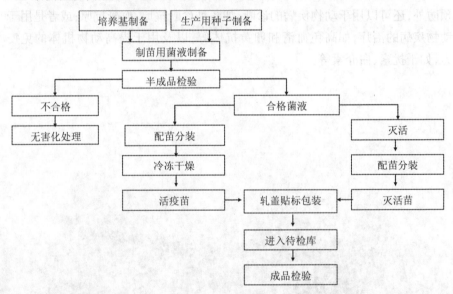

图3-1　细菌性疫苗生产工艺流程图

一、培养基制备

培养基是人工制备的供细菌生长繁殖的一种营养物质,是维持与繁殖细菌的基础,也是制造细菌性疫苗的关键。根据疫苗的性质及用途不同选择适宜的培养基,按常规方法制备培养基,经高压灭菌后方可使用。

二、生产用种子制备

按种子批分类,生产用菌(毒、虫)种可分为3级,分别采用不同的管理制度。

1. 原种

由中国兽医药品监察所或其委托的单位负责保管。

2. 基础种子

由中国兽医药品监察所或其委托的单位负责制备、检验、保管和供应。

3. 生产种子

由生产企业自行制备、检验和保管。制造弱毒活疫苗的生产种子一般是弱毒菌(毒、虫),即对动物无致病力而具有一定免疫原性的菌(毒、虫)种。

生产用种子是由基础种子扩繁制备而成,包括一级种子和二级种子。通常将基础种子划线接种于适宜琼脂平板培养基中,选取经分离培养后获得的典型菌落 5～10 个,混合接种于适宜琼脂斜面若干支,一般 37 ℃培养,经纯粹检查和鉴定实验,合格后,作为一级种子。在 2～8 ℃保存,应不超过 2 个月,此期间可移植 1～2 次,在培养基上继代,不超过 3～5 代;取一级种子接种适宜琼脂或液体培养基,一般 37 ℃,纯粹检查合格后,即可作为二级种子。在 2～8 ℃保存,应不超过 2～5d。经纯粹检验合格后,作为生产种子,用于规模化培养。

三、制苗用菌液制备

将合格的种子液以 1%～2% 的量接种于适宜的培养基,然后依不同菌苗的要求进行培养。规模化培养细菌的方法很多,如大扁瓶固体培养基表面培养、液体静止培养、液体深层通气培养、透析培养等,可根据生产规模及制品的性质选择使用。

四、半成品检验

上述培养获得的菌液即为半成品。半成品检验包括纯粹检验和活菌计数。

五、配苗与分装

将合格的半成品加入保护剂或佐剂,定量分装,制成活疫苗或灭活疫苗,轧盖、贴标、包装后入待检库。成品检验合格后,可以销售使用。

通常将合格的半成品加入 5% 明胶蔗糖作为保护剂,经冷冻真空干燥后定量分装,制成活疫苗,轧盖、贴标、包装后入待检库。成品检验合格后,可以销售使用。活菌苗需要低温冷冻保存。灭活菌苗常用佐剂为20%氢氧化铝胶,按比例与灭活菌液混合后直接分装,低温保存。

六、冷冻干燥

将分装好的制品放在冻干机箱隔板上,按隔板层次,由上而下,由里向外逐层装箱。通过预冻、升华干燥和解吸干燥阶段,经观察核定,各项冻干数据已全部达到预先设定的标准后,即为冻干全过程结束。如为自动加塞,就可按下隔板下降按钮,使隔板下降压好瓶塞。打开放气阀门,冻干箱内放入无菌干燥空气,制品出箱。

小 知 识

"细菌胶囊"或成新型疫苗输送工具

研究人员近日在《科学进展》杂志上撰文称,他们设计了一种能成功抵抗肺炎球菌的"细菌胶囊"。感染肺炎球菌会导致肺炎、脓毒症、耳部感染、脑膜炎等疾病。研究人员在大肠杆菌外面缠裹了一种叫作β-氨基酯的人工合成聚合物,就像穿在细菌身上的渔网装,带有正电荷,能与细菌带负电荷的细胞壁结合,形成一种混合胶囊。

随后,他们给"穿好衣服"的大肠杆菌插入抵抗肺炎球菌的蛋白质疫苗,并用小鼠进行了测试。结果证明,大肠杆菌胶囊能被动和主动地瞄准一种叫作抗原递呈细胞的特殊免疫细胞。这种细胞是免疫反应的触发器,同时还有天然的多成分辅助剂的性质,能提升人体免疫反应。它们具有双重细胞内递呈机制,能导向特定的免疫反应,还能同时生产和递呈抗原,具有很强的抗肺炎球菌疾病的能力。

研究人员指出,这种胶囊疫苗成本低,使用便利。此外,它还能作为一种瞄准癌症、病毒性感染及其他疾病的治疗用输送工具。

第二节　病毒性疫苗生产技术

病毒病是一类顽固性疾病,迄今为止,病毒性疾病发病后的治疗效果都不是很理想。对于病毒性疾病平时主要靠疫苗接种进行预防和治疗,所以每个养殖场都把病毒性疾病的预防放在第一位,只有把病毒性疾病预防做好了,养殖才能有保证。通过本节的学习,要求掌握病毒性疫苗的生产技术,以及能进行病毒性疫苗制备。

病毒性疫苗生产工艺流程如图3-2所示。

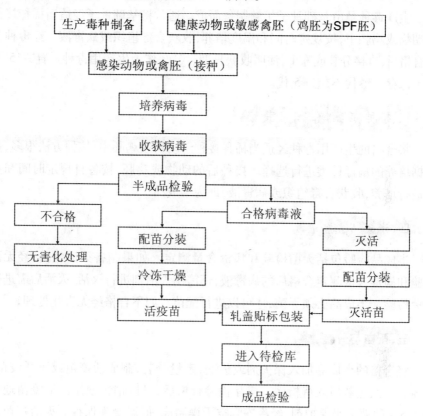

图3-2 病毒性疫苗生产工艺流程图

一、健康动物或敏感禽胚选择

禽胚质量对于病毒增殖和生物制品质量极为重要。目前理想的禽胚是无特定病原体(SPF)鸡胚。按国家标准,SPF鸡胚不应含有鸡的特定的22种病原体,可适用于各种禽疫苗的生产。但由于SPF鸡饲养条件严格,价格昂贵,商品化种蛋供不应求,故常用非免疫鸡胚加以补充,这种蛋只用于灭活疫苗的生产,不能用于活疫苗生产。目前在尚无SPF鸭胚的情况下,某些异源性疫苗生产时可选择无干扰抗体的健康鸭胚。从2008年1月1日起,农业部要求GMP疫苗生产企业菌(毒)种制备与鉴定、活疫苗生产以及疫苗检验全部使用

SPF 鸡胚。可根据培养的病毒种类选择制苗材料。

二、生产毒种制备

生产毒种是由基础种子扩繁制备而成。通常将基础种子经适当稀释接种于动物或鸡胚中,按规定时间和温度培养,收获含毒组织或病毒液。经毒种鉴定合格后,直接分装或冻干,注明收获日期、代次,作为生产用毒种。置 -15 ℃以下保存。继代不超过 5 代。

三、接种、病毒培养与收获

将合格的生产用毒种经适当稀释接种于动物或鸡胚中,接种方法很多,可根据培养的病毒种类进行选择。接种后的动物或鸡胚,按各自规定时间和温度进行培养,收获含毒组织或病毒液,即为半成品。

四、半成品检验

半成品检验包括无菌检验和病毒含量测定。如果制备灭活疫苗,经无菌检验和病毒含量测定合格后的病毒液,还需用灭活剂进行灭活,灭活后需进行无菌检验。半成品必须无菌,才可以进行配苗。如不合格经无害化处理。

五、配苗与分装

将合格的半成品加入保护剂或佐剂,定量分装,制成活疫苗或灭活疫苗,轧盖、贴标、包装后入待检库。成品检验合格后,可以销售使用。活疫苗通常加入 5% 蔗糖牛奶保护剂,经冷冻真空干燥制成,低温冷冻保存。灭活疫苗常用油乳佐剂,按比例与灭活毒液混匀乳化后直接分装,低温保存。

小 知 识

禽流感疫苗

流感病毒有 16 种(H1～H16)血凝素亚型,各亚型之间没有交叉免疫保护作用。目前,我国流行的主要是 H5、H7 和 H9 亚型禽流感,H5 和 H7 亚型禽流感致死率高、危害大,是预防的重点。对于产蛋鸡来讲,H9 亚型禽流感也需要预防,以减少或避免 H9 亚型禽流感致使产蛋下降。

第三节 其他生物制品制备技术

由于寄生虫感染的特殊性,在控制寄生虫感染的免疫预防方面,国内外的研究进展不大,尚未能像细菌和病毒那样,很好地利用疫苗进行预防接种。但随着各种生物学新技术,尤其是分子生物学技术在寄生虫研究领域的应用,寄生虫免疫学研究不断取得进展,各种虫体的抗原变异机制不断被揭示,保护性抗原分离及分子克隆不断取得突破,寄生虫基因工程苗亦已初露端倪。如羊抗细粒棘球蚴基因工程疫苗 EG95 已用于生产;牛巴贝斯虫基因工程苗在澳大利亚已开始进行田间试验;人用恶性疟原虫基因工程苗已在坦桑尼亚等非洲国家试用多年,取得了令人振奋的临床保护效果。随着寄生虫免疫学研究的不断深入,相信会有更多的寄生虫疫苗问世。

寄生虫疫苗的制造流程与细菌疫苗和病毒疫苗的制造流程大致相同,不同种类的疫苗有不同的制造流程。

(一)致弱虫苗

致弱虫苗是最早的寄生虫苗,又称第一代寄生虫苗。寄生虫多为带虫免疫,处于带虫免疫状态的动物对同种寄生虫的再感染均表现不同程度的抵抗力。因而可以将强毒虫体以各种方法致弱,再接种易感宿主,以提高宿主的抗感染能力。致弱寄生虫毒力的方法主要有以下几种:

1. 筛选天然弱毒虫株

每一种寄生虫种群的不同个体或不同株的致病力不同,但其基因组成可能相同。有些致病力很弱的个体是天然致弱虫株,是制备虫苗的好材料。

2. 人工传代致弱

有些寄生虫,特别是那些需要中间宿主的寄生虫(如巴贝斯虫和锥虫)在易感动物或培养基上反复传代后,其致病力会不断下降,但仍保持抗原性。故可以通过传代致弱获得弱毒虫株,用于制备虫苗。

(1)体内传代致弱 牛巴贝斯虫弱毒疫苗就是用牛巴贝斯虫在犊牛体内反复机械地传代 15 代以上,使虫体的毒力下降到不能使被接种牛发病的程度。鸡球虫的早熟株则是通过在鸡体内的反复传代,使球虫的生活史变短,在鸡体内的生存时间减少,从而达到降低毒力的目的。

（2）体外传代致弱　即将虫体在培养基内反复传代培养,最后达到致弱虫体的目的。如艾美尔球虫的鸡胚传代致弱苗和牛泰勒虫的淋巴细胞传代致弱苗。此外,还有用放射线致弱和药物致弱,但已很少使用。

（二）抗原苗

由于致弱苗存在诸多缺陷,目前人们都将重点转移到寄生虫抗原苗上。制备寄生虫抗原苗是先提取寄生虫的有效抗原成分,加入相应的佐剂,再免疫动物。该类虫苗最有前途,其制备关键是确定和大量提取寄生虫的有效保护性抗原。

1. 传统寄生虫抗原苗

一般认为寄生虫可溶性抗原的免疫性较好,制备方法简便。如制备蠕虫可溶性抗原常规方法是将其以机械方法粉碎,提取可溶性部分或虫体浸出物,再通过浓缩处理即可。该方法遇到的一个重要问题是虫体来源有限。此外,该类抗原中绝大部分为非功能抗原,因而免疫效果并不理想。随着寄生虫（尤其是原虫）体外培养技术的建立,很多寄生虫（如巴贝斯虫、锥虫和疟原虫）可以在体外大量繁殖,从而为提取大量的虫体分泌抗原奠定了基础,如巴贝斯虫培养上清疫苗。分泌抗原获得的方法是将虫体在体外培养,然后收集培养液,浓缩后即可获得抗原。

2. 分子水平寄生虫抗原苗

制备有效寄生虫疫苗的关键是获得大量的功能抗原,功能抗原就是能刺激机体产生特异性免疫保护的抗原。随着分子生物学的发展,越来越多的生物技术引入寄生虫研究,促进了寄生虫抗原的分离、纯化、鉴定及体外大量合成。运用分子克隆技术可以获得大量纯化的寄生虫功能抗原,从而可以制备出新一代寄生虫苗,包括亚单位疫苗、人工合成肽苗、抗独特型抗体疫苗及基因工程疫苗等。

小　知　识

人兽共患寄生虫病

人兽共患病主要由细菌、病毒和寄生虫这三大病原生物引起,有记录的人兽共患病约200种。在人与脊椎动物之间作传播的寄生虫病称为人兽共患寄生虫病,其病原包括原虫、蠕虫和节肢动物中能钻入或进入宿主皮肤或体内寄生的品种共120多种。随着世界经济的发展和人们生活水平的进步,在发达国家和发展中国家先后掀起了宠物热。我国近十年来,宠物业迅猛成长,犬、猫、鱼、鸟等已进入百姓家庭。宠物,特别是与人接触最频繁的犬、猫的豢养,既给人们的生活增添了兴趣,又给人类健康带来了威胁。它使宠物市场涌现了前所未有的商机,也给人兽共患寄生虫病的防治带来了重大挑战。

宠物(犬、猫)人兽共患寄生虫病:有记录的犬、猫人兽共患寄生虫病至多有39种,其中原虫病9种(内脏利什曼病、皮肤利什曼病、皮肤黏膜利什曼病、肺孢子虫病、弓形体病、非洲锥虫病、克氏锥虫病、等孢球虫病、贾第虫病)、吸虫病8种(血吸虫病、华支睾吸虫病、后睾吸虫病、双腔吸虫病、棘口吸虫病、片形吸虫病、异形吸虫病、并殖吸虫病)、绦虫病8种(猪绦虫/囊虫病、牛绦虫/囊虫病、棘球蚴病、泡球蚴病、裂头蚴病、裂头绦虫病、复孔绦虫病、细颈囊尾蚴病)、线虫病10种(钩虫病、膨结线虫病、毛细线虫病、麦地那龙线虫病、犬恶丝虫病、马来丝虫病、吸吮线虫病、颚口线虫病、粪类圆线虫病、旋毛虫病)、棘头虫病1种(猪巨吻棘头虫病)和节肢动物病3种(蝇蛆病、疥螨病、蠕形螨病),病原涉及80多种医学寄生虫和节肢动物。

至今,药物驱虫仍然占主导地位。但历久、大量化学药物的使用,涌现了药物抗性寄生虫、化学药物残留以及药物残留激发的食品安全问题。虽然兽用寄生虫疫苗研讨已获得明显进展,但至今,商品寄生虫疫苗绝大多数仍为活疫苗或致弱活疫苗。

二、诊断用动物生物制品的制备

诊断用生物制品是指利用细菌、病毒和寄生虫培养物、代谢物、组分(提取物)和反应物等有效物及动物血清等材料制成的,专门用于动物传染病和寄生虫病诊断和检疫的一大类制品,又称为诊断液。包括诊断用抗原、诊断用抗体(血清)和标记抗体等3类。这些制剂的最基本要求是特异性强和敏感度高。

生物制剂用于诊断的原理,是基于抗原和抗体能特异性反应,以及抗原引起动物机体特异性免疫应答的基本特性。因此诊断中可以用已知抗原检测未知抗体,或用已知抗体检测未知抗原,还可根据动物机体对抗原的特异性反应进行动物疫病诊断。

(一)诊断抗原

1. 血清学诊断抗原

血清学诊断抗原是用已知微生物和寄生虫及其组分或浸出物、代谢产物、感染动物组织制成,用以检测血清中的相应抗体。该类制剂可与血清中的相应抗体发生特异性反应,形成可见或可以检测的复合物,以确诊动物是否受微生物感染或接触过某种抗原。常用的抗原有凝集反应抗原、沉淀反应抗原、补体结合反应抗原和酶联免疫吸附试验抗原等。

(1)凝集反应抗原 凝集反应抗原是颗粒性抗原,如细菌和红细胞等。在有电解质存在条件下,能与特异性抗体结合,形成肉眼可见的凝集现象。如布氏杆菌凝集反应抗原、马流产凝集反应抗原、鸡白痢全血凝集反应抗原、猪传染性萎缩性鼻炎Ⅰ相菌抗原和鸡源支原体平板凝集反应抗原等。现以布氏杆菌凝集反应抗原为例,说明其制备和使用方法。

1)菌种 抗原性良好的2~3种布氏杆菌,菌落须为光滑型。

2)制备要点 将检定合格的种子液,接种于适于布氏杆菌生长的琼脂扁瓶上(或液体通气培养基),37 ℃培养2~3 d;加入适量0.5%苯酚生理盐水,洗下培养物,经纱布过滤,涂片杂菌检查。热凝集和吖啶黄凝集试验合格的过滤菌液,在70~80 ℃水浴中杀菌1 h,观察无凝集块出现,离心,将下沉菌体重新悬浮于0.5%苯酚生理盐水中,此即为浓菌液,置2~10 ℃冰箱中保存备用。

3)标化 用苯酚生理盐水将浓菌液稀释为1:20、1:24、1:28、1:32、1:36等5个不同稀释度,将标准阳性血清稀释为1:300、1:400、1:500、1:600、1:700等5个稀释度。将稀释的抗原和血清排成方阵进行试管凝集试验,每只反应管中加抗原和血清各0.5 mL,37 ℃ 24 h观察结果。

当标准阳性血清对标准抗原的凝集价为1:1 000"＋＋"时,在血清1:1 000稀释度呈现"＋＋",1:1 200呈现"－""±"或"＋"的凝集现象的抗原最小稀释度,即为浓菌液应稀释的倍数。在本例中浓菌液的稀释倍数为1:28,此即为标化抗原的初测结果。然后再以同法做一次测定,如果第二次结果仍为1:28,此即为标化抗原的初测结果。然后再以同法做一次测定,如果第二次结果仍为1:28,则此批浓菌液做1:28倍稀释,即为使用液。出厂的抗原原液比使用液浓20倍。

4)成品检验 抗原应为乳白色均匀菌液,没有摇不散的凝块或杂质,没有任何细菌生长。对标准阳性血清1:1 000倍稀释出现"＋＋"凝集,对阴性血清 1:(25~200)稀释均不出现凝集。

（2）沉淀反应抗原 沉淀反应抗原为胶体状态的可溶性抗原,如细菌和寄生虫的浸出液、培养滤液、组织浸出液、动物血清和动物蛋白等,与相应抗体相遇,在二者比例合适并有电解质存在时,抗原抗体相互交联形成免疫复合物达到一定大时,即出现肉眼可见的沉淀。沉淀抗原是细胞浸出成分,为细微的胶体溶液,单个抗原的体积小而总面积大,出现反应需要的抗体量多,故试验时常采取稀释抗原加不稀释的血清,并以抗原的稀释度作为沉淀反应的效价。由于使用的方法不同,沉淀反应抗原又分为环状反应抗原,如炭疽动物脏器抗原、絮状反应抗原(如测定抗毒素效价的絮状反应抗原)、琼脂扩散反应抗原和免疫电泳抗原等。

我国使用的畜禽沉淀反应抗原有马传染性贫血琼脂扩散反应抗原、鸡传染性法氏囊病琼脂扩散反应抗原及马立克病(MD)琼脂扩散反应(AGP)抗原等多种。马立克病 AGP 抗原制造方法举例如下：

用 11~13 日龄的鸭胚制备成纤维细胞单层培养物,24 h 后接种 MD 病毒感染鸡的脾细胞悬液。接种后 24 h,吸出接种物并更换营养液,接毒后约 6 d,消化细胞,分瓶,传 3 代后,细胞培养物即可用于制备 MD 沉淀抗原。一般在 75% 以上的细胞出现病变时进行收获,在 -20 ℃以下冻结,室温融化,如此反复冻融 3 次,经浓缩后即为抗原。用双扩散法进行诊断。

（3）补体结合反应抗原 用于补体结合反应。在补体的参与下可明显地提高抗原、抗体特异性反应的敏感性。所以,可用已知抗原检测未知抗体,或用已知抗体检测未知抗原。补体结合反应包括反应系统(检测系统)和指示系统(溶血系统)。反应系统为抗原和抗体。指示系统是绵羊红细胞及溶血素。补体可与反应系统的抗原-抗体复合物结合,也可与绵羊红细胞-溶血素复合物结合而引起溶血,以观察溶血与否来判定反应的结果。

我国生产使用的兽用补体结合反应抗原有鼻疽补体结合抗原、布氏杆菌补体结合反应抗原、马传染性贫血补体结合反应抗原和钩端螺旋体补体结合反应抗原等。鼻疽补体结合反应抗原的制造及检验程序如下：

1)菌种 用 1~3 株抗原性良好的鼻疽杆菌,接种在 4% 甘油琼脂培养基上,37 ℃培养 2 d,经检定合格后用生理盐水洗下,作为种子培养物。

2)制造要点 将种子培养物均匀地接种于甘油琼脂扁瓶,37 ℃培养 3~4 d,挑选生长典型和无菌污染者,用灭菌含 0.5% 苯酚生理盐水洗下培养物,121 ℃灭菌 30 min,置于 2~15 ℃冷暗处浸泡 2~4 个月,吸取上清液即为抗原,按常规方法进行无菌检验。

3)效价检验 将抗原用生理盐水做 1:10、1:50、1:75、1:100、1:150、1:200、1:300、1:400 和 1:500 稀释。用生理盐水将两份鼻疽阳性血清分别稀释成 1:10、1:25、1:50、1:75 和 1:100,在 58~59 ℃水浴灭活 30 min,测定抗原效价。在本例中,抗原效价为 1:150。制成的抗原效价在 1:100 以上认可使用。测定抗原效价后,取一份阴性马血清作 1:5 和 1:10 稀释,在 58~59 ℃灭活30 min,然后与新制抗原的一个工作量作补体结合反应,必须为阴性,方可认为合格。

2. 变态反应抗原

细胞内寄生菌(如鼻疽杆菌、结核分枝杆菌和布氏杆菌等)在传染过程中引起以细胞免疫为主的Ⅳ型变态反应,即感染机体再次遇到同种病原菌或其代谢产物时出现一种具有高度特异性和敏感性的异常反应。据此,临床上常用于诊断某些疾病。引起变态反应的抗原物质称为变应原(变态反应原),如鼻疽菌素、结核菌素和布氏杆菌水解素等。布氏杆菌水解素是变态反应原性良好的布氏杆菌水解物,专用于绵羊和山羊布氏杆菌病的变态反应诊断。羊的皮肤变态反应在愈后 1~1.5 d 才逐渐消失,所以对污染羊群检出率高于血清学方法检验结果。其制造方法举例如下:

(1)菌种 培养特性和生化性状典型、热凝集试验和吖啶黄凝集试验阴性、菌落为光滑型的布氏杆菌,变态反应原性良好,对布氏杆菌阳性血清具有高度的凝集性。

(2)制备要点 将种子菌液接种于肝汤琼脂扁瓶培养基上 37 ℃培养 2~7 d(或液体通气培养 36 h),用 0.5% 苯酚生理盐水洗下生长良好的培养物,在 70~80 ℃水浴中加热灭菌 1 h,离心沉淀去上清,菌体悬浮于 0.5% 苯酚生理盐水中,再离心沉淀洗一次。菌体悬浮于 0.5% 硫酸水溶液中,使悬液浓度大致为布氏杆菌试管凝集抗原液的 2 倍,盛于玻璃瓶中,121 ℃加热 30~40 min,使菌体溶解。室温或冰箱放置 12~24 h,吸取上清液,用 NaOH 液调整为 pH 6.8~7.0,再静置沉淀未水解部分。上清液用蔡氏滤器过滤后 75~80 ℃加热,凯氏法测定总氮量(用标准水解素作对照),用灭菌蒸馏水稀释滤液,使其最终总氮量为 0.4~0.5 μg/mL(或与标准的水解素相同)。

(3)质量标准 除按《成品检验的有关规定》进行检验外,需做如下检验:

1)安全检验 取体重 18~22 g 小鼠 6 只,腹腔注射水解素 0.5 mL,观察10 d,应全部健活。

2）效力检验　取体重 350～500 g 豚鼠 10 只，皮下接种量布氏杆菌令其感染致敏，经 30～40 d，用标准水解素 1：10 稀释液 0.1 mL 接种于臀部皮内，经 24 h 和 48 h 观察反应面积在 100 mm 以上，即可用作正式试验。然后剃去合格豚鼠腹部。两侧的被毛，被检水解素和标准素分别做 5 倍和 10 倍稀释，一侧腹部皮下内注射 0.1 mL 被检水解素，另侧注射同量的标准水解素作为对照，经 24 h 和 48 h 各观察 1 次，被检水解素肿胀面积的总和应与标准水解素肿胀面积的总和一致，或比值不超过 0.1，对照豚鼠无反应为合格。

（二）诊断抗体

诊断抗体包括诊断血清和单克隆抗体等。诊断血清是指利用血清反应以鉴别微生物、鉴定病原血清型或诊断传染病的一种含已知特异性抗体的血清。通常以抗原免疫接种动物制成。有些血清则需要再经吸收除去非特异性抗体成分后供诊断用。含有多种血清型抗体的血清称为多价诊断血清，只对一个型的称为单价诊断血清或称因子血清。单含鞭毛抗体成分的血清称为 H 血清，单含菌体成分的血清称为 O 血清。此外，还有针对菌毛和针对荚膜的均称为 K 血清。血清中的抗体一般是由多个抗原决定簇刺激不同 B 细胞克隆而产生的，故称之为多克隆抗体。而由一个 B 细胞克隆所分泌的抗体为单克隆抗体。诊断血清的制备方法和要求与治疗用高免血清类似。

（三）标记抗体

具有示踪效应的化学物质与抗体结合后，仍保持其示踪活性和相应抗原特异结合能力，此种结合物称为标记抗体，可借以示踪和检测抗原的存在及其含量，多用于鉴定抗原和诊断疾病。常用的标记物有荧光素、酶和放射性同位素。

1. 荧光素标记抗体技术

将提纯的抗体球蛋白用冷 pH 7.2 PBS 稀释成 10～20 μg/mL 的浓度，按蛋白量的 1/80 和 1/100 加入异硫氰酸荧光黄（FITC），先用 pH 9.5 0.5 mol/L 碳酸盐缓冲溶液溶解 FITC，于 5 min 内滴加到抗体球蛋白溶液中，最后补加碳酸盐缓冲液，使其总量为抗体球蛋白溶液量的 1/10；在 4 ℃搅拌标记 12～15 h（20～25 ℃ 1～2h），用大量 pH 7.2 PBS 透析 4 h，用 Sephadex G－50 凝胶滤除标记抗体中的游离荧光素，通过 DEAE 纤维素层析除去过高标记和未标记的蛋白分子，最后测定效价和特异性，分装保存。标本染色分直接染色法和间接染色法。

2. 酶标记抗体技术

常用方法有戊二醛一步法、戊二醛二步法和过碘酸钠氧化法 3 种。过碘酸钠氧化法原理:辣根过氧化物(HRP)含 18% 碳水化合物,过碘酸钠将酶分子表面的多糖链氧化为醛基,用硼氢化钠中和多余的过碘酸。酶上的醛基很活泼,可与蛋白质的氨基结合。标记步骤:①取 5 mg HRP 溶于 1.0 mL 新配制的 0.3 mol/L pH 8.2 的 $NaHCO_3$ 溶液中。②滴加 0.1 mL 1%2,4 - 二硝基氟苯(FDNB)无水乙醇溶液,室温避光轻轻搅拌 1 h。③加入 1.0 mL 0.06 mol/L 过碘酸钠($NaIO_4$)水溶液,室温轻搅 30 min。④加入 1 mL 0.16 mol/L 乙二醇,室温避光轻搅,然后装入透析袋中。⑤于 1 000 mL pH 9.5 0.01 mol/L 碳酸钠缓冲液中,4 ℃透析过夜,期间换液 3 次。⑥吸出透析袋中液体,加入每毫升含 IgG 5 mg 的 pH 9.5 0.01 mol/L 碳酸钠缓冲液 1 mL,室温避光轻轻搅拌 2~3 h。⑦加硼氢化钠($NaBH_4$)5 mg,置 4 ℃ 3 h 或过夜。⑧逐渐加入等量饱和硫酸铵溶液,置 4 ℃1 h 后,4 000 r/min 离心 15 min,弃上清液,沉淀。再用 50% 饱和硫酸铵沉淀 2 次。⑨沉淀物溶于少量 pH 7.4 0.01 mol/L 磷酸缓冲盐水,装入透析袋,以同样缓冲盐水充分透析至无铵离子,10 000 r/min 离心 30 min,上清液即为酶标记抗体。该类制剂主要用于 ELISA 试验,期较长(60 d)、同位素丰度大、辐射损伤小和计数率高。先将提纯的免疫抗体 IgG 与同位素^{125}I 置试管中,再加入氯胺 T。由于碘化反应进行很快,故碘及氯胺 T 必须在搅拌下加入,以免碘化不均匀,约 5 min 后加入还原剂亚硫酸钠,阻断氯胺 T 作用以终止碘化反应,再加入碘化钾作为离子的载体,以减少蛋白分子吸附试剂中数量不稳定的放射性碘离子。最后用过葡聚糖 G - 50 柱等方法将游离碘及其他放射性杂质与标记抗体分开。

3. 放射性同位素标记抗体技术

目前多使用同位素碘作标记。^{125}I 半衰检测相应的抗原。

小 知 识

鸡传染性法氏囊病病毒快速检测试纸条

鸡传染性法氏囊病病毒快速检测试纸条的研制以杂交瘤技术生产并鉴定了针对鸡传染性法氏囊病(IBD)病毒蛋白的特异、高亲和力、配对的单克隆抗体,又将胶体金标记技术与免疫学新技术有机结合,最终研制成功 IBD 病毒快速检测试纸条,为 IBD 的诊断和免疫监测提供了一种特异、敏感、简便、快速的新技术产品。该试纸条特点:可识别国内外 IBD 代表性病毒株;特异、敏感、简便、快速,结果判定形象直观,适合在养殖场和兽医临床中推广应用。该试纸条可用于鸡 IBD 的快速诊断与免疫监测。检测 IBD 病毒时特异,无须附加任何仪器和试剂,只需将试纸条插入样品,1~5 min 凭目测便可得出可靠结果,检测灵敏度是常规琼脂扩散试验的 64 倍,可快速确诊 IBD,对 IBD 疫苗中病毒含量进行快速估测或评价。该试纸还可用抑制法快速测定鸡群 IBD 的母源抗体和免疫抗体水平,用于 IBD 易感鸡群监测和免疫效力评价,指导鸡群 IBD 的免疫预防和控制。这一技术解决了现有方法或产品不够简便、快速及难以在临床推广应用等突出问题,实现了兽医防治人员、检疫人员及养殖业者多年的梦想。

三、治疗用动物生物制品的制备

(一)概述

治疗用生物制品是指用于治疗动物传染品的制品。目前,用于畜禽传染病治疗的生物制品,一般是指利用微生物及其代谢物等作为免疫原,经反复多次注射同一动物体,所生产的一类含高效价抗体,主要包括高度免疫血清、卵黄抗体和牛奶抗体等。高度免疫血清简称高免血清,又称免疫血清或抗血清。根据免疫血清作用的对象不同,可分为抗病血清和抗毒素两类。该类制剂治疗或预防某些相应的疾病,具有很高的特异性,也用作被动免疫,紧急预防和治疗相应传染病。

目前生产较多的抗病血清有:抗炭疽血清、破伤风抗毒素、抗羔羊痢疾血清、抗气肿疽血清、抗猪瘟血清、抗小鹅瘟血清、抗传染性法氏囊病血清和抗犬瘟热血清等,其中,破伤风抗毒素血清的应用最广。

(二)制备高免血清用动物的选择与管理

免疫血清生产工艺流程见图 3 - 3。

1. 动物的选择

(1)动物的品种　用于制备免疫血清的动物有马、牛、山羊、绵羊、猪、兔、犬、鸡和鹅等。用同种动物生产的称同源血清,用异种动物生产的称异源血清。制备抗菌和抗毒素血清多用异种动物,通常用马和牛等大动物制备,如破伤风抗毒素多用青年马制备,抗猪丹毒血清多用牛制备。抗病毒血清的制备

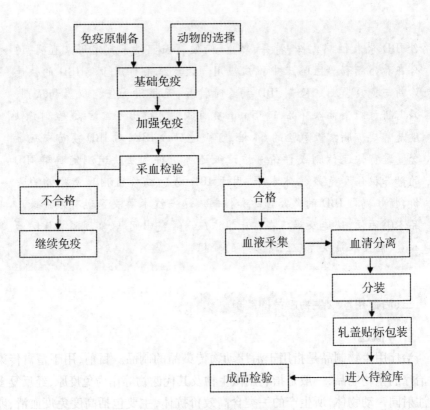

图 3－3　免疫血清生产工艺流程图

多用同种动物,如犬瘟热血清用犬制备,抗猪瘟血清用猪制备。总的来看,制备免疫血清用马比较多,因为马血清渗出率较高,外观颜色较好。也可使用多种动物(如马、牛、羊三种动物)制备一种抗毒素血清,以避免发生过敏反应或血清病。由于动物存在个性免疫应答能力差异,所以选定动物应有一定的数量,一个批次应用多头动物。

(2)动物的年龄及健康状况　通常选择体型较大、性情温驯、体质强健的青壮年动物。马以年龄3～8岁,体重350 kg以上者为宜;牛以3～10岁,体重300～400 kg为宜;猪以50 kg以上,年龄6～12月龄为宜;家兔体重需达2 kg以上为好。年龄过于幼小的动物,免疫系统尚不健全,而过老的动物,免疫系统常有失调现象,均不能产生良好的免疫应答。供制造免疫血清的动物,必须从非疫区选购,经过严格检疫,并经隔离观察,每日测温2次,观察2周以上,确认健康者方可使用。如有可能,最好自繁自养动物,或由专门饲养场提供标准化的 SPF 或其他级别的动物。对某些购进动物进行必要的和对制备抗血清无影响的预防免疫接种。

2. 动物的管理

制造血清用动物的饲养管理和健康情况,直接影响所生产的血清质量,因此必须制定严格的管理制度,由专人负责喂养和精心管理。动物应在隔离条件下饲养,杜绝高免时强毒及发病时散毒,应详细登记动物的来源、品种、性别、年龄、体重、特征及营养状况、体温记录和检疫结果等,建立制造血清动物档案,只有符合要求的动物才能投入生产。加强日常饲养管理,喂以营养丰富的饲料,并加喂多汁饲料,最好能经常喂一些胡萝卜,还需喂养适量的食盐和含钙的补充饲料。在高度免疫和采血期间,每日要检测体温 2 次,随时观察其健康情况。每日至少运动 4h。动物采血前 1h 禁食喂水,避免血中出现乳糜。在生产过程中,若发现健康状况异常或有患病可疑时,应停止注射抗原和采血,并进行隔离治疗。

(三)免疫原

1. 免疫原的基本要求

良好的免疫原应具备 3 个条件,即异物性、结构的复杂性和一定的物理性状。一般来说,颗粒性抗原较可溶性抗原的抗原性强,球形分子的蛋白质较纤维分子的免疫原性强,聚合状态的蛋白质较单体状态的蛋白质免疫原性强。相对分子质量较小和抗原性较低的蛋白质应吸附于载体上,才可获得较高的免疫原性。

2. 免疫原的制备

制造抗病血清所用的免疫抗原,要根据病原微生物的培养特性,采用不同的方法生产。免疫原提纯和浓缩十分必要。根据需要,有时可加合适的免疫佐剂。

(1)抗细菌免疫血清制备　基础免疫用抗原多为疫苗或死菌,而高度免疫的抗原,一般选用毒力较强的毒株。多价抗病血清用的抗原,要求用多血清型菌株。菌种接种于最适生长的培养基,按常规方法进行培养。如在固体培养基上繁殖,加适量灭菌生理盐水或缓冲盐水洗下菌苔,制成均匀的菌悬浮液;如用液体培养基培养,应在生长菌数高峰期(对数期)收获;通常活菌抗原需用新鲜培养菌液,并按规定的浓度使用,培养时间较死菌抗原稍短为好,多用 16 ~ 18 h 培养物,经纯粹检查,证明无杂菌者,即可作为免疫抗原。为减少由培养基带来的非特异性成分,可通过离心,弃上清,再将菌体制成一定浓度的细菌悬浮液,作为免疫原。

（2）抗病毒免疫血清制备　　以病毒为免疫原，需通过反复冻融或超声裂解方法，将病毒从细胞中释放出来，并尽可能地提高病毒滴度和免疫原性。如抗猪瘟血清，基础免疫的抗原，可用猪瘟兔化弱毒疫苗；高度免疫抗原，则用猪瘟血毒或脏淋毒乳剂等强毒。猪接种猪瘟强毒发病后5～7 d，当出现体温升高及典型猪瘟症状时，由动脉放血，收集全部血液，经无菌检验合格后即可作为抗原使用。接种猪瘟强毒的猪，除血中含有病毒外，脾脏和淋巴结也有大量的病毒，可采集并制成乳剂，作为抗原使用。

（3）抗毒素血清制备　　免疫原可用类毒素、毒素或全培养物（活菌加毒素），但后两者只有在需要加强免疫刺激的情况下才应用，一般多用类毒素作为免疫原。

（四）免疫程序

免疫程序分为两个阶段，第一阶段为基础免疫，第二阶段为高度免疫。

1. 基础免疫

基础免疫通常先用本病的疫苗按预防剂量作为第一次免疫，经1～3周再用较大剂量的灭活苗或活菌或特制的灭活抗原再疫苗1～3次，即可完成基础免疫。基础免疫大多数1～3次即可，抗原无须过多过强，可为高度免疫产生有效的回忆应答打下基础。

2. 高度免疫

高度免疫亦称加强免疫，一般在基础免疫后2～4周开始进行。注射的抗原采用强毒制造，微生物的毒力越强，免疫原性越好。免疫剂量逐渐增加，每次注射抗原间隔时间为3～10 d，多为5～7 d，高免的注射次数要视血清抗体效价而定。有的只要大量注射1～2次强毒抗原，即可完成高度免疫；有的则需注射10次以上，才能产生高效价的免疫血清。

3. 免疫途径

免疫注射途径一般采用皮下或肌内注射。如果免疫剂量大，应采用多部位法注射，尤其在应用油佐剂抗原时应注意此点。

免疫程序对制备高免血清非常重要，掌握抗体消长规律，适时免疫和采血尤为重要，不能机械地定期免疫和采血。如有的动物在长期免疫和采血过程中，可能在抗体达到一定水平后，反而逐渐降低，对免疫原的刺激无应答反应，这可能与免疫剂量、免疫间隔时间和免疫原中混杂免疫抑制物有关。此时，应给免疫动物足够的时间休息，接触免疫抑制作用，并调整免疫程序。

（五）血液采集与血清提取

按照免疫程序完成免疫的动物，经采血检验（试血）、血清效价达到合格标准时，即可采血。不合格者再度免疫，多次免疫仍不合格者淘汰。

1. 采血次数和方法

一般血清抗体的效价高峰在最后一次免疫后的 7～10 d。采血可采用全放血或部分采血，即一次采集或多次采集，采血时应尽可能地做到无菌操作。多次采血者，按体重每千克采血约 10 mL，经 3～5 d 第二次采血，按体重每千克采 8～10 mL。第二次采血后经 2～3 d，注射足量免疫原。全放血者，在最后一次高免之后的 8～11 d 进行放血。放血前，动物应禁食 24 h，但需饮水以防止血脂过高。豚鼠由心脏穿刺采血，家兔可以从心脏采血或颈静脉、颈动脉放血，少量采血可通过耳静脉采取，马由颈动脉或颈静脉放血，羊可从颈静脉采血或颈动脉、颈静脉放血，家禽可以心脏穿刺采血或颈动脉放血。

2. 血清的分离

采血时一般不加抗凝剂，全血在室温中自然凝固，在灭菌容器中使之与空气有较大的接触面。待血液凝固后进行剥离或者将凝血切成若干小块，并使其与容器剥离。先置于 37 ℃1～2 h，然后置于 4 ℃冰箱过夜，翌日离心收集血清。如果采集的血量较大时，可采用自然凝固加压法。即将动物血直接采集于事先用灭菌生理盐水或 PBS 液湿润的玻璃筒内，置室温自然凝 2～4 h，有血清析出时，每采血筒中加入灭菌的不锈钢压砣，经 24 h 后，用虹吸法经血清吸入灭菌瓶中，加入 0.5%苯酚或 0.02%硫柳汞防腐。无菌的血清，组批分装，保存于 –15 ℃半成品库，待检验合格后交成品库保存。

（六）卵黄抗体的制备

现以鸡传染性法氏囊（IBD）为例，简述其卵黄抗体液的制备过程（图 3–4）。

选择健康无病的产蛋鸡群，开产前或开产后，以免疫原性良好的 IBD 油佐剂灭活疫苗肌内注射，2 mL/只，7～10 d 后，重复注射 1 次，再过 7～10 d 再注射 1 次，油苗剂量适度递增，第三次免疫后定期检测卵黄抗体水平，待琼扩效价达 1∶128 时开始收集高免蛋，4 ℃储存备用。琼扩效价降到 1∶64 时停止收蛋，可再进行加强免疫。高免蛋合格时间大约持续 1 个月。

将高免蛋用 0.5%新洁尔灭溶液浸泡或清洗消毒，再用乙醇棉擦拭蛋壳，打取鸡卵分离蛋黄。根据卵黄抗体琼扩效价水平加入生理盐水进行稀释（稀释后的卵黄抗体效价不低于 1∶16），加青霉素、链霉素各 1 000 IU（μg）/mL，加硫柳汞浓度达 0.01%，充分搅拌后分装于灭菌瓶内 4 ℃储存。每批都要进行效价测定、细菌培养和安全检验,合格后方可出厂。

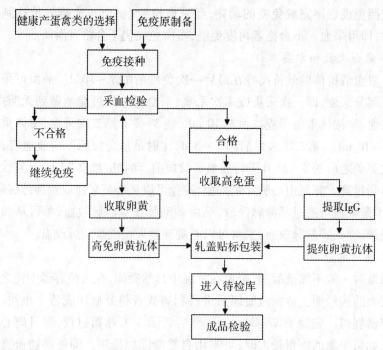

图3-4 卵黄抗体生产工艺流程

四、类毒素的制备

类毒素是指一些经变性或经化学修饰而失去原有毒性而仍保留其免疫原性的细菌外毒素。类毒素的毒性虽消失,但免疫原性不变,故仍然具有刺激机体产生抗毒素,使机体从此对某疾病具有自动免疫的作用。它们广泛地应用于预防某些传染病。常见的有白喉类毒素、破伤风类毒素、葡萄球菌类毒素、霍乱类毒素等。

(一)菌种与毒素

应选用产毒效价高、免疫力强的菌株,必要时可对菌种进行筛选。菌种应定期做全面性状检查(如细菌形态、纯化试验、糖发酵反应、产毒试验及特异性中和试验等),并有完整的传代、鉴定记录。菌种应用冻干或其他适宜方法保存在2~8℃。选择适宜的培养基制造种子菌及毒素,且培养基中应尽量减少对人体引起过敏反应的物质,不应含有可以引起人体毒性反应的物质。毒素制造过程应严格控制杂菌污染,经显微镜检查或纯化试验发现污染者应废弃。毒素需经除菌过滤后方可进行下一步制造程序,亦可杀菌后进行精制。

(二)脱毒

目前采用最可靠的脱毒方法仍是甲醛溶液法,温度控制在37~39 ℃,终浓度控制在0.3%~0.4%。脱毒后的制品即成粗制的类毒素经检验合格者,置2~8 ℃保存,有效期可达3年。

(三)精制

用人工培养法所制得的粗制类毒素液含有大量的非特异性杂质,而毒素含量较低。因此,有必要对类毒素进行浓缩精制,以获得纯的或比较纯的类毒素制品。

1. 物理学方法

可用冷冻干燥、蒸发、超滤、冻融等方法除水浓缩,也可用氧化铝和磷酸钙胶等固相吸附剂吸附。

2. 化学沉淀法

有酸沉淀法(盐酸、硫酸、磷酸、三氯醋酸等)、盐析法(硫酸盐、硫酸钠及磷酸盐缓冲液等)、有机溶剂沉淀法(甲醇、乙醇及丙酮等)和重金属阳离子沉淀法(Mg^{2+}、Ca^{2+}、Zn^{2+}、Ba^{2+}等,其中以氯化锌应用最广)。

3. 层析法

有凝胶过滤和离子交换层析法。

类毒素精制后应加终浓度0.01%硫柳汞防腐,并尽快除菌过滤。保存于2~8 ℃,有效期为3年。

五、干扰素的制备

干扰素是干扰素诱生剂作用于有关生物细胞所产生的一类高活性、多功能蛋白质。它从细胞产生和释放出来以后,又作用于相应的其他同种细胞,使其获得抗病毒及抗肿瘤等多方面的免疫力。

所谓干扰素诱生剂,是指能诱导有关生物细胞产生干扰素的一类物质。能诱导有关生物细胞产生 α 和 β 干扰素者称甲类干扰素诱生剂,如各种动物病毒、细胞内寄生的微生物等;可诱导 T 细胞产生 γ 干扰素的称为乙类干扰素诱生剂,如脂多糖、链球菌毒素、肠毒素 A 等。

在实际工作中,制备干扰素多采用2种方法:一是用干扰素诱生剂诱导某些生物细胞产生干扰素,经提取纯化并检定合格后即可使用。该法所用的细胞多为外周血白细胞。二是采用基因工程法进行生产,即将干扰素基因导入大肠杆菌内,通过培养大肠杆菌来生产干扰素。下面仅以用干扰素诱生剂制备人白细胞干扰素为例介绍干扰素的制备方法。

(一)材料和方法

1. 材料

细胞培养设备(如培养瓶、多孔培养板、温箱、显微镜、旋转培养器等)、水浴箱等。

2. **方法**

(1)制备诱生剂 采用 NDVF 系弱毒株,以鸡胚尿囊液形式保存于 −20 ℃,其血凝滴度稳定在 1:(640~1 280)。大量繁殖时,用 0.5% 水解乳蛋白稀释100~1 000 倍,接种于 9 日龄鸡胚尿囊腔,置 37 ℃ 培养 72 h 后,收获尿囊液,效价测定应大于 1:640,无菌检查应合格。

(2)制备诱生细胞 无菌采取人外周血(多用人脐带血,或血库储藏血),置于含肝素的无菌瓶内,于 4 ℃ 保存不超过 24 h,诱生细胞(白细胞)不单独提取,以全血代替。

(3)制备粗制干扰素

1)加诱生剂 按 1 mL 抗凝全血加 0.2 mL 诱生剂(即 NDVF 系尿囊液,其血凝滴度不低于 1:640)。

2)加温吸附 将加有诱生剂的抗凝全血置 37 ℃ 水浴中 1 h,每隔 15 min晃动一次,使 NDVF 吸附于白细胞上。然后以 1 000 r/min 离心 20 min,弃上清液,留沉淀物。

3)加营养液孵育诱生 按抗凝全血的 1~2 倍量加 Eagle 营养液于上述沉淀物中,混匀,置 35~36 ℃ 温箱内旋转培养 18~20 h。

4)离心及酸处理 将上述培养物以 2 000 r/min 离心 30 min,取上清液,以 6 mol/L 盐酸将其 pH 调至 2.0,置 4 ℃ 冰箱 5 天灭活 NDV。

5)中性化 经 5 天酸化后,再用 6 mol/L 氢氧化钠将 pH 调至 7.2~7.4,即为粗制干扰素。

(4)制备精制干扰素

1)硫氰酸钾(KCNS)沉淀 取上述粗制干扰素,加 KCNS 并用 2 mol/LHCl 调 pH 为 3.5,然后以 2 000 r/min 离心 30 min 取沉淀。

2)乙醇提取 将沉淀溶于 95% 乙醇(预冷至 −20 ℃),用 2 mol/L NaOH调 pH 为 4.2,以 2 000 r/min 离心 30 min 取上清;用 2 mol/L HCl 调 pH 至3.5,离心后取上清,再将 pH 调至 5.6,离心后取上清,最后将 pH 调至 7.1,离心后取沉淀。

3)过碘酸钠沉淀　将沉淀溶于 PBS 中,加过碘酸钠,并调 pH 为 4.5,用 50% 乙醇 10 倍稀释,离心后取上清,将上清液对 0.3 mol/L（NH$_4$）$_2$CO$_3$（pH 7.6）在 4 ℃下透析过夜。

sephacryl S200 柱层析:将 sephacryl S200 按要求处理后装柱[（4 ~ 5）× 100cm 柱],用 PBS 平衡后,加样（即上述上清液）,用洗液洗脱。洗脱期间用核酸蛋白仪连续检测,收集相应峰即为精制干扰素。取样进行效价测定,按结果进行稀释、分装并冻干。

（二）检定

1. 效价测定

（1）制备攻击病毒　将水疱性口炎病毒（VSV）在鸡胚成纤维母细胞上传代后,再在猪肾细胞（IBRS）上传 3 ~ 5 代,使其对 IBRS 有良好致病效应,其半数细胞培养物感染量（TCID50）应稳定（一般在 10^{-7} ~ 10^{-6}）。

（2）准备测定细胞　生长良好的幼龄 IBRS 单层细胞。

（3）测定　取上述单层细胞分为若干组,每组加不同稀释度的干扰素,置 37 ℃孵育 20 ~ 24 h,然后每管均用 100 个 TCID$_{50}$ 的 VSV 攻击,置 37 ℃ 48 ~ 72 h 孵育后,观察结果。同时设细胞对照组和病毒对照组。病毒对照组细胞致病作用（CPE）> 75%,正常细胞对照组 CPE = 0,即认为该测定系统有效。干扰素判定标准是以能保护半数细胞免受攻击病毒损害的干扰素最高稀释度的倒数作为干扰素的单位。

2. 酸碱度测定

取本品 10 支,加水溶解,精密测量 pH 应为 6 ~ 7.5。

3. 水分测定

按硫黄溶液法测定,不得超过 3%。

4. 安全试验

取本品加水溶解,小鼠尾静脉注射,48 h 内不得有死亡。

5. 热原检查

取本品 1 支,加水溶解,依法检查,应符合规定。

6. 菌检

取本品 3 支,无菌水溶解,分别接种到检查需氧菌、厌氧菌及霉菌用培养基上,37 ℃培养 1 周,应无菌生长。

7. 超敏反应

取健康豚鼠 6 只,每只腹腔注射本品适量,连续 3 次,于 20 d 后再于耳静脉注入本品适量,应无过敏反应现象发生。

六、白介素-2 的制备

白介素-2(IL-2)是 Th 细胞受有丝分裂原或特异性抗原刺激后,并在白介素-1 的辅助下,产生的一种可溶性糖蛋白。IL-2 是体内重要的广谱免疫增强因子,临床上常用于治疗免疫缺陷病及肿瘤等。

制备白介素-2 的工艺路线见图 3-5。

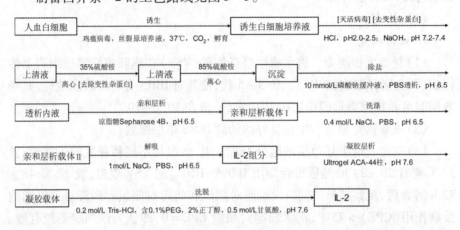

图 3-5 白介素-2 生产工艺流程

小 知 识

如何制备转移因子?

转移因子(TF)是一种可溶性不耐热的小分子多核苷酸肽,分子量为 3 500~5 000。56 ℃ 30 min 可灭活,低温保存数年活性不消失。由于转移因子能将供体某种特定的细胞免疫功能,特异地传递给受体,即具有传递特异性细胞免疫的作用,所以称为转移因子。另外它还能非特异地增强一般细胞免疫作用。转移因子的作用发生迅速,给受体注射后数小时即出现皮试阳性反应。维持时间也较长,可达数月至 1 年以上。转移因子具有免疫特异性,能特异地转移供体的迟发型超敏反应,这种免疫转移无种属特异性,能在种间交叉转移。由于转移因子是小分子成分,无抗原性,长期应用,机体也不产生抗体。在实际工作中多采用动物的脾、淋巴结或外周血白细胞制备转移因子。

第四章　预防类动物生物制品的安全应用技术

　　预防类生物制品主要是疫苗,用于疾病的预防。根据其抗原来源可分为细菌类疫苗、病毒类疫苗及联合疫苗。细菌类疫苗是由细菌、螺旋体或其衍生物制成的疫苗。病毒类疫苗是由病毒、衣原体、立克次体或其衍生物制成的疫苗。联合疫苗是由两种或两种以上疫苗抗原的原液配制而成的具有多种免疫原性的灭活疫苗或活疫苗。

第一节 预防类动物生物制品概述

一、疫苗的特点和种类

（一）疫苗的主要特点

疫苗是一类能引起免疫应答反应的生物制剂，通常为蛋白（多肽、肽）、多糖或核酸，以单一成分或含有效成分的复杂颗粒形式，或通过活的减毒致病原或载体，进入机体后产生灭活、破坏或抑制致病原的特异性免疫应答以预防和治疗疾病，或达到特定医学目的。

当疫苗接种到动物机体后，刺激动物机体免疫系统，动物机体的抗原递呈细胞将疫苗进行处理、加工和递呈给特异性淋巴细胞（T 淋巴细胞和 B 淋巴胞），然后淋巴细胞对疫苗的识别、活化、增殖、分化最后产生免疫效应分子（抗体和细胞因子）及免疫效应细胞，并最终将疫苗从动物机体中清除，这个过程称为免疫应答。免疫应答有三大特点：一是特异性，即什么样的疫苗只能产生针对这种疫苗的免疫效应分子和免疫效应细胞，例如使用鸡新城疫疫苗免疫鸡，鸡体内只会产生针对新城疫病毒的抗体，不会产生针对其他病毒的抗体。二是具有一定的免疫期，就是当使用疫苗免疫动物后，刺激体内产生的免疫应答会在一定的时期内保护动物不受这种病原的侵袭，不同的疫苗免疫保护期限不同，从数月至数年，甚至终身。三是具有免疫记忆，在疫苗刺激动物机体产生免疫应答的过程中，产生了一类细胞叫免疫记忆细胞，这种细胞具有记忆能力，能识别与注射的疫苗相同的抗原。例如，使用传染性支气管炎疫苗免疫鸡后，鸡体内就会产生针对传染性支气管炎病毒的免疫应答，在此过程中鸡体内会产生一类免疫记忆细胞，这类细胞能识别传染性支气管炎病毒，平时在体内处在潜伏状态，当鸡群受到外来传染性支气管炎野毒侵袭时，这种细胞就会很快的识别野毒，使鸡体内很快产生大量的针对野毒的特异性抗体与免疫效应细胞，最后将入侵的野毒予以清除，使机体避免野毒的侵袭。接种疫苗就是运用免疫应答的三大特点，使免疫机体免受病原的侵袭。

（二）疫苗的种类

根据疫苗抗原的性质和制备工艺，疫苗可分为活疫苗、死疫苗和基因疫苗 3 类。

1. 活疫苗

活疫苗可以在免疫动物体内繁殖;能刺激机体产生全面的系统免疫反应和局部免疫反应;免疫力持久,有利于清除局部野毒;产量高、生产成本低。但是,该类疫苗残毒在自然界动物群体内持续传递后有毒力增强和返祖危险;有不同抗原的干扰现象;要求在低温、冷暗条件下运输和储存。它包括传统的弱毒疫苗及现代的基因缺失疫苗、基因工程活载体疫苗及病毒抗体复合疫苗等。

弱毒疫苗:它是由微生物自然强毒株通过物理(温度、射线等)、化学(醋酸铊、吖啶黄等)或生物(非敏感动物、细胞、鸡胚等)处理,并经连续传代和筛选,培养而成的丧失或减弱对原宿主动物致病力,但仍保存良好免疫原性和遗传特性的毒株,或从自然界筛选的具有良好免疫原性的自然弱毒株,经培养增殖后制备的疫苗。目前,市场上大部分活疫苗是弱毒疫苗。如猪疫兔化弱毒疫苗、牛肺疫兔化弱毒疫苗及鸡痘鹌鹑化弱毒疫苗等。

重组活疫苗:通过基因工程技术,对病原微生物致病性基因进行修饰、突变或缺失,从而获得弱毒株。由于这种基因变化,一般不是点突变(经典技术培育的弱毒株基因常为点突变),故其毒力更为稳定,返突变概率更小,如猪伪狂犬病基因缺失疫苗。基因缺失疫苗是用基因工程技术将强毒株毒力相关基因切除构建的活疫苗,该类疫苗安全性好,不易返祖;其免疫接种与强毒感染相似,机体可对病毒的多种抗原产生免疫应答;免疫力坚实,免疫期长,尤其是适于局部接种,诱导产生黏膜免疫力,因而是较理想的疫苗。目前已有多种基因缺失疫苗问世,例如霍乱弧菌亚基基因中切除94%的A1基因,保留A2和全部B基因,再与野生菌株同源重组筛选出基因缺失变异株,获得无毒的活菌苗。

这方面最成功的例子是伪狂犬病毒TK基因缺失苗。通过研制TK缺失突变体使病毒致弱。该疫苗是得到美国FDA批准从实验室到市场的第一个基因工程疫苗。在1986年1月注册之前,即已证明,该疫苗无论是在环境中还是对动物,都比野生型病毒和常规疫苗弱毒更安全。后来的伪狂犬病基因缺失苗所使用的缺失突变体,同时缺失TK基因和gE、gG、gI 3种糖蛋白基因中的一种。这种新一代的基因缺失疫苗产生的免疫应答很容易与自然感染的抗体反应区别开来,又称为"标记"疫苗,它有利于疫病的控制和消灭计划。

由于基因打靶等很多基因突变操作的新方法的诞生,用基因突变、缺失和插入的方法使病原体致弱,研制新的基因工程苗的前景十分诱人。在微生物基因组插入或添加基因的方法制成的疫苗又称为基因添加疫苗。

基因工程活载体疫苗：是指用基因工程技术将致病性微生物的免疫保护基因插入到载体病毒或细菌［通常为疫苗毒（菌）株的非必需区］，构建成重组病毒（或细菌），经培养后制备的疫苗。该类疫苗不仅具有活疫苗和死疫苗的优点，而且对载体病毒或细菌以及插入基因相关病原体的侵染均有保护力。同时，一个载体可表达多个免疫基因，可获得多价或多联疫苗。目前，常用的载体病毒或细菌有痘病毒、腺病毒、疱疹病毒、大肠杆菌和沙门菌等。

2. 死疫苗

死疫苗不能在免疫动物体内繁殖，比较安全，不发生全身性副作用，无毒力返祖现象；有利于制备多价或多联等混合疫苗；制品稳定，受外界环境影响小，有利于保存运输。但该类疫苗免疫剂量大，生产成本高，需多次免疫。而且，该类疫苗一般只能诱导机体产生体液免疫和免疫记忆，故常需要用佐剂或携带系统来增强其免疫效果。它包括完整病原体灭活疫苗、化学合成亚单位疫苗、基因工程亚单位疫苗及抗独特型抗体（Id）疫苗等。

灭活疫苗：该类疫苗由完整病毒（或细菌）经灭活剂灭活后制成，其关键是病原体灭活。既要使病原体充分死亡，丧失感染性或毒性，又要保持其免疫原性。目前，常用的灭活剂有甲醛、乙酰乙烯亚胺（AEI）、乙烯亚胺（BEI）和 P - 丙酸内酯等。该类疫苗历史较久，制备工艺比较简单。目前我国已有很多商品化灭活疫苗，如猪口蹄疫、鸡减蛋综合征和兔出血症等灭活疫苗。

亚单位疫苗：是指病原体经物理或化学方法处理，除去其无效的毒性物质，提取其有效抗原部分制备的一类疫苗。病原体的免疫原性结构成分包含多数细菌的荚膜和鞭毛、多数病毒的囊膜和衣壳蛋白，以及有些寄生虫虫体的分泌和代谢产物，经提取纯化，或根据这些有效免疫成分分子组成。通过化学合成，制成不同的亚单位疫苗。该类疫苗具有明确的生物化学特性、免疫活性和无遗传性的物质，人工合成物纯度高，使用安全。如肺炎球菌囊膜多价多糖疫苗、流感血凝素疫苗及牛和犬的巴贝斯虫病疫苗等。

此类疫苗是从细菌或病毒粗抗原中分离提取某一种或几种具有免疫原性的生物学活性物质，除去免疫不必需的"杂质"，从而使疫苗更为纯净。如将病毒的衣壳蛋白与核酸分开，除去核酸用提纯的蛋白质衣壳制成的疫苗。亚单位疫苗只含有病毒的抗原成分，无核酸，因而无不良反应，使用安全，效果较好。已报道成功的亚单位疫苗有猪口蹄疫、伪狂犬病、狂犬病、水疱性口炎、流感等亚单位疫苗。致病性大肠杆菌 K88 疫苗用于口服，可阻止致病性大肠杆菌在肠黏膜表面的附着作用，对大肠杆菌病的防制有一定作用。亚单位疫苗由于制备困难,价格昂贵,在生产中难以推广应用。探索用更简便的方法生产亚单位疫苗,降低其成本是推广该疫苗的关键。

基因工程亚单位疫苗:将病原体免疫保护基因克隆于原核或真核表达系统,实现体外高效表达,获得重组免疫保护蛋白所制造的一类疫苗。其关键是重组表达蛋白应颗粒化。目前,该类疫苗尚不多,人乙肝重组蛋白疫苗是成功的典范。

基因工程重组亚单位疫苗,只含有产生保护性免疫应答所必需的免疫原成分,不含有免疫所不需要的成分,因此有很多优点。首先,是安全性好,疫苗中不含传染性材料,接种后不会发生急性、持续或潜伏感染,可用于不宜使用活疫苗的一些情况,如妊娠动物;其次,这些疫苗减少或消除了常规活疫苗或死疫苗难以避免的热原、变应原、免疫抑制原和其他有害的反应原。此外,这种疫苗稳定性好,便于保存和运输,产生的免疫应答可以与感染产生的免疫应答相区别,因此更适合于疫病的控制和消灭计划。另外免疫原的性质复杂,用生物系统生产亚单位成分是有利的,因为生物系统不仅能有效地大量生产这些复杂的大分子物质,而且能对多肽做复杂的修饰,以保证其免疫原性。用基因克隆技术生产免疫原作为疫苗还有两个优点:一是将高度危险和致病的病原体的免疫原性蛋白质编码基因转移到不致病而且无害的微生物中,用于大量生产,更增加了安全性;二是这种亚单位疫苗可以用于外来病病原体和不能培养的病原体,扩大了用疫苗控制疫病的范围。

但是重组亚单位疫苗也不是没有缺点。首先,昂贵仍是主要问题,不一定是产品生产本身的费用,因为产品研究和开发的费用通常都较高;其次,这种非传染性、非复制性免疫原,通常比复制性完整病原体的免疫原性差,需要多次免疫才能得到有效保护。

合成肽疫苗是用化学合成法人工合成病原微生物的抗原决定簇,并将其连接到大分子载体上,再加入佐剂制成的疫苗。表位疫苗是通过确定抗原蛋白上的 B 细胞、TH 细胞以及 CTL 细胞识别的表位,经人工合成,并与大分子载体连接,加入佐剂制成;也可通过基因工程技术表达抗原蛋白表位多肽,或表达与大分子蛋白的融合蛋白制成。可做成多表位疫苗。

最早报道成功的是口蹄疫多肽疫苗(1982)。合成肽疫苗的优点是可在同一载体上连接多种保护性肽链或多个血清型的保护性抗原肽链,这样只要一次免疫就可预防几种传染病或几个血清型。目前研制成功的合成肽疫苗还不多,美国 UBI 公司已研制成功口蹄疫的合成肽疫苗,显示出较好的免疫效果。合成肽疫苗虽有一些诱人的优点，但考虑到制造成本，要进入实际应用还有许多问题需要解决。不过经过努力，相信该类疫苗在未来的生产实践中能发挥重要的作用。

3. 基因疫苗

基因疫苗不能在机体增殖，但它可被细胞吸纳，并在细胞内指导合成疫苗抗原。它不仅可以诱导机体产生保护性抗体，而且可以同时激发机体产生细胞免疫反应，尤其是细胞毒T淋巴细胞（CTL）反应。

基因疫苗是近年受到人们关注的一种新型疫苗，又称DNA疫苗或核酸疫苗。是将编码某种抗原蛋白的基因置于真核表达元件的控制之下，构成重组表达质粒DNA，将其直接导入动物体内，通过宿主细胞的转录翻译系统合成抗原蛋白，从而诱导宿主产生对该抗原蛋白的免疫应答，以达到预防和治疗疾病的目的。

基因疫苗被注入机体并吸收入宿主细胞后，病原体抗原的基因片段在宿主细胞内得到表达并合成抗原，这种细胞内合成的抗原经过加工、处理、修饰递呈给免疫系统，激发免疫应答。其刺激机体产生免疫应答的过程，类似于病原微生物感染或减毒活疫苗接种。但核酸疫苗克服了减毒活疫苗的可能返祖，并导致人类和动物疾病及病毒发生变异而对新型的变异株不起作用的缺点。从这个意义上讲，基因疫苗有望成为传染性疾病的新型疫苗。人类免疫缺陷病毒、结核分枝杆菌和疟原虫等的核酸疫苗研究备受关注。该类疫苗具有所有类型疫苗的优点，有很好的应用前景。

此外，按疫苗抗原种类和数量，疫苗又可分为单（价）疫苗、多价疫苗和多联（混合）疫苗。

单（价）疫苗：利用同一种微生物菌（毒）株或同种微生物中的单一血清型菌（毒）株的增殖培养物制备的疫苗称为单（价）疫苗。单价疫苗对单一血清型微生物所致的疫病有免疫保护效力。但单价疫苗仅能对多血清型微生物所致疾病中的对应血清型有保护作用，而不能使免疫动物获得完全的免疫保护。前者如鸡新城疫疫苗（Ⅰ系苗、H系苗、LaSota疫苗），都能使接种鸡获得完全的免疫保护；后者如猪肺疫氢氧化铝灭活疫苗，系由6:B血清型猪源多杀性巴氏杆菌强毒株灭活后制造而成，对由A型多杀性巴氏杆苗引起的猪肺疫则无免疫保护作用。

多价疫苗：指用同一种微生物中若干血清型菌（毒）株的增殖培养物制备的疫苗。多价疫苗能使免疫动物获得完全的保护力，可在不同地区使用。如钩端螺旋体二价及五价疫苗、口蹄疫 A、O 型鼠化弱毒疫苗等。

按疫苗病原菌(毒)株的来源,疫苗又有同源疫苗和异源疫苗之分。

一种疫病究竟以哪类疫苗最为有效可行,取决于该疫病特点,包括流行病学、病原理化特性、致病机制和免疫特点以及各种技术手段是否可行。

(三)动物疫苗的保存和运输

疫苗免疫是目前预防动物疫病的主要方法、手段,因此疫苗的质量直接关系到疫病防控的成败。不同于普通的化学药品,疫苗比较怕光、怕热,有些还怕冻结。这些因素直接影响疫苗的质量,最终影响免疫效果,甚至导致免疫失败。为了保证疫苗的质量不受影响,应正确保存、运输和使用疫苗。疫苗从生产到出厂的过程中有规范化的管理能够达到保存的要求,到了实际工作中这一环节容易出现问题,使用过程中如果不注重或不懂得规范管理疫苗,容易造成疫苗质量下降。

1. 购买

购买的疫苗应是兽医科研单位研制的、经实践证明免疫性能十分好的疫苗。购买时必须当面检查,凡无瓶签或过期,或瓶子有裂纹,或瓶塞松动,或无详细说明书,或瓶内疫苗性状与说明书上所叙述的不符,均不要购买。

2. 保存

动物生物制品厂应设置相应的冷库,防疫部门也应根据条件设置冷库或冷藏箱。

冷冻真空干燥的疫苗,多数要求放在 -15 ℃下保存,温度越低,保存时间越长。如猪瘟兔化弱毒冻干苗,在 -15 ℃可保存 1 年以上,在 0~8 ℃只能保存 6 个月,若放在 25 ℃左右,至多 10 天即失去了效力。实践证明,一些冻干苗在 27℃条件下保存 1 周后有 20% 不合格,保存 2 周后有 60% 不合格。冻干苗的保存温度与冻干保护剂的性质有密切关系,一些国家的冻干苗使用的是耐热保护剂,可以在 4~6 ℃保存。

多数活疫苗只能现制现用,在 0~8 ℃下仅可短时期保存。

灭活苗、血清、诊断液等保存在 2~15 ℃,不能过热,也不能低于 0 ℃。

冻结苗应放在 -70 ℃以下的低温条件下保存。

工作中必须坚持按规定温度保存疫苗,不能任意放置,防止高温存放或温度忽高忽低,以免破坏制品的质量。同时还要注意分类、分批存放,不要将不同种类、不同批次的疫苗混存,以免用错和过期失效造成浪费。

总之,不论何种疫苗,均应尽量保持疫苗抗原的一级结构、二级结构和立体构型,保护其抗原决定簇,才能保持疫苗的良好免疫原性。

3. 运输

运输前须妥善包装,防止碰破流失。运输途中避免高温和日光直射,应在低温条件下运送。大量运输时使用冷藏车,少量时装入盛有冰块的广口保温瓶内运送,运送途中避免日光直射和高温。致弱的病毒性疫苗应放在装有冰块的广口瓶或冷藏箱内运送,对灭活苗在寒冷季节要防止冻结。疫苗的运输要求有专用的车辆、设备,运输过程中应有相关的温度监测记录等,要求包装完善,尽快运送。

4. 使用

疫苗在使用前,需认真阅读使用说明书,详细检查外包装和疫苗状态,对于没有瓶签或瓶签模糊不清、没有经过合格检查的、过期失效的、制品的质量与说明书不符的(如色泽、沉淀有变化,制品内有异物、发霉和有臭味)、瓶塞不紧或瓶体破裂的、没有按规定方法保存的均不能使用。不能使用的疫(菌)苗应立即废弃,致弱的活苗应煮沸消毒或予以深埋,使用过的疫苗瓶等废弃物要收集集中处理。

使用过程中不需要稀释的疫苗,先除去瓶塞上的封蜡,用乙醇棉球消毒瓶塞。需注射途径接种的疫苗,在瓶塞上固定一个消毒的针头专供吸取药液,吸液后不拔出,用乙醇棉包裹,以便再次吸取。给动物注射用过的针头,不能吸液,以免污染疫苗,弱毒冻干苗或需要稀释后才能使用的疫苗,按要求加入专用稀释液,可用生理盐水或纯净的冷水稀释,不能用含氯的自来水和热水稀释。吸取和稀释疫苗时,必须充分振荡,使其混合均匀。

剩余或残留疫苗液的处理:已经打开瓶塞或稀释过的疫苗,必须当天用完;未用完的疫苗经加热处理后废弃,以防污染环境。吸入注射器内未用完的疫苗应注入专用空瓶内同前处理。

二、预防接种方法和免疫程序

疫苗的接种途径对免疫的效果有着显著的影响,例如黏膜途径和注射途径接种所引起的免疫系统反应就有很大的区别(表4-1)。同样属于黏膜途径或同样属于注射途径的不同途径接种,其免疫后抗体反应分布及幅度也有所不同,因此在疫苗的开发过程中必须考虑到此变量。此外疫苗接种途径的选择尚需考虑到疫苗的安全性、疫苗的价格和使用的方便性。

表4-1 黏膜途径与注射途径免疫接种比较

黏膜途径(口、鼻、眼等途径)	注射途径(肌内与皮下等途径)
人工成本低,较易投予	人工成本高
易被动物接收	疼痛,动物有反应
针对局部免疫部位给予	并非针对局部免疫部位给予
可激起黏膜及全身性免疫反应	只激起全身性免疫反应
可保护对抗疾病及感染	主要只保护对抗疾病
较不易交叉污染	有交叉污染的可能
群体免疫时,会受到许多因素干扰	疫苗接种剂量最准确
动物应激与接种反应通常较低	通常对动物应激大,接种反应较高

在各种接种途径中,皮下或肌内的注射途径可能是最简单、确实的疫苗接种方式,尤其是对相对数量较少的动物可以提供对全身性免疫重要疾病的保护,因此,人和宠物的疫苗大多数经注射途径给予。但在许多情况下,全身性免疫的重要性可能不如局部免疫,因为大部分的感染都是经由黏膜感染(如呼吸系统),在这些情况下,针对病原体可能侵入部位接种疫苗可能较为恰当。例如为了获得呼吸道的局部免疫(黏膜免疫),接种方法不用皮下或肌内注射,而用点眼、滴鼻、喷雾等黏膜途径接种法,可以使接种动物的呼吸道黏膜比血中抗体能较早形成稳固的局部免疫,以对抗从鼻腔、口、眼睛侵入的野外毒。由于鸡有哈氏腺的构造,因此亦可经由点眼接种的方式来提供局部免疫保护。

免疫接种途径的选择,尚需考虑到疫苗接种的人工成本,对大规模饲养的动物很难实施针对每一个动物个体分别进行接种。因此,出现了气雾化疫苗的开发和使用,经喷雾免疫的方式使多数动物个体同时吸入疫苗,例如鸡的新城疫疫苗、传染性支气管炎疫苗,貂的犬瘟热疫苗、貂肠炎疫苗等。另外的群体免疫方式则是将疫苗加在饲料或饮水中的口服疫苗,例如猪的猪丹毒疫苗、传染性胃肠炎疫苗,鸡的新城疫疫苗、家禽脑脊髓炎疫苗等。此外由于生物技术的进步,基因重组疫苗可包裹在可降解的聚合物中,甚至在农作物食物中,经由口服的途径直接投予人或其他动物。口服疫苗除了投予方便外,由于可激起较强的肠道免疫反应,因此是针对一些肠道疾病免疫的良好选择。此外口服免疫途径除了会激起肠道免疫反应,在其他黏膜部位例如呼吸道黏膜与生殖道黏膜也会产生局部免疫反应,因此一些由呼吸道或生殖道侵入的疾病疫苗也可选择口服的途径给予。口服途径免疫的另外一个优点是不会受到母源抗体的干扰。对于鱼及虾等水产动物亦有将疫苗加在其生活水域的浸泡接种方式。

免疫接种途径的选择主要考虑两个方面,一是病原体的侵入门户及定位,这种途径符合自然情况,不仅全身的体液免疫系统和细胞免疫系统可以发挥防病作用,同时局部免疫也可尽早地发挥免疫效应;二是要考虑制品的种类与特点,如新城疫Ⅰ系弱毒苗多用注射途径,人的痘苗只能皮肤划痕,虽然天花是呼吸道传染病,但痘苗却不能用气雾法免疫。因为这种疫苗病毒可以通过黏膜感染,进入眼内可以造成角膜感染,甚至失明,故只能皮肤划痕。

(一)预防接种前的准备

第一,制订动物免疫接种计划。

第二,免疫接种前,必须对所使用的生物制剂进行仔细检查。有下列情况之一者不得使用:①没有瓶签或瓶签模糊不清,没有经过合格检查者。②过期失效者。③生物制品的质量与说明书不符的,如色泽、沉淀、制品内有异物、发霉和有异味的。④瓶塞松动或瓶壁破裂者。⑤没有按规定方法保存者,如加氢氧化铝的菌苗经过冻结后,其免疫力可降低。

第三,免疫接种前,对预接种的动物进行临诊观察,必要时进行体温检查。

第四,器械的消毒。

第五,免疫接种前,对饲养员及相关人员进行免疫接种知识的教育,明确免疫接种的重要性,注意对免疫接种后动物的管理与观察。

(二)疫苗的稀释

1. 注射用疫苗(如马立克疫苗)的稀释

用70%乙醇棉球擦拭消毒疫苗和稀释液的瓶盖,然后用带有针头的灭菌注射器吸取少量稀释液注入疫苗瓶中,充分振荡溶解后,再加入全量的稀释液。

2. 饮水用疫苗(如传染性法氏囊炎疫苗)的稀释

饮水(或气雾)免疫时,疫苗最好用蒸馏水或无离子水稀释,也可用洁净的深井水稀释,不能用自来水,因为自来水中的消毒剂会把疫苗中活的微生物杀死,使疫苗失效。稀释前先用乙醇棉球消毒疫苗的瓶盖,然后用灭菌注射器吸取少量的蒸馏水注入疫苗瓶中,充分振荡溶解后,抽取溶解的疫苗放入干净的容器中,再用蒸馏水把疫苗瓶冲洗几次,使全部疫苗所含病毒(或细菌)都被冲洗下来,然后按一定剂量加入蒸馏水。

(三)免疫接种的方法

1. 皮下注射法

部位:皮下注射是将疫苗注入皮下结缔组织,皮下毛细血管丰富,吸收比较稳定和均匀。对马、牛等大动物皮下注射时,一律采用颈侧部位,猪在耳根后方,家禽在颈部或大腿内侧,羊在股内侧、肘后及耳根处,兔在耳后或股内侧。

注射方法:左手拇指与食指捏取皮肤成皱褶,右手持注射针管在皱褶底部稍倾斜快速刺入皮肤与肌肉间,缓缓推药。注射完毕,将针拔出,立即以药棉揉擦,使药液散开。

2. 皮内注射法

部位:皮内注射选择皮肤致密、被毛少的部位。大家畜在颈侧、肩胛中央或尾根,猪在耳外侧或耳根后,羊在股内侧或尾根部,鸡在肉髯部位。如羊痘弱毒活疫苗宜使用皮内接种。此外,该方法还适用于某些诊断液的使用。

注射方法:常规消毒,用左手指捏起皮肤成皱褶,右手持针从皱褶顶部与之呈20°~30°,向下刺入皮肤内,缓慢注入疫苗,也可用左手的拇指与食指捏起皮肤呈皱褶进针。

3. 肌内注射法

注射部位:肌内注射是将疫苗注射于肌肉内,具有简便易行、疼痛较轻、稳定吸收的优点。肌内注射选择肌肉丰满、血管少、远离神经干的部位。牛、马、羊主要在颈部或臀部;猪多在耳后颈侧或臀部上方;犬、猫、兔注射部位可在颈部或股部后外侧肌肉;家禽主要在翅膀基部、胸部或腿部外侧肌肉。

注射方法:左手固定注射部位,右手拿注射器,针头垂直刺入肌肉内,然后左手固定注射器,右手将针芯回抽一下,如无回血,将药液慢慢注入。若发现有回血,应变更位置。如动物不安或皮厚不易刺入,可将注射针头取下,右手拇指、食指和中指紧持针尾,对准注射部位迅速刺入肌肉,然后针尾与注射器连接可靠后,注入疫苗。注意:注射时要将针头留有1/4在皮肤外面,以防折针后不易拔出

4. 饮水免疫法

饮水方法是将疫苗稀释后通过饮水达到给动物接种的目的,应激性较小,省时简便,节约劳力,适用于高效活疫苗对动物群体,尤其是大群家禽的免疫接种。缺陷是与个体免疫相比,影响因素较多,均匀性稍差,存在一定的疫苗损失。将可供口服的疫苗混于水中,动物通过饮水而获得免疫,饮水免疫时,应

按动物头数和每头动物平均饮水量,准确计算需用稀释后的疫苗剂量,以保证每一个体都能饮到一定量的疫苗。免疫前应限制饮水,夏季一般 2 h,冬季一般为 4 h,保证疫苗稀释后在较短时间内饮完。混有疫苗的饮水要注意温度,一般以不超过室温为宜。本法具有省时省力的优点,适用于大群动物的免疫。由于动物的饮水量有多有少,饮水免疫时应分两次完成,即连续 2 d,每天饮 1 次,这样可缩小个体间饮苗量的差距。

5. 刺种法

刺种方法是将疫苗刺种在动物皮下。常用于鸡痘疫苗的接种,鸡新城疫 Ⅰ 系活疫苗、鸡传染性脑脊髓炎活疫苗等也可使用此方法。给 1 日龄雏鸭接种鸭病毒性肝炎苗,可用足蹼刺种方法。

在翅下无毛处避开血管,用刺种针或蘸笔尖蘸取疫苗刺入皮下,为可靠起见,最好刺两下。

6. 滴鼻、点眼法

点眼、滴鼻是黏膜免疫的一种方式。点眼经眼结膜和哈氏腺、滴鼻通过呼吸道黏膜可刺激产生良好的局部免疫,主要用于家禽活疫苗的免疫接种。此方法可以避免或减少幼雏禽母源抗体对疫苗的干扰。猪传染性胃肠炎弱毒疫苗和猪伪狂犬病基因缺失疫苗等也可采用滴鼻方法接种。缺陷是需要较多劳力,并造成一定的应激反应。

首先测定所用滴管或针头每滴的剂量,可通过每毫升多少滴来推算,然后按照疫苗瓶签上标注的羽份(头份),计算稀释液用量。如每滴 0.05 mL,一瓶 1 000 羽份,则需要 50 mL 稀释液。先用无菌注射器抽取 5 mL 稀释液注入疫苗瓶中,充分振荡溶解摇匀,吸出注入稀释液中摇匀。

把家禽的头颈摆成水平位置,使一侧眼鼻朝上,自数厘米高处垂直向鼻孔内或眼眶内滴入疫苗液。点眼时要从家禽的下眼角滴入,鼻滴时用手按住另一侧鼻孔,控制疫苗液完全通过一侧鼻孔吸入。用乳头管吸取疫苗(0.03 ~ 0.04 mL)滴于鼻孔或眼内、1 ~ 2 滴(小鸡 1 滴,大鸡 2 滴)。滴后停顿 2 s 后再放开家禽,确保疫苗液吸入。

猪疫苗滴鼻时,用注射器连接 1 ~ 1.5 cm 长乳胶管,将乳胶管插入猪鼻孔注入疫苗即可。

7. 气雾免疫法

气雾方法是使用气雾发生器,使疫苗形成雾化粒子,均匀悬浮于空气之中,通过口腔、呼吸道黏膜等部位产生免疫作用。适用于对群体动物的免疫接种,省时省力,不受或少受母源抗体干扰。缺陷是应激性较大,易激发潜在的呼吸道感染,尤其对存在支原体潜在危险的鸡群不能采用此方法。

此法是用压缩空气通过气雾发生器将稀释疫苗喷射出去,使疫苗形成直径$(1 \sim 10) \times 10^{-6}$的雾化粒子,均匀地浮游在空气之中,通过呼吸道吸入肺内,以达到免疫目的。主要分为室内气雾免疫法和野外气雾免疫法。

(四)免疫接种的注意事项

免疫接种的注意事项主要有以下几点:①工作人员工作前后均应洗手消毒,工作中不应吸烟和吃食物。②接种时严格执行消毒及无菌操作。③吸取疫苗时,先除去封口上的火漆或石蜡,用乙醇棉球消毒瓶塞。瓶塞上固定一个消毒的针头专供吸取药液,吸液后不拔出,用乙醇棉包好,以便再次吸取。给动物注射用过的针头不能吸液,以免污染疫苗。④疫苗使用前,必须充分振荡,使其均匀混合后才能使用。免疫血清则不应振荡,沉淀不应吸取,并随吸随注射。需经稀释后才能使用的疫苗,应按说明书的要求进行稀释。已经打开瓶塞或稀释过的疫苗,必须当天用完,未用完的处理后弃去。⑤针筒排气溢出的药液,应吸集于乙醇棉球上,并将其收集于专用的瓶内。用过的乙醇棉球、碘酊棉球和吸入注射器内未用完的药液都放入专用瓶内,集中烧毁。

(五)免疫程序

按照"预防为主,防重于治"的方针,制定合理的免疫程序,逐步建立和强化防疫体系,就能获得理想的免疫效果,降低畜禽的发病率,在畜牧生产中就能获得比较好的经济效益,促进畜牧业的健康发展。

免疫程序主要是以免疫学的原理、基本规律为基础制定的。制定合理的免疫程序是正确使用疫苗来防控疾病的关键环节,而在制定免疫程序时除了依据本场的实际情况和参考成功的经验之外,还需考虑多方面因素的影响,如在不同的养殖场、不同的饲养方式、不同的区域等情况下,免疫程序也不可能完全一样。因此,要使免疫效果最佳,应根据当地疫病流行情况及规律、疫苗特点、免疫有效期、日龄、母源抗体水平以及机体免疫状况等制定适合本场的免疫程序。

正确使用各种疫苗,合理地进行预防接种,是预防疾病的重要措施。要根据机体抗体的消失规律,适时地对畜禽免疫,使其产生足够的特异性抗体,增强机体对传染病的抵抗力,是防病的重要手段。免疫程序的设计,应根据当地疫病的流行情况、发病季节、易感日龄、环境、综合防治措施、机体的健康状况、疫苗的种类、性质、免疫途径等来制定。

1. 依据本地区疫病流行情况制定合理的免疫程序

选择疫苗时应充分考虑到可能在本地暴发及将要流行的主要疫病血清型（如已在本地区流行过的疫病血清型或正在附近地区流行的疫病血清型等）。

2. 依据本场的发病史及其流行病学血清型制定合理的免疫程序

不同的疾病有其不同的发展规律。有的疾病对各种年龄的畜禽都有致病性，而有的疾病只危害某一年龄的畜禽，如新城疫、传支对各种日龄的鸡都易感，而减蛋综合征则只危及产蛋高峰期的蛋鸡，法氏囊主要危及青年鸡，鸭病毒性肝炎只危害幼鸭等。因此就应考虑到在不同生产日龄进行不同的疾病免疫，而且免疫时间应计划在本场发病高峰期前进行，这样既可减少不必要的免疫次数，又可把不同疾病的免疫时间分开，避免了同时接种疫苗所导致的相互干扰及免疫应激。

3. 依据抗体水平的变化规律制定合理的免疫程序

畜禽体内存在的抗体有两大类：一类是先天所得，即种畜禽遗传给后代的母源抗体；另一类是通过后天免疫产生的抗体。畜禽体内的抗体水平与免疫效果有直接关系。当畜禽体内抗体水平较高时接种疫苗会中和原有抗体水平，免疫效果往往不理想，当畜禽体内抗体水平较低时接种疫苗又会有空白期出现，所以免疫应选在抗体水平到达临界线前进行较合理。抗体水平一般难以估计，有条件的养殖场应通过监测确定其抗体水平，而不具备条件的养殖场，可通过疫苗的使用情况及该疫苗产生抗体的规律经验估计抗体水平。所以在制定免疫程序时，要根据抗体的衰退期合理制定免疫日龄。

4. 依据生产需要制定合理的免疫程序

根据所养畜禽的用途及饲养时期不同，接种疫苗的种类也各有侧重。

5. 依据饲养管理水平制定合理的免疫程序

在不同的饲养管理方式下，传染病发生的差异较大，因此免疫程序的制定也应有所差异。在先进的饲养管理方式下，畜禽场所一般不易受强毒的污染；在落后的饲养管理水平下，畜禽场所一般易受强毒的污染，因此在制定免疫程序时就应考虑周全，以使免疫程序更加合理。一般而言，饲养管理水平低的畜禽场，其免疫程序比饲养管理水平高的畜禽场复杂。

现以商品蛋鸡为例，拟制定一套免疫程序：某商品蛋鸡场实行自繁自养，对种蛋的鸡新城疫抗体效价监测为25，该地区又有疫病流行，则该场商品蛋鸡的免疫程序如下：

（1）雏鸡出壳　24 h 内颈部皮下注射马立克病疫苗，注射时间越早越好。

（2）鸡新城疫（ND）的免疫　应在抗体监测的基础上采用弱毒苗和灭活苗相结合才有好的免疫效果。7～10日龄用NDIV系苗滴鼻点眼，同时皮下注射0.5个剂量的灭活苗；55～60日龄NDIV系加强免疫；120日龄用ND灭活苗肌内或皮下注射1个剂量，同时用Ⅳ系苗4～5头份饮水；以后则每隔8周用4～5倍量的NDIV系苗饮水1次，直至淘汰。

（3）鸡传染性法氏囊炎（IBD）　10～14日龄用中等低毒力的疫苗2头份饮水免疫，20～25日龄第2次免疫。

（4）鸡传染性支气管炎　3～5日龄用H120疫苗饮水或滴鼻免疫，1～2个月后用H52加强免疫。

（5）鸡痘（FP）　发病早的地区可于7～21日龄首免，产蛋前进行二免。

（6）产蛋下降综合征（EDS）　120日龄左右注射灭活苗免疫。

（7）鸡传染性喉气管炎（ILT）　仅在发病的鸡场进行本病的免疫，可于8周龄和13周龄各接种1次。

（8）禽流感（AI）　蛋鸡免疫可于5～15日龄首免0.5羽份，60～70日龄二免1羽份，18～20周龄三免1羽份，20～40周龄四免1羽份，以后每3个月接种1次为好。

蛋鸡18周龄后以后每隔3～4个月，用新城疫Ⅳ系苗4倍量饮水再免新城疫病，直至淘汰。

三、免疫过程中的注意事项

（一）疫苗

疫苗不同，产生的免疫特性、免疫力的时间、免疫期的长短也不同。正确使用疫苗，合理预防接种，是防止疾病发生的重要措施。通常情况，弱毒苗作基础免疫，然后用强毒苗加强免疫。购苗时要保证有效期，瓶身无破裂、瓶盖无松动、密封严，无剧烈震荡、无反复冻融等现象；疫苗在运送时要装入盛有冰块的保温箱内，避免高温或阳光直射，坚持"苗随冰行，冰不能化"的原则。灭活苗要求2～8℃保存，冻干苗应在－10℃保存，温度越低保存时间越长。一定要严格掌握用苗途径和接种方法，饮水用苗时需用不含消毒剂的凉开水或纯净水，加大剂量，用干净的非金属槽，并加脱脂奶粉作保护剂；注射活苗要现配现用，使用专用稀释液用前摇匀，在1～2 h用完。针头长短要得当，注射部位要准确。疫苗剂量要准确才能使机体产生足够的抗体，使免疫力增强；活苗使用前后5 d忌用抗生素，忌饮用舍内喷洒消毒剂；注意各种疫苗之间的相互干扰因素及其免疫间隔的时间,以防畜禽引起发病。对弱毒苗要忌高温。

(二)机体

免疫时要根据动物的品种、年龄、生理状态和对生产能力遗传等因素对免疫应答的影响,选择合适的疫苗、剂量及防疫次数。具体分析可能引起正常免疫反应受到抑制的因素,例如严重的寄生虫感染、鸡法氏囊病、畜群营养不良、环境过冷过热、长途运输、是否处于某传染病的潜伏期,毒物或毒素是否侵入机体,如黄曲霉菌毒素、重金属、化学物质、农药等能产生免疫抑制。如母源抗体过高或高低悬殊、周围环境消毒不严、野毒的存在、拥挤都能影响免疫效果。由于某些病毒能变异出不同的毒株,毒株间抗原性的差异,不可能相互间完全保护,从而造成免疫失败。应激反应的影响,如畜禽舍内温度过低过高、机体疲劳、患病、去势、转群等强应激反应,能使机体内血浆肾上腺皮质醇浓度升高,从而影响正常的免疫反应。对幼畜禽还要做抗体监测,应考虑到母源抗体对防疫的影响。

(三)疫病

防疫时要考虑到当地疫病的流行情况以及严重程度。对本地区或本场流行的传染病,即需要防疫的传染病,应考虑到这些传染病的易感日龄,接种要在易感日龄之前进行。

(四)操作

防疫接种人员要认真负责,做到不重防不漏防,剂量准确确实,注意消毒,一切按操作规程防疫,为降低应激反应,可在接种前一天用维生素 C 拌料或饮水。

注意了以上事项之后,就能基本上避免防疫失败,使防疫达到满意的效果。

四、免疫效果评价和影响免疫效果的因素

(一)免疫效果评价

当一个免疫程序应用一段时间后,要结合免疫监测情况来评价免疫效果。抗体检测工作是评价免疫效果的重要环节,只有这样才能保证养殖户掌握养殖场的动态,综合采取多种措施进行防治。

通过对畜禽体内抗体水平进行检测,可以动态地掌握其身体内的免疫状态,用检测的结果指导饲养户按时进行动物免疫,避免了免疫工作的盲目性和重复性。这样既能够减少动物身体内的应激反应,又能够增强免疫的针对性和时效性,还有利于提高免疫的质量。在每一次大范围的预防免疫接种之后,

对畜禽身体内的抗体水平进行检测,可以让养殖户更加了解疫苗的免疫方法、免疫剂量,从而提高免疫密度和免疫质量;最后,有利于促进畜牧业的健康发展。应用相应的抗体检测技术,加强对畜禽疫病的预测和预报能力,采用针对性的措施,降低畜禽的发病率。

饲养场每年至少在每月进行一次血清抗体的检测,以便评估免疫效果和合理调整免疫程序,当超过90%以上的动物抗体水平是整齐且较高时,则说明免疫接种具有保护力,否则就是失败的。当一个免疫程序应用一段时间后,随着生产和疫情的变化,要根据免疫效果检测情况和生产成绩适时调整程序。

(二)影响免疫效果的因素

通过免疫效果分析,影响动物免疫效果的因素主要有以下几个方面:

1. 疫苗本身的因素

质量合格的疫苗是免疫成功的前提。如果疫苗在生产、运输、保存、使用过程中存在问题,势必会影响免疫效果。另外也有可能冻干苗有失真空现象,而基层兽医人员在使用之前未进行仔细检查,必然会导致免疫失败。故在购买疫苗时应认真检查该苗是否为正规厂家的产品,是否有批准文号,以及是否在有效期内。

2. 疫苗在运送、保存过程中温度不当

通常弱毒苗和湿苗应保存于 −15 ℃以下,灭活苗、类毒素和耐热冻干弱毒苗应保存在 2~8 ℃。因此,大批量运送弱毒苗时应用冷藏车,少量运送时可装在盛有冰块的广口瓶内,以免疫苗性能降低或丧失。而灭活苗要严防冻结,否则会影响免疫效果。

3. 环境因素影响

任何一种疫苗从接种到产生免疫力都要间隔一定的时间,称为免疫空白期。假如在该期间畜舍环境中存在着高浓度的病毒,往往都不能达到最佳的免疫效果,甚至更容易感染造成免疫失败。如雏鸡 1 日龄接种马立克病疫苗后,约 2 周才能获得较好的免疫力,如果在 2 周内雏鸡舍消毒不彻底,环境中存在的病毒仍可以侵入到雏鸡体内,从而造成免疫效力下降。

另外,当环境过冷、过热、湿度过大、通风不良时,都会引起动物机体不同程度的应激反应,导致动物机体对抗原免疫应答能力的下降,接种疫苗后无法取得相应的免疫效果,表现为抗体水平低,细胞免疫应答减弱。

4. 母源抗体的影响

畜禽的母源抗体对初生幼畜具有保护作用,但也能干扰弱毒苗的抗原性和免疫原性,从而影响免疫效果。当母源抗体滴度高时进行弱毒苗接种,疫苗就会被母源抗体所中和而不能发挥免疫作用,同时还会降低畜禽原有的母源抗体水平。因此,在接种疫苗前应充分考虑动物机体的母源抗体和畜禽母源抗体的整齐度,必要时可在免疫前进行抗体监测,以确定合理的免疫接种时间,从而避免母源抗体的干扰。

5. 免疫抑制病

畜禽由于患病其淋巴器官和免疫细胞遭到破坏,因而会影响免疫效果。例如,早期患传染性法氏囊病的鸡群,由于法氏囊遭到破坏,体内 B 淋巴细胞减少,从而影响疫苗免疫鸡群后抗体的产生。另外,猪瘟、伪狂犬病、PRRS、鸡马立克病、禽白血病等都能损害巨噬细胞和淋巴细胞,从而导致免疫抑制。

6. 营养不良以及维生素和微量元素的缺乏

畜禽严重营养不良、饲料成分不平衡,特别是蛋白质的缺乏,都可以影响免疫球蛋白的产生,从而影响免疫效果。维生素 E 和微量元素硒的缺乏以及饲料中黄曲霉都会造成免疫效果不佳、抗体水平低的结果。

7. 干扰现象

同时免疫接种 2 种或多种弱毒苗往往会产生干扰现象,对于具有干扰现象的不同疫苗接种应做好科学合理的安排。例如,在接种猪伪狂犬病弱毒疫苗时,必须与猪瘟兔化弱毒苗的免疫注射间隔 1 周以上,以避免两者的干扰作用。

8. 免疫剂量

弱毒苗接种后在体内有一个繁殖过程,接种到畜禽体内的疫苗必须有足量的、有活力的抗原,才能激发机体产生相应的抗体,获得免疫。若免疫的剂量不足,将导致免疫力低下或诱导免疫力耐受;而免疫的剂量过大,也会产生强烈应激,使免疫应答减弱,甚至出现免疫麻痹现象。

9. 免疫方法失误

(1)饮水免疫 使用含消毒药的自来水、含有消毒药的饮水器或金属饮水器;饮水免疫前未对畜禽进行控水或饮水量过大;免疫时间超过 0.5 h;免疫用水直接暴露在阳光下等因素,均会造成疫苗效力下降,影响免疫效果。

(2)气雾免疫 稀释疫苗时未按规定使用无离子水或蒸馏水,而使用了生理盐水或白开水;免疫过程中未及时关好门窗或排风扇,导致疫苗流失;雾化粒子直径过大致使下降速度加快,畜禽来不及吸入就已落地;使用喷雾器时压力过高,使得疫苗在瞬间喷出的温度过高而杀死了活病毒。

(3)注射免疫 金属注射器未进行彻底消毒很可能含有病原体;注射部

位未消毒或消毒药浓度高用量大而使疫苗失效;肌内注射接种时使用"飞针"或选用针头不合适,疫苗根本没有注射到体内或从注射孔流出,从而造成接种剂量不足,并导致流出的疫苗污染环境;同时接种2种以上疫苗时,只使用1个注射器或2种疫苗在同一部位进行接种;稀释疫苗放置时间较长,造成疫苗中病毒量减少。

(4)滴鼻、点眼 免疫过程中只追求速度而未等鸡将疫苗完全吸收,便将其放下,致使疫苗损失或漏防。另外,在药物预防的同时进行菌苗的免疫接种,对体弱、患病、妊娠后期的动物进行免疫以及在免疫接种的同时对畜禽舍进行消毒等因素都会影响免疫效果。

综上所述,导致免疫失败的原因是多方面的,因此要达到良好的免疫效果,必须在免疫计划的制订和疫苗的购买、运输、保存以及接种前的准备等各个环节上都按规定进行操作,做到专人专防,每项工作责任到人,以提高动物抗体水平,减少疫病的发生,促进畜牧业的发展。

五、免疫接种的不良反应

作为异物的疫苗等生物制剂进入机体后会引起一系列反应,有的反应造成机体持久的 或不可逆的组织器官损害或功能障碍,甚至引起动物死亡,给生产者造成经济损失。作为临床兽医工作者,在给动物免疫接种前,应考虑到接种后动物可能会出现的不良反应,以便采取及时有效措施,把这类反应造成的损失减少到最低限度。

(一)局部反应

肿胀:皮下或肌肉接种后数小时内在接种部位发生红肿浸润,凭肉眼无须触诊即能觉察者为重度反应;肿胀不明显,通常要触诊注射部位才能觉察者为轻度反应。临床上,疫苗接种的重度反应常见于弗氏完全佐剂和油佐剂疫苗。

疱疹:皮下刺种疫苗在刺种部位皮肤上产生绿豆到黄豆大小的小疱。临床常见于鸡、鸽等刺种禽痘活毒疫苗后的5~7 d。

坏死:动物免疫接种后在注射点中心部位高度充血,继之出现坏死。临床见于给动物接种含50%甘油的结核菌素。

蓝眼:这是一种特殊的局部反应。临床见于犬接种传染性肝炎弱毒疫苗后7~15 d出现的一过性角膜混浊。

致瘤:疫苗注射部位产生良性或恶性肿瘤。常见于给猫接种白血病病毒疫苗或狂犬病病毒疫苗以及兔接种 shope 氏纤维瘤病毒疫苗后在注射部位生成的纤维瘤。

（二）全身反应

发热：动物接种疫苗后，6～12 h 内体温升高 0.5～1.0 ℃ 为弱反应，升高 1.1～2.0 ℃ 为中反应，突然升高 2 ℃ 以上者为重反应。重反应常见于猪口蹄疫油乳剂灭活苗、犬传染性肝炎弱毒苗、牛暂时热灭活苗、仔猪副伤寒、禽霍乱菌苗等疫（菌）苗的接种。

产奶、产蛋量减少：动物在接种后几天内，表现为精神不振，食欲减退，泌乳减少，产蛋率下降。临床上见于泌乳奶牛接种流行热油佐剂疫苗后的 3～5 d 产奶量下降 8%～12%；产蛋母鸡接种禽霍乱弱毒苗、大肠杆菌油佐剂灭活苗、传染性脑脊髓炎（AE）疫苗后的 10～15 d 产蛋量减少 10%～20%。

繁殖性能下降：接种疫苗后，可能出现母畜不发情、孕畜流产、死胎、胎儿脑及其他组织产生病变，甚至出现先天畸形或公畜短期精子活力下降及种禽所产种蛋不能入孵。临床上见于牛、羊的蓝舌病鸡胚化弱毒苗、流行性乙脑弱毒苗、牛病毒性腹泻－黏膜病病毒苗－牛传染性鼻气管炎弱毒双联苗、猪瘟弱毒苗和布氏菌病 M5 号苗的接种。

并发症：畜禽在接种活疫苗后，因防御机能不全或遭到破坏可诱发潜伏感染。临床上如鸡传染性支气管炎疫苗接种后引起的呼吸道反应，新城疫疫苗气雾免疫后引起雏鸡的慢性呼吸道感染。

（三）过敏反应

过敏性休克：畜禽在注射病毒活疫苗、抗毒血清、类毒素后数分钟或 1～2 h，血液中 IgE 抗体急剧增高，流涎、呕吐、呼吸困难、黏膜发绀、皮肤出现紫斑、尖叫、体温下降、四肢抽搐。有的患畜表现呼吸困难、抬头伸颈、咳嗽、摇头、步态不稳，甚至很快窒息死亡。临床上见于马骡接种无荚膜炭疽芽孢苗、马传贫驴白细胞弱毒疫苗、猪口蹄疫油乳剂灭活苗、猪瘟兔化弱毒细胞苗。

过敏性荨麻疹：家畜免疫接种后，在半分钟到半小时内，皮肤上出现扁平或半球形蚕豆大乃至核桃大不等的疹块，疹块周围呈堤状肿胀，被毛直立。疹块相互融合，猪多呈方形或菱形。初期多见于头、颈两侧以及肩、背、胸和臀部，随后出现于股、四肢下端及乳房等处。患畜因皮肤剧痒而摩擦、啃咬患部。疹块一般为红色或黄白色，无色素部位皮肤最明显。有的病例出现体温升高、精神沉郁、食欲减退症状。猪有时发生呕吐和下痢；牛表现不安、战栗、流涎、眼睑肿胀。临床上见于猪、牛、马、犬注射免疫血清以及鼻疽菌素点眼和注射结核菌素。

不良反应的预防原则：

1. 科学合理选择生物制剂

免疫接种时应根据当地疫病流行动态，首选适合当地流行的血清型或毒株的生物制剂，次选无副作用或副作用轻微的生物制剂；严格执行免疫程序，准确控制接种剂量。

2. 技术操作规范

胃肠道外免疫接种时，注射器和注射针头应严格消毒，最好接种 1 头（只）畜禽换 1 个注射针头；认真查阅厂家提供的产品说明中关于接种部位的内容，标示皮下注射的应避免肌内注射。皮下注射部位，家畜一般在颈侧耳下方 10 ～ 15 cm，禽在颈部背侧；肌内注射部位，大、中家畜在紧靠肩前三角区内、颈静脉沟上方，禽在胸脯等肌肉丰满处进行。家禽滴鼻、滴眼免疫时疫苗稀释液应尽量选用蒸馏水和生理盐水；气雾免疫时，应选用雾粒 60 ～ 70 μm 的喷枪进行。根据疫苗类型（油乳苗、水剂苗）或生物制剂的黏稠度，选用大小合适的针头，针头刺入的方向、深度准确，动作轻巧。

3. 加强饲养管理，减少应激因素

每次免疫接种对动物都是一种应激，这种应激有时非常严重，往往出现并发症造成死亡。因此，接种前后在饲料中应添加抗应激药物，如维生素 C 等。此外，在免疫接种前详细了解动物健康状况，对患病、体弱、怀孕母畜及哺乳仔畜可暂不注射反应重的生物制品。

4. 备好急救药物

接种前备好地塞米松、肾上腺素、抗组胺等急救药物。接种后认真观察畜禽反应，随时准备抢救治疗。

六、免疫失败的原因及控制

免疫失败包括免疫无效与严重反应两种类型。免疫无效是指畜（禽）群经免疫接种某种疫苗后，在其有效免疫期内，不能抵挡相应传染病的流行或效力检查不合格；严重反应是指免疫接种后的一定时间内（一般为 24 ～ 48 h）全群普遍出现严重的全身反应，甚至大批死亡。免疫失败原因分析见图 4 - 1。

（一）免疫失败的原因

1. 疫苗种类和质量的影响

（1）疫苗种类 同种传染病可用多种不同毒株的疫苗预防，而产生的免疫应答也各不相同。如鸡新城疫常用疫苗有低毒型 Ⅱ 系（B1 株）、Ⅲ 系（F

株)、Ⅳ系(LaSota 株)、N79、NGM88、克隆 30、克隆 70 和中毒型 Ⅰ 系(Muk-tesmr)株、Roakin 系、Komarov 系等。鸡传染性支气管炎疫苗有荷兰型 H52、H120 及美国型 M41 等。在生产中若选择不当,常会导致免疫无效或严重反应,甚至诱发其他疾病。

(2)疫苗本身的质量问题 诸如免疫原性差、污染了强毒、灭活方法不当、疫苗效力较差、疫苗过期等,都会引起免疫有效期内的畜(禽)群免疫无效或产生严重反应。如果用于制造疫苗的种蛋带有蛋源性疾病病原,如禽白血病和霉形体病等,则除了影响疫苗的质量和免疫效果外,还有可能传播疫病。

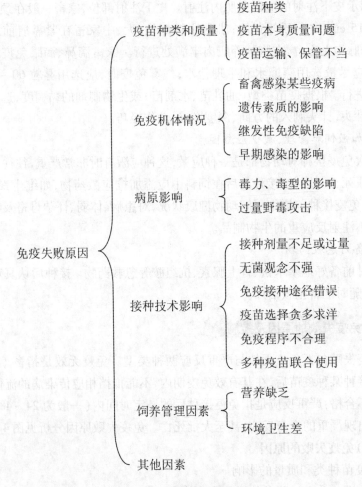

图 4-1 免疫失败原因分析

免疫失败原因

- 疫苗种类和质量
  - 疫苗种类
  - 疫苗本身质量问题
  - 疫苗运输、保管不当
- 免疫机体情况
  - 畜禽感染某些疫病
  - 遗传素质的影响
  - 继发性免疫缺陷
  - 早期感染的影响
- 病原影响
  - 毒力、毒型的影响
  - 过量野毒攻击
- 接种技术影响
  - 接种剂量不足或过量
  - 无菌观念不强
  - 免疫接种途径错误
  - 疫苗选择贪多求洋
  - 免疫程序不合理
  - 多种疫苗联合使用
- 饲养管理因素
  - 营养缺乏
  - 环境卫生差
- 其他因素

（3）疫苗运输、保管不当　在没有合适的冷藏设施的条件下进行长途运输,长时间暴露于高温场合,会造成疫苗失效或效价降低。在农村许多基层兽医站,没有足够的冷藏设备,只好让疫苗置于高温处,即使有冷藏设备,由于经常停电,致使保存温度不稳定,疫苗反复冻融;更有甚者,有些基层兽医将疫苗视同一般化学药品,放在黑色手提包内数日,甚至过期失效了照样使用。所有这些,均会导致免疫力下降或免疫期缩短或无效等后果。此外,中转环节多、剧烈振荡等都会有可能使疫苗效价下降。有试验表明,鸡新城疫弱毒冻干疫苗,经过 3 次中转运输后,其疫苗效价下降 1~2 个滴度。

2. 免疫机体的影响

（1）畜禽感染某些疫病　传染性法氏囊病、马立克病、网状内皮增生病、传染性贫血及霉菌毒素、细菌毒素中毒等,可使机体正常的免疫反应受到抑制;某些疫病,如鸡新城疫、禽流感、传染性支气管炎、传染性喉气管炎、鸡痘等病毒可在机体内产生干扰素,影响特异性免疫的形成;此外,畜禽群感染霉形体病、大肠杆菌病、沙门菌病等慢性传染病或寄生虫病时,使机体抵抗能力下降,常由于免疫接种而产生应激,形成严重反应。

（2）遗传素质的影响　某些疫病与遗传素质有关,这些畜禽群即使免疫接种后,仍保持敏感性或免疫力产生很慢,如马立克病就与遗传素质有关,具有基因易感性,个别机体先天免疫缺陷,也常常导致免疫无效或效力低微。

（3）继发性免疫缺陷　除原发性免疫缺陷外,免疫球蛋白合成和细胞介导免疫还可因淋巴组织遭到肿瘤细胞侵害或被传染因子破坏,或因用免疫抑制剂而被抑制,引起继发性免疫缺陷。免疫缺陷增加了畜禽群对疫病的易感性,并常导致死亡。

（4）早期感染的影响　在进行疫苗预防时,往往有一部分畜禽已感染疫原而处于潜伏期,此期间接种常常可使畜禽群在短期内发病。

3. 病原的影响

（1）毒力、毒型的影响　有些疫病,如马立克病、法氏囊病、新城疫等,由于超强毒株的出现,导致原有的疫苗对其不能保护;同一疫病病原有的有多种血清型,若使用的疫苗与感染病原的毒型不对或毒型相差甚远、各型之间交叉免疫能力又比较弱时,其免疫效果有时也不理想。

（2）过量野毒攻击　在某些疫病严重污染的地区,由于过量的野毒攻击,其毒力、数量、侵入途径等因素与免疫畜禽群的免疫力之间不断相互作用,并发生复杂的量和质的变化。在一定条件下,病原突破免疫畜禽群的免疫保护,并在其机体内大量繁殖,使畜禽感染发病,免疫接种难以达到对畜禽群完全保护的目的。

4. 免疫接种技术的影响

(1)接种剂量不足或过量 高剂量的抗原能使 T 细胞和 B 细胞都不发生应答反应,低剂量的抗原虽然只能使 T 细胞陷于无反应状态,但由于辅助性 T 细胞失去活性,所以也影响抗体的形成。生产中如疫苗稀释不当,过浓或过稀;饮水免疫时,饮水量不均,饮水时间过长,没有添加保护剂,使用金属容器;滴鼻、点眼时,速度过快,疫苗未被吸入,或使用工具未经校对盲目使用,造成剂量不足或过量;气雾免疫时,粒子过粗,气雾动力过火,温度过高,湿度过高或过低等均可影响免疫效果。此外,疫苗稀释后没能及时使用完,如马立克疫苗要求在 2 h 内用完,而在实际工作中常会出现一次稀释很多疫苗,在温度较高的环境下长时间使用,致使疫苗效价大幅度下降。

(2)无菌观念不强 免疫时,行为粗暴,应激严重;漏防较多,没有把应该接种的畜禽全部接种,尤其是忽视农村家庭散养畜禽的防疫;消毒时不仔细,乙醇流入疫苗内等。免疫过程中,对稀释瓶、注射器、针头等消毒不严,或一针连续使用等,常会造成严重后果,尤其在紧急预防接种时最为危险。

(3)免疫接种途径错误 没有按照说明书要求使用疫苗,随意更改免疫接种途径、部位。

(4)疫苗选择贪多求洋 不了解当地疫病流行情况及疫病种类,盲目引用疫苗,尤其引入该地没有相应传染病的毒力较强的活疫苗,导致该病过早暴露,扩散疫情。

(5)免疫程序不合理 不同畜禽群免疫前的抗体水平是不一致的,因而免疫的时间、方法是有差别的。对幼畜、雏禽过早接种疫苗,常由于母源抗体存在而影响免疫效果;鸡传染性支气管炎疫苗 H52、H120 和新城疫各系苗使用间隔不到 10 d 的,则影响新城疫的免疫效果;在接种传染性法氏囊疫苗之后,常有轻微肿胀现象,此时接种其他疫苗,可能会影响免疫效果;产蛋高峰期的家禽接种疫苗,既影响产蛋量,又能引起严重反应。

(6)多种疫苗联合使用 两种或两种以上的疫苗未经试验,只图省事,随意混合使用,在一定程度上存在着抗原竞争和相互干扰现象。尤其在病毒联合疫苗中,干扰现象更为突出。如一日龄雏鸡同时接种马立克疫苗和新城疫疫苗,则新城疫的免疫效果受到抑制。

5. 饲养管理因素的影响

（1）营养缺乏　畜禽机体内营养缺乏能直接影响免疫效果，严重时亦会引起继发性免疫缺陷。体内红细胞除具有携带氧气、调节体内酸碱平衡等功能外，还具有识别抗原、减少免疫复合物对机体的危害的功能。蛋白质缺乏时，抗体形成受阻，因而免疫机能下降；含硫氨基酸、胆碱不足时，畜禽胸腺退化；日粮中缺乏苏氨酸、缬氨酸时，禽体内的抗新城疫抗体减少，免疫反应降低；维生素 A、维生素 D 等在免疫调节和抗病方面起着重要的作用。在矿物质营养方面，一些微量元素，如锌、铁、硒、铜等在免疫方面具有重要的地位。

（2）环境卫生差　畜禽群的密度过大，通风不良，氨浓度过高，卫生状况差，对免疫效果也有着很大的影响。

6. 其他因素的影响

长途运输、寒冷、炎热、饥饿、干渴和啄斗等应激因素都会使畜禽免疫能力下降，且对抗体免疫反应抑制的长短与这些因素的强弱、持续时间及次数有一定关系。

（二）免疫失败的控制措施

1. 加强综合卫生措施

疫病预防是一个综合防治过程，免疫接种工作只是控制疫病的开始而不是结束，任何期待"一针见效"的幻想都是不现实的，也是在实际工作中不可取的。必须理解除进行免疫接种外，良好的饲养管理和有效的卫生环境也是非常重要的。要强化"生物安全"体系的卫生观念和措施，提高机体的抵抗能力和免疫应答能力，确保畜禽体质健康，降低畜禽群对各种疫病的感染频率，减少感染机会。

2. 掌握疫情和接种时机

在疫苗接种前，应当了解当地疫病发生情况，有针对性地做好疫苗和血清的准备工作。注意接种时机，应在疫病流行季节之前 1～2 个月进行预防接种，如夏初流行的疫病，应在春季注射疫苗。但也不能过早，否则免疫力降低以至消失，到了流行季节得不到相应的保护。最好在疫病的流行高峰期以前完成全程免疫，当流行高峰时节时畜群免疫力达最高水平。

3. 合理选用疫苗

选用什么疫苗应根据当地疫病流行情况、畜禽的日龄等来选择。应注意病原有无型号问题。如口蹄疫病毒分为 A、O、C、SAT - 1、SAT - 2、SAT - 3、Asia - I 7 个主型，将近 70 个亚型，主型之间交叉免疫差，甚至同一主型的不同亚型也不能完全交叉免疫。一般当地疫病流行不严重或日龄较小的，应选择毒力较低的、比较温和的疫苗。疾病严重流行地区,则应选用毒力较强的疫苗。从未发生过某种传染病的地区,可不进行该病的免疫接种,尤其是该疫苗是毒力较强的活苗时,更不可轻率地引入,以免过早暴露该病。应选用高质量的、国家认证的厂家的疫苗。

4. 注意防疫密度

预防接种首先是保护被接种动物,即个体免疫。传染病的流行过程,就是传染源(患病或带菌动物)向易感动物传播的过程。当对禽群进行预防接种,使之对某一传染病产生了免疫,当免疫的动物数达到75%~80%时,免疫动物群即形成了一个免疫屏障,从而可以保护一些未免疫的动物不受感染,这就是群体免疫。如果预防接种既达到个体免疫又达到群体免疫的目的,就能收到最好的预防效果。为了达到群体免疫,既要注意整个地区的接种率,也要注意个别单位的接种率,如果个别单位接种率低,易感动物比较集中,一旦传染源传入,也可引起局部流行。

5. 加强疫苗的保管、运输、发放和使用

各种疫苗的最佳保存温度,应参照厂家说明书,但有些疫苗不可冻结保存,如活菌苗、类毒素、油乳剂苗及稀释液等,以2~8 ℃保存为宜。疫苗用前应进行认真检查,看有无瓶签,瓶签是否完整,字迹是否清楚;瓶塞是否松动,瓶体是否破裂:瓶内有无杂物霉变;疫苗的物理状态和色泽与说明书上是否相符;是否过期失效等。如有一项发生疑问,则不可使用。

6. 依免疫程序适时接种

母源抗体滴度具有一定的消长规律,其抗体水平和消长时间,因个体而有差异。过早地接种疫苗,常会发生母源抗体干扰现象,极易引起免疫无效或免疫减弱;过迟接种疫苗,则野毒可能在免疫空白期感染畜禽,使其发病,产生不应有的损失。所以免疫接种最好在母源抗体降至一定水平时进行。有条件的应通过免疫监测技术来测定母源抗体水平,制定科学的免疫程序,从而确定免疫接种时间。制定免疫程序时应当注意当地的疫病流行情况、母源抗体及上次免疫残留抗体水平、畜禽的免疫应答能力、疫苗种类、免疫接种方法等,没有固定的模式。

7. 加强畜禽群健康检查和规范操作

免疫接种前应对畜禽群健康状况进行检查,注意被免疫动物的身体情况、年龄及是否怀孕等,做到心中有数,对当时不适宜免疫的,应登记造册,随后适当时间进行补防。在进行免疫接种前后24 h内不得使用抗生素、磺胺类药物

及含有药物的饲料添加剂等，以免影响免疫效果。稀释疫苗只能使用指定的稀释液并按规定进行，做到疫苗现用现配，及时使用。

一般气温在15～25 ℃时，6 h内用完；25℃以上时，4 h内用完。马立克病疫苗要求2 h内用完。严格执行无菌操作，使用的接种用具如注射器、针头、滴管等应洗净后灭菌，并做好接种部位的消毒工作，已吸出的疫苗不可再回注入稀释瓶内。使用饮水免疫时，事先应停水3～5 h（依据气温而定）以保证疫苗在2 h内饮完。此外，配苗时应在饮水中加入0.1%～0.5%脱脂奶粉，同时应注意水质、水温、动物的大小等因素。使用滴鼻、点眼免疫时，应注意滴入鼻、眼中的量。一般可事先将滴管、眼药水瓶或注射器（磨去针尖）试一试1 mL水有多少滴，然后再进行接种，接种后应确认疫苗是否被吸入；使用气雾免疫时，雏鸡免疫时的雾滴要大些，为50～100 μm；2月龄以上的鸡免疫时，雾滴为5～20 μm；温度以15～20 ℃、相对湿度在70%以上为宜。使用注射途径免疫时，应做到接种方法正确、注射确实、剂量准确。免疫时机宜安排在晴天、无风的夜晚或凌晨进行，并在饲料中添加适量维生素C，以尽量减少、避免畜禽发生应激反应。弱毒活疫苗的毒种或菌种，多数是以人工方法致弱的，但对不同年龄、不同饲养环境、不同饲养方法等饲养的家禽，对各种毒种、菌种的敏感性是不同的。因此，稀释后的空疫苗瓶及免疫后多余的疫苗，不可到处乱抛，应集中进行消毒处理，以防弱毒活疫苗中的活病毒散播到自然环境中返强。

8. 加强动物生物制品市场管理

动物生物制品是一种特殊的商品，应实行专营，以确保质量和安全。禁止生产劣质低效疫苗以及以假乱真、胡乱销售。坚决取缔无证经营，整顿经营秩序。有关部门应加强疫苗的研制、生产管理，以保证疫苗本身的质量。

小　知　识

口蹄疫流行的基本特点

口蹄疫的易感动物种类繁多。口蹄疫病原变异性极强，病毒的感染性和致病力强，病畜的排毒量大，而且口蹄疫有多种传播方式和感染途径。其重疫区仍为亚洲、非洲和南美洲，欧洲为地方性流行或散发。中国口蹄疫的流行由来已久，疫情复杂：新中国成立后曾暴发流行5次，其中3次全国流行；近几年我国仍有口蹄疫的暴发，2013年向OIE报告疫情23次（O型6次，A型17次）；2014年，向OIE报告疫情7次（O型2次，A型5次）；2015年向OIE报告疫情3次，均为A型口蹄疫。

第二节 禽常用疫苗

一、新城疫疫苗

新城疫(ND)又称亚洲鸡瘟,是由新城疫病毒引起的鸡的一种高度接触性败血性传染病,其主要特征为呼吸困难、腹泻、神经紊乱及黏膜和浆膜出血,但非典型新城疫无新城疫典型病变。虽然我国对新城疫的研究较为深入,但迄今本病仍是威胁我国养禽业的头号疾病。

新城疫疫苗种类、苗型很多,我国研制使用的也不少,大致包括灭活疫苗和弱毒疫苗两类。此外,以鸡痘病毒为载体的新城疫基因工程疫苗已在美国注册,我国的类似产品亦已进入评价阶段。鸡新城疫疫苗活苗主要有Ⅰ系、Ⅱ系(B1 株)、Ⅲ系(F 系)、Ⅳ系(LaSota 株)、克隆 30 等。Ⅰ系为中等毒力疫苗,对雏鸡毒力较强,可出现致病症状甚至引起死亡,但能较快产生强免疫力,多用于 2 月龄以上的鸡或紧急预防接种。Ⅱ系、Ⅲ系、Ⅳ系、克隆 30 为弱毒疫苗,其中克隆 30、Ⅳ系的效果好于Ⅱ系、Ⅲ系。灭活苗多为油佐剂苗,可激发良好的体液免疫,多用于种鸡和蛋鸡的加强免疫。新城疫油乳剂灭活疫苗是用化学药品将制苗病毒(一般为 LaSota 株)灭活(杀死)之后加上油乳佐剂制成,质量指标主要在于含死病毒多少。产品有双相苗与单相苗两种。双相苗黏度低,通针性好,滴于冷水中呈云雾状扩散,其死病毒含量高。进口产品一般均为双相苗。单相苗黏度高,滴于冷水中呈油滴状不扩散,死病毒含量比双相苗少。用法:可于颈中部皮下注射或肌内注射。

(一)鸡新城疫中等毒力活疫苗

最常用的鸡新城疫中等毒力活疫苗是Ⅰ系苗。这种疫苗对鸡的毒力较强,但免疫原性很好,免疫期长,并且一般在接种 24 ~ 72 h 即可抵抗强毒攻击,对于鸡发生新城疫后为控制蔓延进行紧急预防接种来说是一种较好的疫苗,很适于在疫区应用。我国目前鸡新城疫流行很广,一些地区常年都有不同程度的发生,这种疫苗对控制鸡新城疫的传播蔓延起到了较大的作用。但是,因为这种疫苗对敏感鸡特别是未接种过新城疫疫苗的无母源抗体雏鸡有一定的致病性,为防止散毒,世界上有些国家禁止使用,我国也有部分省市不用这种疫苗。

本品是用鸡新城疫Ⅰ系毒株接种易感鸡胚繁殖后收获鸡胚液,加适当稳定剂经冷冻真空干燥制成。

【性状】乳白色疏松团块,稀释后即溶解成均匀的悬浮液。

【作用与用途】用于预防鸡新城疫。

【用法与用量】按瓶签注明羽份,用灭菌生理盐水或适宜的稀释液稀释,胸肌或皮下注射 1 mL 或点眼 1~2 滴(0.05~0.1 mL),也可刺种或饮水免疫。

【免疫期】接种疫苗 3 d 后即可产生强的免疫力,免疫期可持续 1 年。

【接种反应】疫苗接种后,可引起少数鸡减食、沉郁、神经麻痹或死亡。产蛋鸡在接种后 2 周内产蛋量可能减少或产软壳蛋。

【保存】参照厂家说明,一般 -15 ℃为 2 年,2~8 ℃为 6 个月。

【注意事项】①本品专供已经鸡新城疫弱毒苗免疫过的 2 月龄以上鸡使用,不得用于初生雏鸡,产蛋鸡也要慎用,最好在产蛋前或休产期进行免疫。②使用疫苗时严禁用热水、温水及含氯消毒剂的水稀释,稀释后应放冷暗处,必须在 4 h 内用完。

(二)鸡新城疫低毒力活疫苗

鸡新城疫低毒力活疫苗包括Ⅱ系(B1 株、F 株)、Ⅲ系和Ⅳ系(LaSota 株)活疫苗。Ⅱ系和Ⅲ系的毒力都很弱,几乎没有致病性,对雏鸡免疫一般也无临床反应,可通过滴鼻、点眼、气雾及饮水等多种途径免疫,由于免疫力较差,近几年来Ⅱ系和Ⅲ系苗已较少应用,特别是Ⅲ系苗已基本停用。Ⅳ系的毒力比Ⅱ系稍强,对雏鸡气雾常引起呼吸道反应,尤其是对染有支原体的鸡群,常用于滴鼻、点眼或饮水免疫。一般来说,毒力强的毒株免疫原性也较好,因此,Ⅳ系苗的免疫原性在这 3 种弱毒苗中也是最好的。有人为了提高疫苗的质量,致力于发现新的野外弱毒株或利用空斑克隆化技术选择出了比原毒株免疫效力更好或免疫反应较小的克隆株来代替原毒株,例如 VH 株就是一株新发现的野外弱毒株,而克隆 30 和 N47 都是 LaSota 的克隆株。这几种毒株或者是安全性好于 LaSota,或者是免疫原性好于 LaSota,正在成为商家生产鸡新城疫弱毒活疫苗的新型毒株。同一种疫苗按照不同的途径免疫接种产生的免疫效果不同。一般认为,气雾比口服或点眼、滴鼻途径接种免疫力要强,持续期也长,而点眼、滴鼻比饮水免疫保护力好。但也有的毒株有其特异适应的免疫途径,如苏威公司的 NDV 疫苗即是一种适于喷雾免疫的疫苗。

1. 鸡新城疫Ⅱ系弱毒疫苗

本品系用鸡新城疫Ⅱ系弱毒株接种易感鸡胚繁殖后,收获鸡胚液,加适当稳定剂,经冷冻真空干燥制成。

【性状】本品为乳白色疏松团块,加入稀释剂后即成均匀的混悬液。

【作用与用途】用于预防不同品种、各种日龄鸡及其他禽类的新城疫。

【用法与用量】本疫苗可用滴鼻、点眼、饮水和气雾等方法免疫。按瓶签注明羽份,用生理盐水或适宜的稀释液稀释,以消毒的滴管吸取疫苗,滴鼻或点眼每只鸡 2 滴(约 0.05 mL)。也可饮水免疫或气雾免疫,剂量用 2 头份。

【免疫期】接种疫苗后 7～9 d 产生免疫力,免疫持续期为 2～4 个月。

【保存】保存方法参照厂家说明,一般 −15℃ 为 2 年,2～8℃ 为 6 个月。一些厂家生产的疫苗特别是进口苗必须保存于 2～8 ℃。

【注意事项】①存在拥挤、过热或过冷环境、营养不良等应激因素时不可进行免疫接种。②有支原体感染的鸡群禁用喷雾免疫。③切忌用热、温水及含有氯等消毒剂的水稀释疫苗。④饮水免疫时忌用金属容器。⑤饮水前鸡群要停水 4～6 h,时间长短可根据温度高低做适当调整,要保证每只鸡都能充分饮服,饮完后经 1～2 h 再正常给水。⑥疫苗稀释后应放冷暗处,并在 4 h 内用完。

2. 鸡新城疫 LaSota 株(Ⅳ系)弱毒活疫苗

本品系用鸡新城疫 LaSota 株病毒接种易感鸡胚繁殖后,收获鸡胚液加适当稳定剂,经冷冻真空干燥制成。

【性状】本品为乳白色疏松团块,稀释后即溶解成均匀的悬浮液。

【作用与用途】供预防鸡新城疫,一般用于 7 日龄以上雏鸡。

【用法与用量】本疫苗可用滴鼻、点眼、饮水和气雾等方法进行免疫,具体用法和用量同鸡新城疫Ⅱ系弱毒疫苗。本疫苗毒力较新城疫Ⅱ系弱毒疫苗强,但免疫原性好于Ⅱ系弱毒疫苗,一般气雾免疫用于 1 月龄以上鸡。

【免疫期】同新城疫Ⅱ系弱毒疫苗。

【接种反应】本苗应用于无或低母源抗体的雏鸡时,可能引起轻微的一过性呼吸道症状。

【保存】同鸡新城疫Ⅱ系弱毒疫苗。

【注意事项】同鸡新城疫Ⅱ系疫苗。

3. 鸡新城疫 N79 弱毒疫苗

本品系用鸡新城疫 LaSota 弱毒 N79 克隆毒株接种易感鸡胚繁殖后,收获鸡胚液加适当稳定剂,经冷冻真空干燥制成。

【性状】本品为乳白色疏松团块,稀释后即溶解成均匀的悬浮液。

【作用与用途】用于预防各种日龄鸡的鸡新城疫。本疫苗具有免疫原性好、毒力低的优点,可用于任何日龄鸡,包括初生雏鸡。

【用法与用量】本疫苗可用滴鼻、点眼和气雾等方法进行免疫,具体用法与用量同鸡新城疫Ⅱ系弱毒疫苗。

【免疫期】免疫后 7~9 d 即可产生免疫力,免疫持续期达 5 个月以上。

【保存】同鸡新城疫Ⅱ系弱毒疫苗。

【注意事项】同鸡新城疫Ⅱ系弱毒疫苗。

4. 鸡新城疫克隆 30 弱毒活疫苗

本品采用鸡新城疫克隆 30 毒株,接种易感鸡胚繁殖后收获鸡胚液加适当稳定剂,经冷冻真空干燥制成。

【性状】本品为乳白色疏松团块,稀释后即溶解成均匀的混悬液。

【作用与用途】供预防鸡新城疫。用于 1 日龄以上的雏鸡,特别适用于首免,有无母源抗体均可使用。

【用法与用量】本疫苗可滴鼻、口服或注射,接种后无临床反应,免疫时按瓶签注明羽份用灭菌生理盐水或适宜的稀释液稀释,每只雏鸡肌内或皮下注射 0.1 mL 或口服 0.1 mL(如瓶签标明 500 羽份,则稀释成 50 mL);若滴鼻免疫,每只鸡滴鼻 0.05 mL(如瓶签标明 500 羽份,则稀释成 25 mL)。

【免疫期】免疫持续的时间根据鸡体本身的免疫日龄和免疫状态而不同,无母源抗体的鸡免疫后免疫期可以保持 3~4 个月。

【保存】同鸡新城疫Ⅱ系弱毒疫苗。

【注意事项】①疫苗稀释后应立即使用,并于 4 h 内用完。②雏鸡有支原体存在时,可于 10 日龄后接种。③使用本疫苗时,严禁用热水、温水及含有氯等消毒剂的水稀释。

5. 鸡新城疫 VH 株弱毒活疫苗

本品系用鸡新城疫 VH 弱毒株经接种易感鸡胚繁殖后,加适当保护剂经冷冻真空干燥制成。

【性状】本品为乳白色疏松团块,稀释后即溶解成均匀的悬浮液。

【作用与用途】用于预防各种日龄鸡及火鸡的新城疫。鸡新城疫 VH 株疫苗具有免疫原性好、毒力弱等优点,免疫力相当于 LaSota 株疫苗,而毒力与 B1 株(Ⅱ系)相当,可使雏鸡产生很高水平的抗体,且维持时间较长。

【用法与用量】本疫苗可用滴鼻、点眼、饮水和气雾等方法进行免疫。滴鼻、点眼免疫时按瓶签标明量每 1 000 羽份加 53 mL 灭菌蒸馏水,用标准滴器滴入每只鸡眼或鼻内 1 滴;饮水免疫时,在 1 000 羽份溶解好的疫苗中,2 周龄饮水时加水 10 L,4 周龄加水 15 L,8 周龄加水 20 L,再大的鸡加水 40 L;喷雾免疫,1 000 羽份加无菌蒸馏水 150~300 mL,充分混合后对鸡群进行喷雾。

【保存】参看厂家说明,一般保存于 2~8 ℃。

【注意事项】①一次溶解、稀释的疫苗必须立即使用,饮水免疫时免疫前要断水 2~3 h,不要使用氯气消毒的水,含疫苗水要在 1~2 h 内饮完,剩余疫苗应当销毁。②免疫仅针对健康鸡群。③使用优质的无消毒剂的清洁饮水器或喷雾器。④疫苗要避免高温和直射的阳光。

6. 鸡 NDV 弱毒苗

【性状】本品为乳白色疏松团块,稀释后即溶解成均匀的悬浮液。

【作用与用途】用于健康鸡及火鸡的免疫接种,以预防鸡新城疫。

【用法与用量】可采用喷雾、滴鼻、点眼和饮水等多种方法进行接种。由于 NDV 疫苗病毒大部分在肠道中增殖,从而减轻了对呼吸道上皮细胞的破坏,大大减轻了喷雾免疫后的不良反应,因此较适用于喷雾免疫,尤其适用于 1 日龄首免,紧急接种也比较安全可靠。1 日龄雏鸡要在距雏鸡 40 cm 处向鸡喷雾,剂量为每 1 000 只鸡 150~200 mL;平养鸡在距离鸡 50 cm 处对鸡喷雾,每 1 000 只鸡的喷雾量是 250~500 mL;笼养鸡每 1 000 只鸡的喷雾量为 250 mL。

【保存】储存于 2~8 ℃的暗处。

【注意事项】①每次喷雾前应以定量的水试喷,以掌握好喷雾的速度、流量和雾滴大小。②一经开瓶启用,应在 2 h 内用完。③喷雾后应保证鸡在有疫苗的环境中至少停留 15 min,关闭通风系统。④接种工作完毕后双手应立即洗净并消毒,剩余药液应销毁。

7. 新城疫单价、二价和三价活疫苗(N79 克隆株、C30 株和 LaSota 株/LaSota克隆株)

【性状】淡红色或淡黄色疏松团块,加入稀释液后即迅速溶解。

【作用与用途】预防鸡新城疫。N79 克隆株适用于雏鸡及不同日龄的各品种鸡;LaSota 株/LaSota 克隆株、C30 株用于 7 日龄以上的雏鸡。既能用于基础免疫,又能用于加强免疫。

【用法与用量】可采取滴鼻、点眼或饮水免疫。滴鼻或点眼免疫:按瓶签注明的数量每羽份加入 0.03 mL 灭菌生理盐水或适宜的稀释液,充分摇匀,用滴管吸取疫苗,每只鸡滴鼻或点眼 1~2 滴(约 0.03 mL)。

(三)鸡新城疫油乳剂灭活苗及其与其他病毒的联苗

为减少注射次数,从而降低应激反应和人工花费,常将鸡 ND 与其他病毒混合制成二联或多联苗,较常用的联苗有:鸡新城疫－减蛋综合征二联油乳剂灭活苗、鸡新城疫－传染性法氏囊炎二联苗、新城疫－传染性支气管炎二联油乳剂灭活苗、新城疫－传染性法氏囊炎－减蛋综合征三联油乳剂灭活苗,新城疫－传染性支气管炎－传染性法氏囊炎三联油乳剂灭活苗、新城疫－传染性支气管炎－鸡毒霉形体三联油乳剂灭活苗、新城疫－减蛋综合征－传染性法氏囊炎三联油乳剂灭活苗、新城疫－传染性支气管炎－传染性法氏囊炎－减蛋综合征四联油乳剂灭活苗和新城疫－传染性支气管炎－传染性法氏囊炎－呼肠孤病毒四联油乳剂灭活苗等。油乳剂联苗的保存及使用方法与同类单苗相同。

鸡新城疫－传染性支气管炎弱毒二联苗

本品系用鸡新城疫疫苗毒(Ⅰ系、Ⅱ系或 LaSota 等毒株)和传染性支气管炎疫苗毒(H120、H52、MASS 及 CONN 等株),接种易感鸡胚收获感染鸡胚液制成的不同组合的二联冻干苗。

【性状】本品为乳白色疏松固体,稀释后即成均匀的混悬液。

【作用与用途】用于健康鸡免疫接种以预防鸡新城疫和传染性支气管炎。

【用法与用量】Ⅱ系－H120 二联苗适用于 1 日龄以上的幼雏,LaSota－H120 联苗适用于 7 日龄以上的雏鸡。滴鼻、点眼和饮水均可。用生理盐水、蒸馏水或冷开水将疫苗稀释 10 倍,每只雏鸡滴鼻或点眼 1 滴(约 0.05 mL);如用饮水法免疫,应保证每只鸡都能饮到充足的含疫苗水。Ⅱ系－H52 或 LaSota－H52 联苗适用于 21 日龄以上的幼鸡,用法与用量同Ⅱ系 H120 或 LaSota－H120 二联苗,Ⅰ系－H52 二联苗适用于经弱毒苗免疫后的 2 月龄以上的鸡,可进行饮水免疫;Ⅱ系或 LaSota－MASS、MASSⅡ型或 MASS＋CONN 株二联苗在使用时,应根据鸡群日龄和防疫需要由疫苗株对鸡的毒力决定,详见各株单苗的用法与用量。

【免疫期】随制苗毒株不同而异,参考鸡新城疫和鸡传染性支气管炎单苗。

【保存】详见厂家说明。

鸡新城疫的免疫

鸡新城疫的免疫是一个比较复杂的问题,它需要根据疫苗效力、母源抗体水平、其他疫苗的应用、其他病原的存在、群体大小,群体预期饲养时间、劳动效率、气候条件以及免疫接种的历史及费用等因素逐步建立和完善免疫程序。不同地区甚至同一鸡场的免疫程序都不是一成不变的,要根据免疫效果及防治工作中的经验教训进行适当调整。一般来说,提倡用注射和点眼、滴鼻或喷雾法交替进行免疫,最好将弱毒苗与油佐剂苗联合应用。有条件的鸡场要尽量采取抗体监测的手段,根据红细胞凝集抑制(HI)试验的结果来选择适宜的免疫时机。

首免日龄的选择:要根据母源抗体水平。一般来说,在新城疫安全地区以使用弱毒苗为主的鸡群,当 HI 抗体水平几何平均值在 4.0 以下(含 4.0)时,不安全地区在 4.5～5.0 时,应立即进行免疫。

下面推荐新城疫免疫程序,仅供参考:

(1)对蛋鸡、蛋种鸡或肉种鸡免疫应在 7～10 日龄,先用弱毒苗滴鼻和点眼,28～30 日龄如上重复 1 次,再于 2.5 个月左右用Ⅰ系或 4 倍量的 LaSota 苗饮水 1 次,4 个月龄或上笼前肌内注射新城疫油苗即可。肉鸡通常只做蛋鸡的前两次免疫即可,但在污染较严重的地区,可在两次免疫之后,于 40～45 日龄,再用 LaSota 苗 4 倍量饮水免疫 1 次,效果较好。

(2)对蛋鸡、蛋种鸡或肉种鸡于 7～10 日龄用新城疫弱毒苗滴鼻和点眼,28～30 日龄再用弱毒苗滴鼻和点眼,同时肌内注射新城疫油苗,再于 4 月龄或上笼前肌内注射新城疫油苗 1 次即可。对肉鸡只做蛋鸡的前两次免疫即可,因其饲养期较短。

二、鸡传染性法氏囊炎疫苗

传染性法氏囊病(IBD)又称甘博罗病,是雏鸡的一种高度接触性传染病,以法氏囊肿大、肾脏损害为主要特征,能引起雏鸡的免疫抑制。本病呈世界性分布,在我国时有发生,并造成严重经济损失。

(一)鸡传染性法氏囊炎弱毒疫苗

鸡传染性法氏囊炎(IBD)弱毒疫苗按毒力大小可分为 3 种,即高毒型,如初代次的 2512 株、J – 1 株、MS、BV 株等;中毒型,如 BJ836、Lukert、B2、B87、MB、S706 等毒株;温和型或低毒型,如 D78、PBG98、LKT、LZD228、K 株、IZ 株等。

选用活苗接种时,应严格按照厂家的要求使用,中等毒力株免疫含母源抗体的鸡可克服高水平的母源抗体,获得较坚强的免疫力,滴嘴和饮水效果较好,多在 2～4 周龄时接种,接种后法氏囊有轻微的损伤,这实际上是一种免疫反应,不久即可复原。接种后 5 d 产生抗体,2 周后抗体效价即达到较高水平。中等毒力苗在发病较严重地区应用可获得较好的免疫效果。但某些中毒型苗过早应用不仅不能起到免疫作用,反而还会损伤法氏囊,引起免疫抑制,增加机体对其他病原的易感性。低毒力株苗对无母源抗体或低母源抗体的雏鸡有效,免疫后 7～10 d 产生抗体,对雏鸡的法氏囊没有损伤,但产生的抗体效价较低。饮水和滴鼻效果好,高毒力株对法氏囊的损伤严重,并有免疫干扰,目前各国已不再使用。各生产厂家都在致力于生产免疫原性好而又对法氏囊没有严重损伤、不产生免疫抑制的苗种。

近年来发现,鸡传染性法氏囊炎致病血清型中还存在着许多毒力不同的亚型,标准弱毒疫苗对亚型野毒的保护率仅有 10%～70%。由于变异株的出现,使鸡 IBD 的免疫成功更为困难,免疫失败时有发生。因此针对变异株就研制出一些变异株疫苗,这些苗能分别刺激鸡体产生抵抗不同种类的变异毒株的攻击。将两株以上免疫原性较好的 IBD 疫苗株混合研制成的二价或多价苗免疫效果更好,特别是含有标准毒株和当地变异株的二价或多价苗。

例如,美国的 SVS510 苗对 7 日龄雏鸡安全,能克服母源抗体的干扰,对标准型及变异型毒株的攻击均有较好的保护作用;在国内也有一些二价苗具有良好的安全性和免疫原性。但是,不同地区甚至不同鸡场存在的 IBD 变异株都可能是不同的,因此一定要选择与本地常在野毒亚型交叉保护率最好的 IBD 苗用于免疫接种。这可以根据试验得出或参照本地区或邻近地区其他鸡场的 IBD 防治情况而定,最好使用二价或多价苗。

1. 鸡传染性法氏囊炎低毒力活疫苗

本品系选用鸡传染性法氏囊炎病毒低毒力株(如 PBG98、MS 等)接种鸡胚或鸡胚细胞培养物经真空冷冻干燥制成。

【性状】本品为乳白色疏松固体,加入稀释液后即成均匀的混悬液。

【作用与用途】用于预防雏鸡传染性法氏囊炎。本疫苗是用低毒或无毒力弱毒株制成,可用于1日龄无母源抗体的雏鸡,无副作用。本疫苗免疫时受母源抗体影响较大,一般不用于高母源抗体的雏鸡。

【用法与用量】本疫苗可用点眼、滴鼻、注射及饮水法免疫,以饮水法多用。饮水免疫:按瓶签或说明书标明的头份数,用深井水、冷开水将疫苗稀释至一定量,充分摇匀,任鸡饮服。如能加入10%的脱脂乳或低脂奶粉则效果更佳。

【保存】详见厂家说明。

【注意事项】①饮水免疫的水应不含有消毒剂、氯离子,不宜用金属容器盛放疫苗水。②饮苗前要停水,冬季停水8～10 h,夏季停水4～5 h。③疫苗稀释后置阴暗处,避免日晒,限1～2 h饮完。

2. 鸡传染性法氏囊炎 MB 株活毒疫苗

本品系由传染性法氏囊炎中等毒力 MB 株感染鸡胚的胚胎组织和组织液所制成。

【性状】本品为冷冻干燥形态的真空密封瓶装的乳白色疏松固体,加入稀释液后即成均匀的混悬液。

【作用与用途】用于预防鸡传染性法氏囊炎。在敏感鸡群,疫苗病毒对法氏囊有短暂的影响,因此用于本病流行地区。这种苗免疫原性好,能突破母源抗体的干扰而使雏鸡产生良好的免疫力,因此,对具备高母源抗体或母源抗体不均的雏鸡适用,对无或低母源抗体的雏鸡则要慎用。

【用法与用量】饮水给药,每1 000羽份疫苗以10 L水稀释,每升水中添加50 mL脱脂牛奶或5 g脱脂奶粉,待溶解5 min后再加入疫苗。亦可选择以皮下或肌内注射的方式接种。最好在10～12日龄接种,一次免疫可产生较好的免疫力。

【保存】详见厂家说明。

【注意事项】①接种前24 h停止饮水中任何治疗药或消毒剂,并保证有足够的饮水器应用,使所有鸡喝到应有比例的水。②接种前停水1～2 h,并保持水和饮水器的清洁,没有消毒剂残留。③含疫苗水不可加温,在稀释后应立即使用,确定所有鸡都喝到疫苗水并在1～2 h饮完。④在所有疫苗水饮完后方可开始供给正常饮水。

3. 鸡传染性法氏囊炎中等毒力 M65 疫苗

本疫苗是由鸡传染性法氏囊炎病毒经 SPF 鸡胚65次传代致弱的,既能避免中强毒力疫苗对雏鸡法氏囊的损伤,又能产生比较强的免疫力。

【性状】本品为冻干品。

【作用与用途】专用于鸡传染性法氏囊炎的免疫。

【用法与用量】稀释疫苗时将约 5 mL 无菌蒸馏水用无菌注射器转移到疫苗瓶中充分混合溶解,在滴鼻或点眼时将溶解好的 1 000 头份疫苗加 53 mL 灭菌蒸馏水,用标准滴器滴入每只鸡眼或鼻内 1 滴,饮水时将 1 000 头份溶解好的疫苗,2 周龄饮水时加水 10 L,4 周龄加水 15 L,8 周龄加水 20 L,再大的鸡加水 40 L,免疫前断水 2~3 h,最好使用无菌蒸馏水,不要使用氯气消毒的自来水。如果使用可疑的无菌蒸馏水,则应每 10 L 水加 50 g 脱脂奶粉。含疫苗的水应该在 1 h 饮完,饮完之前不要添加任何水,使含疫苗的水成为免疫期间的唯一水源;喷雾时将溶解好的疫苗按每 1 000 头份加无菌蒸馏水 150~300 mL,充分混合后对鸡群喷雾,应使用兽医认可的喷雾器。

【保存】详见厂家说明。

【注意事项】①一次溶解、稀释的疫苗必须立刻使用,剩余疫苗应当销毁。②免疫仅针对健康鸡群。③使用优质的无消毒剂的清洁饮水器或喷雾器。④疫苗要避免高温和直射的阳光。

4. 鸡传染性法氏囊炎 2 号弱毒苗

本疫苗是一种中等毒力、非克隆化鸡胚源性的疫苗,用来源于 Lukert 毒株的 2 号病毒株经 SPF 鸡胚培养制成。

【性状】本品为冻干品。

【作用与用途】本疫苗能抵御标准型及变异型法氏囊炎病毒株的攻击。适用于肉仔鸡、商品代蛋鸡及种鸡的免疫接种,或用于灭活疫苗接种之前的基础免疫。

【用法】采用饮水免疫或滴鼻、点眼免疫。

【保存】储存于 2~8 ℃暗处。

【注意事项】①饮水免疫时,必须保持饮用水及器具的清洁,饮水免疫前 24 h 内不宜投服其他药物。②宰杀前 21 d 内不要进行疫苗接种。③接种工作完毕,双手应立即清洗并消毒,剩余药液应加以燃烧或煮沸破坏。

5. 鸡传染性法氏囊炎 3 号弱毒疫苗

该疫苗为中强毒疫苗,既有良好的免疫原性,能克服较高水平的母源抗体,又不易引起免疫抑制,可在高应激条件下使用。

【性状】本品为冻干品。

【作用与用途】用于肉鸡、商品蛋鸡和种鸡预防鸡传染性法氏囊炎。

【用法】可采用饮水或滴鼻、点眼免疫。

【保存】储存于 2 ~ 8 ℃暗处。

【注意事项】同传染性法氏囊炎 2 号弱毒疫苗。

6. 鸡传染性法氏囊炎双价活疫苗

本品系用 2 种鸡传染性法氏囊炎病毒疫苗株制成,多含有一株变异株(如辽宁省益康生物药品厂用 B87 株和变异 E3 株)。

【性状】本品为冻干品。

【作用与用途】用于预防鸡传染性法氏囊炎,尤其对亚型毒引起的传染性法氏囊炎有很好的效果。

【用法与用量】可用于饮水、滴鼻、点眼、滴口或注射。饮水免疫时按瓶签注明羽份,加不含氯离子、消毒剂及其他药物的清凉饮水充分溶解,如能加入 1% ~ 2% 的脱脂鲜乳或 0.1% ~ 0.2% 的脱脂奶粉,免疫效果更佳。点眼、滴鼻或滴口时,按瓶签注明羽份,用无菌生理盐水或适宜的稀释液稀释,每只鸡滴 1 ~ 2 滴(0.05 mL)。

【保存】详见厂家说明。

【注意事项】①饮水器必须干净,不宜用金属容器饮水。②饮苗前应视季节不同停水一定时间,一般夏季停水 4 ~ 6 h,冬季 5 ~ 8 h,饮后经 1 ~ 2 h 后再正常给水。③用过的疫苗瓶应消毒处理,不可乱扔。

(二)鸡传染性法氏囊炎灭活苗

本品系用鸡传染性法氏囊炎病毒毒力较强毒株鸡胚或鸡胚细胞培养物灭活后,加入佐剂而成,多用油佐剂。

【性状】成品为白色乳剂。

【作用与用途】用于预防鸡传染性法氏囊炎。

【用法与用量】用于 18 ~ 20 周龄的开产前种母鸡,皮下或肌内注射 0.5 ~ 1 mL。

【免疫期】疫苗接种 3 周后产生免疫力,并在 1 年内所产种蛋携带高水平的母源抗体。

【保存】4℃冷暗干燥处保存,有效期 6 个月以上,20 ~ 25℃保存,有效期 3 个月以上。

【注意事项】①本疫苗严禁冻结。②在保存期内如有疫苗破乳、油水分层现象则应废弃。

鸡传染性法氏囊炎灭活苗多为油乳剂灭活苗,一般用于经过 2 次活疫苗免疫后的种母鸡,在疫情严重的地区可用于二次免疫。注射过灭活苗的种母鸡孵出的雏鸡有较高的母源抗体。使用灭活苗免疫具有不受母源抗体干扰、无免疫抑制危险、能大幅度提高基础免疫的效果等优点,缺点是只能用于肌内注射,成本和人工费用都较高。还有人认为,首免时单独应用灭活苗不能刺激鸡体产生良好的免疫反应,因此提倡在活苗免疫的基础上再应用灭活苗。

为减少注射次数,降低成本,可将传染性法氏囊炎病毒与其他病原体联合研制成二联或多联灭活苗,多在18～20周龄给种母鸡免疫,子代雏鸡在2周内可有较高水平的母源抗体。

较为常见的灭活联苗有:新城疫－传染性法氏囊炎二联苗、新城疫－传染性支气管炎－传染性法氏囊炎三联苗、新城疫－减蛋综合征－传染性法氏囊炎三联苗、新城疫－传染性支气管炎－减蛋综合征－传染性法氏囊炎四联苗及新城疫－传染性支气管炎－传染性法氏囊炎－呼肠孤病毒四联苗等,油乳剂联苗的保存和使用方法与同类单苗相同。

小　知　识

鸡传染性法氏囊炎的免疫

接种鸡传染性法氏囊炎活疫苗时,可参照疫苗生产厂家提供的免疫程序。但是,母源抗体对免疫效果影响很大。当母源抗体效价较低时免疫效果较好,但也容易形成免疫空白期,让野毒乘虚而入,引起发病,因此,有条件的鸡场最好对雏鸡进行抗体监测,视本地区或本鸡场传染性法氏囊炎的发生情况决定母源抗体在什么水平下免疫最为适宜。一般来说,当琼脂扩散试验检测抗体阳性率在40%～50%时进行免疫效果最好,免疫后10 d检测血清抗体琼脂扩散试验阳性率达到80%以上视为免疫成功。首免1～2周后加强免疫1次。没有免疫监测条件的鸡场,对于无母源抗体的雏鸡(种母鸡未接种传染性法氏囊炎灭活苗)可于10～14日龄用低毒力苗进行首免,1～2周后用中等毒力苗加强免疫1次;对于有母源抗体的雏鸡,首免(2周龄左右)可用中等毒力苗,10～15 d后加强免疫1次。此外,对于种鸡还应于18～20周龄和40～42周龄分别用灭活苗免疫1次,以保证子代雏鸡具有较均匀的高水平的母源抗体。

三、鸡马立克病疫苗

马立克病(MD)是鸡的一种常见的淋巴细胞增生性疾病。其主要特征是外周神经发生淋巴样细胞浸润和肿大,引起一肢或两肢麻痹,各种脏器、性腺、虹膜、肌肉和皮肤也发生同样病变并形成淋巴细胞性肿瘤病灶。MD 分布极广,至今仍有许多国家发生和流行。在我国 MD 也很普遍,虽然使用火鸡疱疹病毒(HVT)疫苗后起到了良好的预防效果,但近年来和世界其他国家一样仍常有免疫失败的报道,引起了国内外学者的高度重视。我国鸡群中已存在 vvMDV。国际上,MD 流行规律与 MDV 的毒力型演变一致,即从 mMDV→vMDV→vvMDV→vvMDVplus 的变化过程。

鸡马立克病疫苗根据制苗毒株的血清型不同而分为血清 I 型、血清 II 型、血清 III 型和不同血清型多价苗。

血清 I 型毒株包括所有从温和到毒力很强的致病性毒株及其弱毒株。一般来说,可以通过致弱中等毒力、强毒及超强毒株分别制成疫苗。由强毒致弱的 HPRS－16 毒株疫苗为最早出现的商品化 MD 疫苗,现多与其他血清型疫苗联合使用;致弱的中等毒株疫苗以 CVI 988 株为代表,有传染性和轻微毒力,多与血清 III 型火鸡疱疹病毒(HVT)苗联合使用;来源于超强毒 MD 病毒的 C/R6 株对强毒和超强毒 MD 病毒均能产生强的免疫力,但还未形成商品化供应。

血清 II 型疫苗来源于天然的非致病 MD 病毒,它广泛存在于鸡群中,并为鸡群提供了天然的免疫保护。这个血清型的代表株 SB－1,单独使用能抵抗大多数强毒 MD,但对超强毒 MD 抵抗力较弱,与血清 III 型疫苗联合使用时对超强毒 MD 的抵抗力较强。SB－1 和另一种血清 II 型疫苗 301B/1 已形成商品化,在美国和其他国家应用。

火鸡疱疹病毒(HVT)属于血清 III 型,其代表株为 Fc－126 株。HVT 苗对强毒 MD 有良好的抵抗力,但对超强毒 MD 的效果较差。HVT 对鸡来说是一种异源苗,一般认为这种苗导致的免疫只是一种干扰作用。当接种 HVT 后仍能感染和传播 MD 强毒,在同一鸡体内 HVT 和 MD 病毒两者共存,虽无任何临床症状,但可造成环境的严重污染。

HVT 是一种异源苗,它具有不出现返祖现象、比同源苗安全、生产经济、可以冻干和易于储存与运输等优点,并显示出良好的免疫效果;而同源苗则需存放于－196 ℃的液氮中,使用、运输和保存都不方便。因此,HVT 苗成为世界各国预防 MD 的常用疫苗。尽管如此,该苗仍有其弱点:它无法完全阻止 MD 病毒的感染,无法控制环境污染,且对超强毒 MD 的作用较弱。近年来,世界各国包括我国仍不时有 HVT 苗免疫失败的报道。免疫失败的原因首先应考虑到高度致病的 MD 超强毒株的感染,还可能与母源抗体的影响及早期感染等因素有关。

HVT 苗可用于种鸡、蛋鸡或肉鸡的正常防疫,通常在孵出时接种,肌内或皮下注射均可。也有人提倡胚胎免疫或二次免疫。HVT 苗不能用作紧急接种。早期感染是免疫鸡群发生 MD 的最重要的原因之一。因为野外感染通常在鸡出雏后迅速发生,而注射疫苗后 7 d 以上接种鸡才能建立强的保护,从而产生一个免疫空白期,因此在这一时期内要将鸡群隔离饲养并严格进行环境消毒。

为了克服 HVT 疫苗的不足,许多国家都在进行 MD 多价苗的研究、生产和使用。一些学者研究发现,许多血清 I 型、Ⅱ型及Ⅲ型疫苗单独使用都不能抵抗超强毒 MD 的感染,但合并成二价或多价苗就显示出协同作用,可大大提高鸡体对病毒的抵抗力,增强鸡体抗超强毒株攻击的效力。双价疫苗的保护效力比任何单价疫苗都要好,这称为保护性协同作用。血清学 I 型和 HI 型病毒联合应用产生的协同作用就很明显,因此现在应用较多的是Ⅱ和Ⅲ型病毒组成的二价或多价苗。

(一)鸡马立克病火鸡疱疹病毒活疫苗

本品系用火鸡疱疹病毒 FC - 126 株经鸡胚或鸡胚成纤维细胞培养后收获感染细胞的冷冻真空干燥制品。

【性状】本品为白色疏松团块,加入专用稀释液后迅速溶解。

【作用与用途】用于预防鸡马立克病。

【用法与用量】按瓶签注明羽份加入专用稀释液后,每只雏鸡肌内或皮下注射 0.2 mL(1 羽份)。1 日龄免疫效果最佳。

【免疫期】注苗后 8～14 d 产生免疫力,免疫期为 1 年。

【保存】详见厂家说明。

【注意事项】①注射器和其他用具用前需经消毒,但绝不能混入消毒剂。高温灭菌后的用具必须充分冷却后方可使用。②本品应现用现稀释,用前应置于 2～8 ℃冰箱或盛有冰块的容器中预冷,稀释后要置冰浴中避光放置。1 h内用完。③本品使用前应摇匀,并在使用时经常摇动。④在已发生过鸡马立克病的鸡舍,雏鸡应在出壳后立即进行预防接种,接种前场地、鸡舍、工具应清扫干净并彻底消毒,接种后雏鸡应隔离饲养观察 3 周,并加强饲养管理,防止通过饲料、空气、饮水等感染强毒。⑤本品在使用前应检查疫苗和稀释液性状,如发现瓶破裂、瓶签丢失、没有标明批号和有效期、疫苗干缩或混有杂质,以及稀释液颜色发生明显变化、混浊、发霉等,均不能使用。

(二)鸡马立克病 814 株活疫苗

本品为采用低毒力的马立克病病毒弱毒株 814 株在鸡胚成纤维细胞上培养,收获感染细胞,加入适当冷冻保护液而制成。

【性状】淡红色细胞悬液。

【作用与用途】用于预防鸡马立克病。

【用法与用量】按瓶签注明的羽份,用专用的稀释液稀释,每只雏鸡肌内或皮下注射 0.2 mL。各品种 1 日龄鸡均可使用。

【免疫期】注射疫苗 8 d 可产生免疫力,免疫持续期 1 年以上。

【保存】本疫苗必须在液氮中保存和运输,有效期 2 年。

【注意事项】①本疫苗必须在液氮中保存和运输。②本疫苗从液氮中取出时要防止安瓿炸裂,并防止液氮冻伤。

(三)马立克病 CVI 988 疫苗

本疫苗是由 RispensCVI 988 毒株制备的一种细胞结合性疫苗。

【性状】液态。

【作用与用途】用作 1 日龄健康雏鸡的免疫接种,以预防马立克病。该疫苗具有安全、高效的特点,稀释后可稳定 24 h,适用于种鸡和蛋鸡。

【用法与用量】按瓶签或说明书标明的羽份和剂量用专用疫苗稀释液稀释,每只雏鸡颈部皮下或肌内注射 0.2 mL。

【保存】本疫苗必须保存在液氮中。

【注意事项】①从液氮中提取安瓿后要立即放入事先准备好的 36 ~ 37 ℃ 水浴中,以防安瓿炸裂,造成冻伤。②待疫苗融化后应立即用稀释液稀释,稀释后的疫苗应保存在冰水或 4 ~ 6 ℃ 的容器内。③稀释后的疫苗不能强力振荡,不能冻结,也不能受热。④在接种过程中,应每 5 min 倒转疫苗瓶 1 次。⑤接种时,不能与抗菌药物等混合使用。

(四)马立克病火鸡疱疹病毒 +301B/1 二价苗

本疫苗是用马立克血清Ⅲ型和Ⅱ型毒株制备的二价细胞结合性疫苗。

【性状】液态。

【作用与用途】用于 1 日龄雏鸡免疫,以预防鸡马立克病,免疫效果优于单价苗。

【用法与用量】按瓶签或说明书标明的羽份和剂量用专用稀释液稀释后，每只雏鸡颈部皮下或肌内注射 0.2 mL。

【注意事项】同马立克病 CVI988 疫苗。

(五)马立克病火鸡疱疹病毒 + CVI988/c 双价活毒疫苗

本疫苗是由马立克病血清Ⅲ型和血清Ⅰ型病毒株制备的。

【性状】本品为液态氮储存、淡红色细胞悬液。

【作用与用途】主要用于 1 日龄种鸡或蛋鸡的免疫,如经济许可亦可用于肉鸡。

【用法与用量】疫苗瓶从液氮中取出后迅速放入 25 ℃水浴中快速解冻。以冷的专用稀释液稀释后立即进行接种,按瓶签或说明书标明羽份,每只雏鸡颈背部皮下或腿部肌内注射 0.2 mL。稀释后的疫苗在 2 h 内用完。

【保存】疫苗用液氮储存及运输,稀释液在冷藏处分开存放。

【注意事项】同马立克病 CVI988 疫苗。

四、鸡传染性支气管炎疫苗

传染性支气管炎(IB)是鸡的一种急性、高度接触性的呼吸道疾病,以咳嗽、喷嚏和气管啰音为特征,此外,病鸡还可表现为肾炎综合征、肾脏肿大、尿酸盐沉着、产蛋鸡产蛋量减少和质量下降等。迄今,美国、加拿大、英国和日本等国均有本病流行。本病在我国也很普遍,给养鸡业造成了较大经济损失。

鸡传染性支气管炎病毒的血清型很多,导致发病鸡的临床表现也各不相同,分别有呼吸道型、肾型、生殖道型、肠型以及最近在我国颇为流行的腺胃型等。相应地,疫苗的类型就有呼吸型、肾型及腺胃型等。

我国应用的呼吸型 IB 弱毒疫苗主要是 H120 和 H52 株疫苗。相对来说,H120 株疫苗比较安全,主要应用于初生鸡雏,不同品种鸡均可使用。接种后 5 ~ 8 d 产生免疫力,免疫期为 2 个月。雏鸡用 H120 苗免疫后,至 1 ~ 2 月龄时必须用 H52 疫苗进行加强免疫。H52 株疫苗专供 1 月龄以上鸡使用,初生雏鸡不能应用。这种苗 5 ~ 8 d 产生免疫力,免疫期为 6 个月。为使后代雏鸡获得均匀一致的母源抗体,种鸡在产蛋期最好每隔 10 ~ 20 周接种 1 次 H52 疫苗。

鸡肾型 IB 活疫苗适用于各品种各日龄健康鸡,接种后 5 ~ 8 d 可产生免疫力,首免可持续 4 个月,二免可持续 6 个月。

传染性支气管炎病毒的血清型多,变异快,各血清型与临床表现型之间无特定的对应关系,各种血清型之间也无特定的交叉保护关系,因此各生产厂家都刻意选择抗原谱广的毒株作为疫苗株,如 MASS 株疫苗可交叉保护呼吸道型、肾型、生殖道型和肠型传支。同时,各株间联合制成的双价苗也具有较好的交叉保护作用,如 H120 - 肾型 W 传染性支气管炎二价苗、H52 - 肾型 W 株 IB 二价苗、MASS - CONN 株二价苗等。H120、H52、肾型及 MASS 等毒株常与鸡新城疫病毒联合制成二联苗,用于预防鸡新城疫和传染性支气管炎。

(一)鸡传染性支气管炎弱毒活疫苗

1. 鸡传染性支气管炎 H120 株活疫苗

本品系用鸡传染性支气管炎 H120 弱毒株接种易感鸡胚制成的冻干品。

【性状】本品为乳白色疏松团块,稀释后即溶解成均匀的悬浮液。

【作用与用途】用于预防鸡传染性支气管炎。

【用法与用量】本疫苗用于不同品种的初生雏鸡,用滴鼻、点眼或饮水免疫均可。滴鼻、点眼免疫时,按瓶签注明的羽份,用生理盐水或适宜的稀释液稀释,用滴管吸取疫苗,每只鸡滴鼻 1 ~ 2 滴(0.05 mL)。饮水免疫时要采用无离子的清洁水(蒸馏水、冷开水)稀释疫苗,一般 5 ~ 10 日龄鸡饮水量5 ~ 10 mL/羽。

【免疫期】免疫后 7 d 产生免疫力,免疫期 2 个月。

【保存】依生产厂家不同分别保存于 -15℃以下或 2 ~ 8℃冷暗处,详见厂家说明。

【注意事项】①疫苗稀释后应放冷暗处,必须在 4 h 内用完。②饮水免疫忌用金属容器。③饮用疫苗前一般停水 2 ~ 4 h,要保证每只鸡都能充分饮服,并在短时间内饮完,饮完后停水 1 ~ 2 h 再正常给水。

2. 传染性支气管炎 H52 株活疫苗

本品系鸡传染性支气管炎 H52 株病毒接种易感鸡胚制成的冻干品。

【性状】本品为乳白色疏松团块,稀释后即溶解成均匀的悬浮液。

【作用与用途】专供 1 月龄以上鸡应用,预防鸡传染性支气管炎。

【用法与用量】本疫苗仅用于 1 月龄以上鸡,初生雏鸡禁用。本疫苗可用滴鼻、点眼或饮水法免疫,具体方法同传染性支气管炎 H120 疫苗。

【免疫期】疫苗免疫后 5 ~ 8 d 产生免疫力,免疫期 6 个月。

【保存】同传染性支气管炎 H120 苗。

【注意事项】同传染性支气管炎 H120 苗。

3. 传染性支气管炎 MASS 弱毒苗

本品系采用传染性支气管炎 MASS 弱株毒制备的,其毒力相当于 H120 株疫苗。

【性状】本品为冻干品。

【作用与用途】本疫苗用于健康鸡的接种以预防呼吸道型、肾型、生殖道型及肠型传染性支气管炎。

【用法与用量】可采用滴鼻、点眼、喷雾和饮水法免疫。滴鼻和点眼免疫法用于 1 日龄及 1 日龄以上健康雏鸡的免疫接种;饮水免疫法适用于 2 周龄以上雏鸡的免疫接种;与新城疫Ⅳ苗联用,可对 1 日龄以上鸡用粗雾滴喷雾免疫;4 周龄以上的健康鸡可采用细雾滴喷雾免疫。滴鼻、点眼和饮水免疫法参照鸡传染性支气管炎 H120 苗的用法,喷雾免疫时剂量应加倍。在正常饲养条件下,细雾滴喷雾免疫疫苗的用量按鸡舍设计饲养量(容积)计算,每 1 000 只平养鸡的用量为 400 mL,多层笼养鸡为 200 mL,在饲养不足栏的情况下,仍应使用大致同量的苗。为避免舍内温度升高,细雾滴喷雾免疫最好在清晨进行。在鸡上方 1~1.5 m 处喷雾,让鸡自然吸入飘浮在空气中带有疫苗病毒的雾滴。

【保存】一般为 2~8℃冷暗处,详见厂家说明。

【注意事项】①尽可能同时免疫接种场内所有易感鸡。在免疫接种后 10~14 d,应避免由于工作人员、饲养用具、饲料等的机械传播将疫苗颗粒带入未曾进行免疫的鸡舍中引起感染。②一经开瓶,应将疫苗尽快用完。③接种工作完毕后,应立即将双手洗净并消毒,剩余的药液,应燃烧或煮沸破坏。

4. 传染性支气管炎 MASS 株Ⅱ型弱毒疫苗

本疫苗采用抗原谱较广的 MASS 血清型弱毒株冻干制成,其毒力相当于 H52。

【性状】本品为乳白色疏松团块,稀释后即溶解成均匀的悬浮液。

【作用与用途】用于蛋鸡和肉鸡的再次免疫接种以预防呼吸道型、肾型、生殖道型、肠型传染性支气管炎。

【用法与用量】用于 3 周龄以上的健康鸡免疫,可用滴鼻、点眼或饮水免疫接种。推荐用于经 MASS 株疫苗初次免疫后的鸡的再次免疫。再次免疫可在 3~4 周和 10~12 周龄各进行 1 次。对留作种用和产蛋用的鸡,开产前需进行再次免疫,可选用灭活苗或弱毒苗和灭活苗同时使用。

【保存】同 MASS 株弱毒苗。

【注意事项】同 MASS 株弱毒苗。

5. 鸡传染性支气管炎 H120 - W 株疫苗

本品系用鸡传染性支气管炎 H120 株和肾型 W 株感染鸡胚制成的冻干品。

【性状】本品为微黄色疏松团块,稀释后即溶解成均匀悬浮液。

【作用与用途】用于预防鸡传染性支气管炎(肾型和呼吸道型)。

【用法与用量】用于初生雏鸡,不同品种均可使用。可用于滴鼻、点眼或饮水免疫。滴鼻、点眼免疫时按瓶签标明羽份,用灭菌生理盐水或适宜的稀释液进行稀释(如瓶签注明 500 羽份,则稀释成 25 mL),用滴管吸取疫苗,每只鸡滴鼻 1~2 滴(约 0.05 mL);饮水免疫时,其饮水量根据鸡龄大小而定,5~10 日龄每只 5~10 mL,20~30 日龄每只 10~20 mL,成鸡每只 20~30 mL。

【免疫期】免疫后 5~8 d 产生免疫力,免疫期为 2 个月。

【保存】冻干苗在 -15℃ 以下保存期为 1 年。

【注意事项】①疫苗稀释后应放冷暗处,并限 4 h 内用完。②饮水免疫忌用金属容器。③饮用疫苗前一般停水 2~4 h,要保证每只鸡都能充分饮服,并在短时间内饮完,饮完后停水 1~2 h 再正常给水。

6. 鸡传染性支气管炎 H52 - W 株疫苗

本品系用鸡传染性支气管炎 H52 株和肾型 W 株经易感鸡胚繁殖后制成的冻干品。

【性状】本品为微黄色疏松团块,稀释后即溶解成均匀悬浮液。

【作用与用途】用于预防鸡传染性支气管炎(肾型和呼吸道型)。

【用法与用量】用于 1 月龄以上鸡,初生雏鸡不能使用。可用于滴鼻、点眼或饮水免疫,详细使用方法见 H120 - W 株疫苗。

【免疫期】接种后 5~8 d 产生免疫力,免疫期为 6 个月。

【保存】同传染性支气管炎 H120 - W 株疫苗。

【注意事项】同传染性支气管炎 H120 - W 株疫苗。

7. 鸡新城疫 - 传染性支气管炎二联弱毒苗

详见前述之新城疫 - 传染性支气管炎二联弱毒苗。

(二)鸡传染性支气管炎灭活苗及其联苗

鸡传染性支气管炎灭活苗常用 H52 弱毒株、强毒株及肾型毒株等进行制备。

【性状】本品多为油乳剂,成品为白色乳剂。

【作用与用途】预防鸡传染性支气管炎。

【用法与用量】本品供已预先接种过传染性支气管炎活毒疫苗的种鸡在开产之前接种使用。一些专家建议在种鸡产蛋期间加强免疫 1~2 次,以确保其子代鸡能得到均一且高水平的母源抗体。使用时经由皮下注射0.5 mL/羽。

【保存】储存于2~8℃冷藏箱中,有效期为18个月。

【注意事项】①疫苗严禁冷冻。②使用前要先将疫苗温度回升到室温。

鸡传染性支气管炎油苗的成本较高,故多用于种鸡,为降低成本,常将鸡传染性支气管炎病毒与鸡新城疫病毒等联合制成二联或多联油佐剂灭活苗,在生产中配合其他传染病的免疫进行接种,可应用于任何日龄鸡。较常见的联苗有:鸡新城疫-传染性支气管炎二联油乳剂灭活苗、鸡新城疫-传染性支气管炎-减蛋综合征三联油乳剂灭活苗、新城疫-传染性法氏囊炎-传染性支气管炎三联油乳剂灭活苗、新城疫-传染性支气管炎-鸡毒霉形体三联灭活苗、新城疫-传染性支气管炎-传染性法氏囊炎-呼肠孤病毒四联油乳剂灭活苗及新城疫-传染性支气管炎-传染性法氏囊炎-减蛋综合征四联苗等。油乳剂联苗的保存及使用方法参照同类单苗。

小 知 识

鸡传染性支气管炎的免疫

鸡传染性支气管炎的血清型较多,各血清型之间交叉保护力较弱,各毒株毒力的变异性也很大,临床表现型多种多样,因此鸡IB的免疫机制和持续时间都较为复杂。免疫方法不当、疫苗质量不佳及母源抗体干扰等原因都可能在接种疫苗后出现免疫失败。有时,机体中循环抗体的水平并不能代表鸡的免疫力,有循环抗体的鸡可能没有抵抗力。常用的弱毒疫苗H120和H52株疫苗可与多种血清型病毒产生交叉反应,特别是呼吸型IB病毒,但对肾型病毒株只能提供部分保护力。也就是说,单一血清型疫苗只能对同型IB病毒产生免疫力,对异型病毒只能提供部分保护或根本不保护。各地应根据当地流行的血清型选择疫苗,最好是通过试验找出与本地毒株有交叉保护作用的疫苗。在肾型或腺胃型IB严重发生的地区用同型疫苗免疫可抵抗肾炎、腺胃炎引起的死亡和维持蛋鸡的产蛋率。没有试验条件的鸡场选用诸如MASS株等具有广泛抗原性的疫苗预防各型IB发生也可。

推荐鸡传染性支气管炎免疫程序:

(1)10日龄左右　用适于该日龄雏鸡的传染性支气管炎弱毒苗(如H120、H120-W株、MASS等株疫苗)滴鼻或饮水免疫。30日龄左右用适于 1 月龄以上鸡使用的弱毒苗(如 H52、H52－W 株、MASS Ⅱ 型等株疫苗)加强免疫 1 次。90 d 左右再用适于 1 月龄以上鸡使用的弱毒苗滴鼻、点眼或饮水免疫 1 次,同时肌内注射 1 个剂量的油乳剂苗(多为新一支联苗或结合其他传染病的防疫注射多联苗)。

(2)10～14 日龄时　用鸡新城疫 LaSota 系或克隆 30 与 H120 或 MASS 株联苗滴鼻或饮水免疫。28～35 日龄用 LaSota 系或克隆 30 与 H52 联苗滴鼻、点眼免疫,同时皮下注射新城疫－传染性支气管炎(最好含呼吸型和肾型,或根据当地流行情况确定毒株)二联油乳剂灭活苗半个羽份(0.25 mL)。18～20 周龄用 LaSota 与 H52 苗 2 倍量滴鼻、点眼免疫一次,同时注射新城疫－传染性支气管二联油乳剂苗 1 羽份(或注射多联苗)。

五、鸡传染性喉气管炎疫苗

鸡传染性喉气管炎(ILT)是一种急性接触性传染病,其特征为呼吸困难、咳嗽,常咳出带血的渗出物,典型病变为出血性喉气管炎,喉部和气管黏膜肿胀、出血并形成糜烂。传播快,死亡率较高。本病呈世界性分布,危害严重。我国有些地区也有流行,并且发病日龄有提前的趋势,给养鸡业造成了一定损失。

近十几年来,各种 ILT 疫苗相继问世,疫苗的免疫接种途径也逐渐多样化,如点眼、滴鼻、眶下窦、羽毛囊、气溶胶、刷肛及饮水免疫等都有应用,最常用的为饮水和点眼免疫。最近有研究认为,ILT 病毒可能会感染人,提醒人们在接触 ILT 疫苗和处理病鸡时要注意个人防护,接种疫苗最好不要使用气溶胶方法。

许多 ILT 弱毒苗具有免疫期长、免疫效果好、使用方便等优点,但却具有较强的毒力。接种鸡群的免疫反应比较重,接种鸡也会成为病毒携带者,将 ILT 传染给易感鸡,使 ILT 病毒在鸡群内扩散,造成散毒。因此这种苗只能在 ILT 流行地区应用,并且在免疫后要控制接种鸡舍与易感舍之间的流动 10～14 d,防止疫苗毒的扩散。

鸡 ILT 灭活苗的应用不多。有人认为,灭活苗只能使血清转阳性,不产生免疫力。但是,鉴于弱毒苗存在着散毒的危险,许多国家已开始限制使用,而代之以灭活苗。一些研究也证实灭活苗对不同日龄鸡具有较好的保护性,保护期可达 6 个多月。

（一）鸡传染性喉气管炎 K317 株活疫苗

本品系用鸡传染性喉气管炎弱毒株 K317 接种易感鸡胚繁殖病毒后制成的冻干品。

【性状】本品为乳白色疏松团块，稀释后即溶解成均匀的悬浮液。

【作用与用途】用于预防鸡传染性喉气管炎。

【用法与用量】按瓶签注明羽份，用灭菌生理盐水或适宜的稀释液稀释，使疫苗充分溶解，然后用灭菌滴管吸取疫苗，每只鸡点眼 1 ~ 2 滴（约 0.05 mL）。适用于 5 周龄以上鸡。

【免疫期】免疫持续期为 6 个月。

【保存】详见厂家说明。

【注意事项】①在接种 3 d 后，部分鸡有轻度眼结膜反应，3 ~ 4 d 即恢复。②鸡群有慢性呼吸道病、球虫病、寄生虫病时，使用效果不稳定。有其他传染病流行时不能使用。③鸡场内发生本病时，迅速使用本品，可减少损失。④不宜用饮水、喷雾法接种。⑤疫苗稀释后应在 3 h 内用完。⑥为防止鸡眼发生结膜炎，稀释疫苗时每羽份加入青霉素、链霉素各 500 IU。

（二）鸡传染性喉气管炎 S 株活疫苗

本疫苗为传染性喉气管炎 S 毒株经敏感鸡胚繁殖而成。

【性状】本品为冻干品。

【作用与用途】本疫苗专用于鸡和火鸡免疫。

【用法与用量】根据瓶签标明的羽份，使用专用稀释液或适宜的稀释液进行稀释，可用于滴鼻、点眼、刷肛或饮水免疫。点眼免疫不适于被支原体感染的鸡群；刷肛时要用厂家提供的专用刷子，刷在暴露的泄殖腔黏膜表面，每500 只鸡换一把刷子。饮水免疫法也适于不被支原体感染的鸡群。将疫苗溶解后，2 周龄鸡 1 000 羽份苗加水 10 L，8 周龄加水 20 L，再大一些的鸡加水 40 L。免疫前断水 2 ~ 3 h，不要使用氯气消毒的自来水，如果使用可疑的无菌蒸馏水，则应每 10 L 水加 50 g 脱脂奶粉。含疫苗的水应该在 1 h 内饮完，饮完之前不要添加任何水，使含疫苗的水成为免疫期间唯一的水源。

【保存】详见厂家说明。

【注意事项】①点眼免疫后可能会在眼睛四周出现轻微的反应，一般维持3 d。刷肛免疫后 1 ~ 2 d 可出现轻微的红肿，4 ~ 7 d 后消失。②一次溶解、稀释的疫苗必须立刻使用，剩余疫苗应当销毁。③免疫仅针对健康鸡群。④使用优质的无消毒剂的清洁饮水器。⑤疫苗要避免高温和直射的阳光。⑥消毒衣服和鞋,接触疫苗后彻底洗手。

(三)鸡传染性喉气管炎 TM 弱毒苗

本疫苗是采用致弱的传染性喉气管炎病毒经鸡胚培养后制成的。

【性状】本品为冻干品。

【作用与用途】用于健康鸡免疫接种和紧急接种,以预防传染性喉气管炎。

【用法与用量】用于点眼免疫,于 3~4 周龄时进行免疫。若疫情需要,可提早至 10 日龄进行免疫。首免不可过迟,否则会有较强反应,二免至少在开产前 4 周进行。暴发传染性喉气管炎的农场,所有未曾接种过疫苗的鸡,均应进行疫苗的紧急接种。紧急接种应从高发病鸡群最远的健康鸡开始,直至发病群。

【免疫期】免疫后 4~5 d 即可产生免疫力,并可维持大约 1 年时间。

【保存】详见厂家说明。

【注意事项】①稀释后的疫苗易失效,应在 3 h 内用完。②在同一天内免疫同群所有的鸡。③作为一种预防措施,应控制接种鸡舍与未接种易感舍之间的流动 10~14 d。④接种工作完毕,双手应立即洗净并消毒。剩余药液应以燃烧或煮沸破坏。接种后 4 d 可能发生轻度眼结膜反应。此反应在干燥、多尘的栏舍更易发生,但是大约 3 d 后症状可自行消失。⑤在支原体感染的鸡群,接种后会引起较严重的反应,故接种前后 3 d 内应使用有效的治疗支原体病药物。⑥在接种前后 3 d 用多维和电解质饮水可降低疫苗接种反应。

小 知 识

传染性喉气管炎的免疫

首免应在 2~3 周龄进行,免疫后 4~5 d 即可产生免疫力,免疫期可继续 6 个月。肉鸡免疫 1 次即可,种鸡和蛋鸡应在 10~18 周龄进行第二次免疫。二免免疫期可持续 1 年左右。有呼吸道疾病的鸡群不宜进行 ILT 的免疫。还应注意在进行 ILT 免疫的前后 1 周内不进行其他呼吸道病的免疫。免疫前后可在饮水中添加多种维生素和抗生素,以减少应激和继发感染。ILT 疫苗还可用于发病时的紧急预防接种,对于发病场的所有未接种疫苗鸡均应进行紧急接种。紧急接种应从离发病群最远的健康鸡开始,直至发病群。

六、禽脑脊髓炎疫苗

禽脑脊髓炎(AE)是一种主要侵害雏鸡的病毒性传染病。鸡、火鸡、野鸡和鹌鹑自然易感。1~4周龄雏鸡表现神经症状,如共济失调、瘫痪或头颈快速颤动。成年产蛋鸡产蛋率降低10%~15%。

禽脑脊髓炎常用的疫苗主要是活毒疫苗,免疫方法有饮水和翼膜穿刺两种,两种途径免疫均可诱导出有效的免疫反应。免疫日龄应严格按照厂家的要求,一般为10~18周龄,切不可提前或延后。也就是说,10周龄以内雏鸡和产蛋期鸡禁止使用AE苗。给10周龄以下雏鸡接种可能会引起发病;产蛋鸡接种可能会导致产蛋量下降10%~15%,时间从10 d至2周,免疫鸡应避免接触产蛋鸡和10周龄以下鸡,以防传染。由于AE活疫苗的毒性较强,因此主要在疫区使用。免疫仅针对健康鸡群,使用时应严格参照说明书,并有专职兽医人员监督。免疫的同时不要投给治疗药物,宰杀前21 d内不要进行免疫,免疫后5周内的种蛋禁止用于孵化。AE病毒可以与鸡痘病毒联合制成二联苗,翼膜刺种用于预防AE及鸡痘。

(一)禽脑脊髓炎疫苗

本疫苗系采用致弱的脑脊髓炎病毒制成的。

【性状】本品为冻干品。

【作用与用途】用于后备蛋鸡及种鸡免疫接种,以预防鸡的脑脊髓炎。

【用法与用量】本疫苗用于种鸡能使子代鸡具有抵抗力,用于蛋鸡可以预防由脑脊髓炎偶发的产蛋下降。育成健康鸡于8周龄以上,但不迟于开产前4周的适当时间或于换羽期进行本疫苗的接种。无论如何,接种后1个月内所产的蛋不能用于孵化。接种方法采用饮水免疫或刺种。刺种时先按照瓶签标明剂量将疫苗适当稀释后,用刺种针蘸取疫苗,在鸡翅内侧无血管处刺种;饮水免疫时免疫前应至少禁水2 h,将疫苗用深井水、冷开水或蒸馏水稀释后,让鸡饮服。

【免疫期】种母鸡或蛋鸡在疫苗接种后3~4周产生完全免疫力,能够保护雏鸡或产蛋鸡抵抗禽脑脊髓炎病毒的攻击。

【保存】详见厂家说明。

【注意事项】①小于8周龄及开产前4周以上鸡不可使用该疫苗;产蛋鸡不能接种该疫苗,否则会在10~14 d内使产蛋量下降10%~15%;接种后不足4周所产的蛋不能用于孵化,以防仔鸡由于垂直传播而发病,屠宰前21 d

内不要进行免疫接种。②病弱鸡不宜应用本疫苗。③本疫苗对日照、热、消毒剂和清洁剂敏感,应避免接触这些有害环境,并于稀释后立即接种。④在不同周龄混饲鸡场,应严格避免8周龄以下鸡接触疫苗。⑤剩余疫苗应当销毁。

(二)禽脑脊髓炎 + 鸡痘弱毒苗

本品系采用禽脑脊髓炎病毒和温和的鸡痘病毒制成的。

【性状】本品为冻干品。

【作用与用途】用于健康蛋鸡和种鸡的免疫接种,以预防禽脑脊髓炎和鸡痘。

【用法与用量】产蛋鸡和种鸡于开产前 4 ~ 8 周进行翼膜刺种。使用时按瓶签标明羽份进行稀释后,用刺种针蘸取疫苗,在鸡翅内侧无血管处刺种。

【保存】详见厂家说明。

【注意事项】①接种后第四天,接种部位出现微肿,出现黄色或红色肿起的痘疹,并持续 3 ~ 4 d,第九天于刺种部位形成典型的痘斑结节者为接种成功,否则应再次接种。②1 周龄以下及开产前 4 周以上的鸡禁止接种本疫苗。③接种本疫苗前后 14 d 不要接种其他疫苗。④屠宰前 21 d 不得接种本疫苗。⑤疫苗一经开瓶启用应一次用完。⑥接种工作完毕,双手应立即洗净并消毒,剩余药液应加以燃烧或煮沸破坏。

七、鸡减蛋综合征疫苗

产蛋下降综合征又称减蛋综合征,是由 EDS - 76 病毒引起的以产蛋量下降(20% ~ 50%)、产软壳蛋或蛋壳颜色变淡为特征的鸡的一种传染病。EDS - 76 首先由荷兰于 1976 年报道。我国于 20 世纪 80 年代末开始流行,是影响养禽业的重要疫病之一。

目前,国内外预防鸡减蛋综合征(EDS - 76)多采用油乳剂灭活苗,我国大部分地区采取 14 ~ 18 周龄鸡皮下或肌内注射的方法。免疫后 7 d 可产生抗体,2 ~ 5 周时达到高峰,免疫期至少持续 1 年。我国大部分地区目前对本病都进行一次免疫接种,但一次接种后也还有发病的现象。对于发病鸡场、群进行紧急接种可能会尽快阻止产蛋率继续下降,促进回升。同居鸡群也应尽早进行免疫接种。在疫区引入的鸡群在育雏期就应接种疫苗,产蛋前再强化免疫,这样可使抗体水平大幅度提高,控制 EDS - 76 的发生。

(一)鸡产蛋下降综合征油乳剂灭活苗

本品系用禽腺病毒鸭胚培养物经灭活后加油佐剂乳化而成。

【性状】成品为白色乳剂。

【作用与用途】用于预防种鸡、蛋鸡产蛋下降综合征。

【用法与用量】于鸡群开产前2~4周进行免疫接种。使用时将疫苗充分摇匀,每只鸡皮下或肌内注射0.5 mL。

【保存】4℃条件下避光保存,有效期可达1年,20℃为6个月。

【注意事项】①本疫苗切勿冻结。②用前应使疫苗温度升至室温。③疫苗在使用前应认真检查,如发现瓶体破裂、疫苗变质等现象均不能使用。④疫苗使用前必须摇匀,启封后限当天用完。

(二)鸡产蛋下降综合征 - 新城疫二联油乳剂灭活苗

本品系用鸡新城疫高抗原性毒株和禽腺病毒经培养后灭活,并用矿物油乳化而成。

【性状】成品为白色乳剂。

【作用与用途】用于种鸡和蛋鸡的免疫接种,以预防新城疫和减蛋综合征。

【用法与用量】同鸡产蛋下降综合征油乳剂灭活苗。

【保存】同鸡产蛋下降综合征油乳剂灭活苗。

【注意事项】同鸡产蛋下降综合征油乳剂灭活苗。

八、鸡病毒性关节炎疫苗

鸡病毒性关节炎(AVA)又称传染性腱鞘炎、腱炎腱裂综合征、呼肠孤病毒性肠炎、呼肠孤病毒性败血症。在鸡群中几乎100%的鸡都会受到感染,但死亡率较低,一般低于10%或1%。AVA的主要特征是肉用型鸡胚和跗关节上方腱索肿大,伸腱鞘和趾屈腱鞘肿胀,跛行、蹲坐,不愿走动,腓肠肌腱破裂。本病病原为鸡病毒性关节炎病毒,属于呼肠孤病毒科呼肠孤病毒属。

AVA活疫苗最常用的弱毒株有S1133、UW0207等,用于7日龄以上雏鸡。现在还有专用于6~8周龄鸡二次免疫的AVA疫苗,该苗对幼鸡有致病性,不宜用于小鸡,但免疫原性较好。由于本病病毒的血清型比较多,每株病毒的抗原性都有限,即一种毒株的抗原只能预防和抵抗同一血清型的病毒的侵袭,因此鸡场在未确定病毒的血清型之前,最好采用抗原性广的多价苗进行预防接种。

AVA灭活苗是由抗原性相似的几株病毒如S1133、S1733、S2408和C08经灭活后制备的油乳剂苗。目前国内外已有多种油乳剂灭活苗出售,还有一些与鸡新城疫病毒等联合研制出的二联或多联苗,对不同品种、不同日龄种鸡进行免疫效果良好,对原种鸡、祖代鸡和父母代种鸡都适用。最好在育成期按免疫程序接种活疫苗后再于产蛋前注射灭活苗,能使仔鸡获得高水平的母源抗体。

(一)鸡病毒性关节炎活毒疫苗

本疫苗是采用禽呼肠孤病毒弱毒株经鸡胚繁殖而成。

【性状】本品为冻干品。

【作用与用途】本品用于鸡的免疫,以预防病毒性关节炎。

【用法与用量】皮下注射 0.2 mL/羽。

【保存】详见厂家说明。

【注意事项】①雏鸡接种鸡病毒性关节炎疫苗的时间需与马立克病及传染性法氏囊炎弱毒苗的免疫接种时间相隔 5 d 以上。②母鸡在产蛋期一般不宜进行免疫接种。③免疫仅针对健康鸡群。④疫苗要避免高温和直射的阳光。⑤一次溶解、稀释的疫苗必须立刻使用,尽快用完,剩余疫苗应当销毁。⑥消毒衣服和鞋,接触疫苗后彻底洗手。

(二)鸡病毒性关节炎灭活苗

本品系采用禽呼肠孤病毒弱毒株培养物制成的油乳剂灭活苗。

【性状】成品为白色乳剂。

【作用与用途】用于预防鸡病毒性关节炎。

【用法与用量】皮下或肌内注射,注射剂量随疫苗生产厂家不同而异。一般来说,单苗 0.2 mL,与其他病毒的联苗注射 0.5 mL。

【保存】4 ℃保存,有效期为 6 个月。

【注意事项】①本品严禁冻结。②用前和使用中要充分摇匀。③用前应将疫苗温度升至室温。④一经开瓶,应在 24 h 内将瓶内疫苗用完。

小 知 识

病毒性关节炎的免疫

1 日龄雏鸡使用活疫苗可能会干扰鸡马立克病的免疫接种,雏鸡在接种本疫苗的前后 5 d 内不宜接种马立克病和传染性法氏囊炎等病的活疫苗,因此最好在 7~12 日龄进行首免。肉鸡免疫 1 次即可,蛋鸡和种鸡在 4~10 周龄时再加强免疫一次。二免的具体时间依所用疫苗的种类及首免产生抗体的情况而定。为保证种鸡具有较强的免疫力,最好在 14~16 周龄进行第三次免疫接种,也可在开产前接种一次灭疫苗。

> 推荐鸡病毒性关节炎免疫程序：
>
> 7～12日龄鸡首免接种弱毒苗,4周后二免再次接种弱毒苗,14～16周龄时或开产前用灭活苗进行第三次免疫。如使用苏威弱毒苗,则首免使用小鸡用病毒性关节炎苗,二免和三免用大鸡用病毒性关节炎苗。

九、鸡传染性贫血疫苗

鸡传染性贫血(CIAV)是由鸡贫血病毒引起的以再生障碍性贫血、全身淋巴组织萎缩、淋巴组织衰竭为特征的一种疾病,该病也被称为蓝翅病、出血性综合征以及贫血性皮炎综合征等。日本、德国、英国、瑞典、美国、澳大利亚、荷兰、丹麦和波兰等有报道。我国已有该病存在。

鸡传染性贫血疫苗是减毒活疫苗,还具有一定的毒力,因此只能在疫区使用。于12～16周龄时将疫苗用于种鸡饮水免疫可使鸡产生强免疫力,并能持续到60～65周龄,雏鸡通过母源抗体获得免疫力。应特别注意,在开产前4周内不能进行鸡传染性贫血疫苗的免疫接种,以免通过种蛋将疫苗毒传给雏鸡,造成损失。种鸡免疫6周后所产的蛋才能留作种用。这个时期的种蛋不仅母源抗体高,保护力强,还不会将疫苗毒传给雏鸡。

鸡传染性贫血活疫苗系由致弱的鸡传染性贫血病毒制备而成的。

【性状】本品为冻干品。

【作用与用途】用于疫区种鸡,预防子代雏鸡的传染性贫血。

【用法与用量】疫苗用于种鸡,在12～16周龄饮水免疫,免疫后6周产生强的免疫力,并能持续到60～65周龄,雏鸡通过母源抗体获得免疫力。

【保存】详见厂家说明。

【注意事项】①疫苗毒力较强,禁止在非疫区使用。②不能在开产前4周内实施疫苗接种。③启封后的疫苗应尽快用完,剩余疫苗应销毁。④接种后要注意操作人员手、衣服和鞋的消毒。

十、鸡痘疫苗

鸡痘是一种常见的急性、热性、高度接触性禽类病毒性传染病。鸡痘病毒为痘病毒科禽痘病毒属的代表种。当前,用于预防本病的疫苗有鹌鹑化活疫苗、鸡胚化活疫苗、组织培养活疫苗和鸽痘活疫苗等。

鸡痘疫苗包括鸡痘鹌鹑化弱毒疫苗、鸡痘鸡胚化弱毒疫苗、鸡痘组织培养弱毒疫苗以及鸽痘源鸡痘蛋白明胶弱毒疫苗等。鸡痘鹌鹑化弱毒疫苗可用于正常免疫及紧急接种,使用此疫苗时雏鸡反应较大,不宜用于6日龄以下鸡。鸡痘鸡胚化弱毒疫苗的免疫原性较好,但对幼鸡常有较高毒力,一般用于较大日龄鸡或加强免疫。鸡痘组织培养弱毒疫苗对鸡比较安全,免疫力也较好,适于各日龄鸡应用。鸽痘源鸡痘蛋白明胶弱毒疫苗是一种异源疫苗,对鸡比较安全,适用于各日龄的鸡。

(一)鸡痘鹌鹑化弱毒疫苗

本品系用鸡痘鹌鹑化弱毒株接种鸡胚绒毛尿囊膜或鸡胚细胞培养物制成的冻干品。

【性状】成品为淡黄色疏松团块,稀释后即溶解成均匀的悬浮液。

【作用与用途】用于预防鸡痘。

【用法与用量】使用时按瓶签注明的羽份,用生理盐水根据鸡的日龄确定疫苗的稀释倍数,然后用鸡痘刺种针或钢笔尖蘸取稀释的疫苗,在鸡翅膀内侧无血管处皮下刺种;每瓶500羽份的疫苗,6~20日龄雏鸡免疫时稀释成50 mL刺1针;20~30日龄雏鸡稀释成25 mL刺1针;30日龄以上雏鸡稀释成25 mL刺2针。

【免疫期】疫苗接种后10~14 d产生免疫力,对大、小鸡均有良好作用。成鸡免疫期可持续5个月,雏鸡2个月。

【保存】详见厂家说明。

【注意事项】①疫苗稀释后置冷暗处,限当天用完。②6日龄以下鸡对本苗反应较重,不宜应用。③用过的疫苗瓶、器具、稀释后剩余的疫苗等污染物必须消毒处理。④鸡群刺种后1周应逐个检查,接种部位应形成痘痂,1~2周后自行脱落;刺种部无反应者,应重新刺种。⑤勿将疫苗溅出或触及鸡接种区域以外任何部位。

(二)鸽痘源鸡痘蛋白明胶弱毒疫苗

【性状】本品为冻干品。

【作用与用途】用于预防禽痘,特别是初生雏鸡及鸽。

【用法与用量】拔去初生雏鸡腿外侧羽毛20余根,用煮沸消毒过的毛笔蘸取1:10倍稀释的此种疫苗并涂擦于羽毛囊孔内。

【免疫期】免疫后6~8 d产生免疫力,免疫期为3~4个月。

【保存】参见厂家说明。

【注意事项】接种本疫苗 7～10 d 时应观察接种部位有无典型的羽囊红肿,如有这种现象证明免疫成功,否则必须重新接种。

(三)禽脑脊髓炎 – 鸡痘二联弱毒苗

详见禽脑脊髓炎疫苗所述。

十一、禽流感疫苗

禽流感,又称真性鸡瘟,由 A 型禽流感病毒的高致病力毒株引起,表现为亚临床症状、轻度呼吸道疾病、产蛋量降低及急性死亡。该病广泛分布于美国、爱尔兰、英国、加拿大、意大利、澳大利亚、法国及中国香港等,对世界养禽业已造成了巨大经济损失。依据病毒血凝素(HA)和神经氨酸酶(NA)的抗原特性将 A 型流感病毒分成亚型,目前有 15 种特异的 HA 和 9 种特异的 NA。其中,禽 H5 和 H7 分离物为高致病力毒株。

禽类对 15 个 HA 亚型流感病毒易感,感染后 7～10 d 便可产生抗体。由于对禽类感染的病毒亚型不能预测,而制备对所有亚型都起保护作用的疫苗又不现实。实践证明,当流感暴发,只要确认病毒亚型,再接种相应病毒亚型的灭活疫苗对缓解临床症状和死亡具有很好的效果。但其缺点是:接种疫苗后,血清学监测受到限制,同时在不发病时病毒仍会发生感染和长期存留。免疫后的鸡不能阻止病毒感染,但可减少排毒,降低病毒传播的可能性。在弱毒力禽流感暴发时,应慎重使用疫苗,以延缓和降低高致病力病毒发生的机会。灭活单价或多价疫苗辅以佐剂可促进产生抗体,降低死亡率、感染率并防止产蛋下降。

目前,人们已用基因工程技术分离到血凝素基因(特别是 H5 和 H7),并把它们插入诸如痘病毒、痘苗病毒、杆状病毒和反转录病毒等病毒载体中,外源表达该蛋白;此外还制成 DNA 疫苗直接免疫鸡。这些疫苗已成功地用于家禽的免疫和保护,是未来禽流感疫苗的发展方向。但新型疫苗在不同家禽、不同的区域和不同致病力的流感病毒中的作用还在争论中。禽流感病毒正在被研究作为基因供体,用来制备人的弱毒疫苗。

(一)禽流感灭活疫苗(H9 亚型,F 株)

本疫苗系用 A 型禽流感病毒 A/Chicken/Shanghai/1/98(H9N2 株,简称 F 株)接种鸡胚培养后,收获感染胚液,经甲醛溶液灭活后,加矿物油佐剂乳化制成。

【性状】本品为乳白色乳状液。

【作用与用途】用于预防由 H9 亚型禽流感病毒引起的禽流感。

【用法与用量】颈部中下 1/3 皮下注射,或胸部肌内注射。2 周龄以内的雏鸡每只注射 0.2 mL;2 周龄至 2 月龄的鸡每只注射 0.3 mL;2 月龄以上的鸡每只注射 0.5 mL;蛋鸡,在开产前 2～3 周每只 0.5 mL。

【免疫期】2 周龄以内雏鸡的免疫期为 2 个月,2 周龄以上鸡的免疫期为 5 个月。

【保存】2～8℃保存,有效期为 1 年。

【注意事项】①疫苗在使用前应仔细检查,如发现破乳、苗中混有杂质或异物等均不能使用。②本疫苗切勿冻结,冻结后的疫苗严禁使用。在使用前应先使其升至室温并充分摇匀,疫苗启封后限当日用完。③注射时所用器具需事先进行消毒。接种时应做局部消毒处理。④接种后剩余疫苗、空瓶、稀释和接种用具等应消毒处理。⑤用于肉鸡时,屠宰前 21 d 内禁止使用。用于其他鸡时,屠宰前 42 d 内禁止使用。

(二)禽流感灭活疫苗(H5 亚型,N28 株)

本疫苗系用 A 型禽流感病毒 A/Turkey/England/N28/73(H5N2 株,简称 N28 株)接种鸡胚培养后,收获感染胚液,经甲醛溶液灭活后,加矿物油佐剂乳化制成。

【性状】本品为乳白色乳状液。

【作用与用途】用于预防由 H5 亚型禽流感病毒引起的禽流感。

【用法与用量】颈部中下 1/3 皮下注射,或胸部肌内注射。2～5 周龄鸡每只注射 0.3 mL。5 周龄以上的鸡每只注射 0.5 mL。

【免疫期】接种后 14 d 产生免疫力,免疫期为 4 个月。

【保存】2～8℃保存,有效期为 1 年。

【注意事项】①疫苗在使用前应仔细检查,如发现破乳、苗中混有杂质或异物等均不能使用。②禽流感病毒感染鸡或健康状态异常鸡切忌注射本品。③本疫苗切勿冻结,冻结后的疫苗严禁使用。在使用前应先使其升至室温并充分摇匀,疫苗启封后限当日用完。④注射时所用器具需事先进行消毒。接种时应做局部消毒处理。⑤接种时应及时更换针头,最好一只鸡一个针头。⑥接种后剩余疫苗、空瓶、稀释和接种用具等应消毒处理。⑦屠宰前 28 d 内禁止使用。

(三)禽流感重组鸡痘病毒载体活疫苗(H5 亚型)

本疫苗含能表达 H5 亚型禽流感病毒 HA 组 NA 蛋白的重组鸡痘病毒。

【性状】本品为淡黄色或淡红色海绵状疏松团块,易脱离瓶壁,加入稀释液后即迅速溶解。

【作用与用途】用于预防由 H5 亚型禽流感病毒引起的禽流感。

【用法与用量】用灭菌生理盐水稀释疫苗(1 000 羽份稀释成 50 mL,500 羽份稀释成 25 mL),翅膀内侧无血管处皮下刺种,2 周龄以上的鸡每只0.05 mL。

【免疫期】免疫期为 9 个月。

【保存】-15℃保存,有效期为 2 年。

【注意事项】①本疫苗仅用于接种健康鸡,体弱等状态不良的鸡不能使用。②接种过鸡痘疫苗的鸡可在 4 周后接种本疫苗,或同时接种鸡痘苗和本疫苗,在鸡的两个翅膀无血管处一边刺一针,不影响免疫效果。③疫苗在使用前应仔细检查,如发现破损、苗中混有杂质或异物等均不能使用。④注射时所用器具需事先进行消毒。接种时应做局部消毒处理。疫苗应现用现配,稀释后的疫苗限当日用完。⑤接种后剩余疫苗、空瓶、稀释和接种用具等应消毒处理。⑥禁止疫苗与消毒剂接触。

(四)重组禽流感病毒灭活疫苗(H5N1 亚型,Re-1 株)

本疫苗含灭活的重组禽流感病毒 H5N1 亚型 Re-1 株。

【性状】本品为乳白色乳状液。

【作用与用途】用于预防由 H5 亚型禽流感病毒引起的鸡、鸭、鹅禽流感。

【用法与用量】颈部中下 1/3 皮下注射,或胸部肌内注射。2~5 周龄鸡每只注射 0.3 mL;5 周龄以上的鸡每只注射 0.5 mL。2~5 周龄鸭、鹅每只0.5 mL,5 周龄以上的鸭每只 1.0 mL,5 周龄以上的鹅每只 1.5 mL。免疫期接种后 14 d 产生免疫力,免疫期为 6 个月。鸭、鹅首免后 3 周,加强免疫 1 次,免疫期为 4 个月。

【保存】2~8℃保存,有效期为1年。

【注意事项】①疫苗在使用前应仔细检查,如发现破乳、苗中混有杂质或异物等均不能使用。②禽流感病毒感染禽或健康状态异常的禽切忌注射本品。③本疫苗切勿冻结,冻结后的疫苗严禁使用。在使用前应先使其升至室温并充分摇匀,疫苗启封后限当天用完。④注射时所用器具需事先进行消毒。接种时应做局部消毒处理。⑤接种时应及时更换针头,最好一只鸡一个针头。⑥接种后剩余疫苗、空瓶、稀释和接种用具等应消毒处理。⑦屠宰前28 d内禁止使用。⑧产蛋高峰期使用本品,会引起一过性产蛋下降,但短时间可恢复。

(五)重组禽流感病毒灭活疫苗(H5N1 亚型,Re-4 株)

本疫苗含灭活的重组禽流感病毒 H5N1 亚型 Re-4 株。

【性状】本品为乳白色乳状液。

【作用与用途】用于预防由 H5 亚型禽流感病毒引起的鸡、鸭、鹅禽流感。

【用法与用量】同重组禽流感病毒灭活疫苗(H5N1 亚型,Re-1 株)。

【免疫期】同重组禽流感病毒灭活疫苗(H5N1 亚型,Re-1 株)。

【保存】同重组禽流感病毒灭活疫苗(H5N1 亚型,Re-1 株)。

【注意事项】同重组禽流感病毒灭活疫苗(H5N1 亚型,Re-1 株)。

(六)重组禽流感病毒 H5 亚型二价灭活疫苗(H5N1,Re-1 株 + Re-4 株)

本疫苗含灭活的重组禽流感病毒 H5N1 亚型 Re-1 株和 Re-4 株。

【性状】本品为乳白色乳状液。

【作用与用途】用于预防由 H5 亚型禽流感病毒引起的禽流感。

【用法与用量】颈部中下 1/3 皮下注射,或胸部肌内注射。2~5 周龄鸡每只注射 0.3 mL;5 周龄以上的鸡每只注射 0.5 mL。

【保存】2~8 ℃保存,有效期为1年。

【注意事项】①疫苗在使用前应仔细检查,如发现破乳、苗中混有杂质或异物等均不能使用。②禽流感病毒感染鸡或健康状态异常鸡切忌注射本品。③本疫苗切勿冻结,冻结后的疫苗严禁使用。在使用前应先使其升至室温并充分摇匀,疫苗启封后限当天用完。④注射时所用器具需事先进行消毒。接种时应做局部消毒处理。⑤接种时应及时更换针头,最好一只鸡一个针头。⑥接种后剩余疫苗、空瓶、稀释和接种用具等应消毒处理。⑦屠宰前28 d内禁止使用。

（七）禽流感（H5＋H9）二价灭活疫苗（H5N1Re－1＋H9N2Re－2 株）

本疫苗含灭活的重组禽流感病毒 H5N1 亚型 Re－1 株和 H9N2 亚型 Re－2 株。

【性状】本品为乳白色乳状液。

【作用与用途】用于预防由 H5 和 H9 亚型禽流感病毒引起的禽流感。

【用法与用量】颈部中下 1/3 皮下注射，或胸部肌内注射。2～5 周龄鸡每只注射 0.3 mL,5 周龄以上的鸡每只注射 0.5 mL。

【免疫期】免疫期为 5 个月。

【保存】2～8℃保存,有效期为 1 年。

【注意事项】同重组禽流感病毒 H5 亚型二价灭活疫苗（H5N1,Re－1 株＋Re－4 株）。

（八）禽流感灭活疫苗（H9 亚型,SD696 株）

本疫苗系用 A 型禽流感病毒 A/Chicken/Shandong/6/96（H9:N2 株,简称 SD696 株）接种鸡胚培养后,收获感染胚液,经甲醛溶液灭活后,加矿物油佐剂乳化制成。

【性状】本品为乳白色乳状液。

【作用与用途】用于预防由 H9 亚型禽流感病毒引起的禽流感。

【用法与用量】颈部中下 1/3 皮下注射,或胸部肌内注射。2～5 周龄鸡每只注射 0.3 mL,5 周龄以上的鸡每只注射 0.5 mL。

【免疫期】接种后 14 d 产生免疫力,免疫期为 5 个月。

【保存】2～8℃保存,有效期为 1 年。

【注意事项】同重组禽流感病毒 H5 亚型二价灭活疫苗（H5N1,Re－1 株＋Re－4 株）。

（九）禽流感的二联、三联疫苗

禽流感－新城疫重组二联活疫苗（rL－H5 株）

本疫苗含禽流感重组新城疫病毒 rL－H5 株。

【性状】本品为淡黄色海绵状疏松团块,易脱离瓶壁,加入稀释液后即迅速溶解。

【作用与用途】用于预防鸡的 H5 亚型禽流感和新城疫。

【用法和用量】按瓶签注明羽份,用生理盐水或适宜的稀释液稀释。首免建议用点眼、滴鼻或肌内注射。点眼、滴鼻接种每只 0.1 mL(含 1 羽份),或腿部肌注 0.2 mL(含 1 羽份)。二免后加强免疫,如采用饮水免疫,剂量应加倍。

推荐的免疫程序为:母源抗体降至4lg2以下或2~3周龄时首免(肉雏鸡可提前至10~14 d),首免3周后加强免疫;以后每间隔8~10周或新城疫HI抗体滴度降至4lg2以下,肌内注射、点眼或饮水加强免疫1次。

【保存】-20℃以下保存,有效期为18个月。

【注意事项】①本疫苗仅用于接种健康鸡。体弱等状态不良的鸡不能使用。②疫苗在使用前应仔细检查,如发现破损、苗中混有杂质或异物等均不能使用。③注射时所用器具需事先进行消毒。接种时应做局部消毒处理。疫苗应现用现配,稀释后的疫苗应在2 h内用完。④饮水免疫忌用金属容器,所用的水不得含有氯离子或其他消毒剂。免疫前鸡群要停水4 h左右,保证每只鸡都能充分饮服。⑤接种后剩余疫苗、空瓶、稀释和接种用具等应消毒处理。⑥禁止疫苗与消毒剂接触。⑦本疫苗接种之前及接种之后2周内,应绝对避免其他任何形式新城疫疫苗的使用;与鸡传染性支气管炎、鸡传染性法氏囊炎等其他活疫苗的使用应相隔5~7 d,以免影响免疫效果。

此外,还有鸡新城疫-禽流感(H9亚型)二联灭活疫苗、鸡新城疫(La-Sota株)-传染性支气管炎(M41株)-禽流感(H9亚型,HL株)三联灭活疫苗。

十二、鸡大肠杆菌苗

大肠杆菌病是由病原性大肠杆菌引起的多种动物共患的局部或全身性感染的疾病的总称,常引起人和动物的严重腹泻和败血症。随着大型集约化养殖业的发展,病原性大肠杆菌对畜牧业所造成的危害已日益明显。鸡大肠杆菌病主要病型和特征是胚胎和幼雏死亡、败血症、气囊炎、腹膜炎、卵巢炎、输卵管炎、脐炎及肉芽肿等。病原主要是病原性大肠杆菌 SEPEC 中的 O_1、O_2、O_{36} 和 O_{78} 等血清型。

鸡大肠杆菌病疫苗可分为大肠杆菌铝胶佐剂灭活苗、油佐剂灭活苗、蜂胶佐剂灭活苗和亚单位灭活苗等。铝胶佐剂灭活苗的保护率可达75%以上,免疫期可达4个月;油佐剂灭活苗的免疫保护率可达80%以上,免疫期为6个月;蜂胶佐剂灭活苗的保护率据报道略高于油佐剂苗。由于佐剂中含有乙醇,注射后可有不同程度的萎靡、嗜睡等症状,不影响鸡健康,1~2 d即可恢复,免疫期可达6个月;亚单位灭活苗一般由纤毛或荚膜亚单位研制而成,免疫反应小,对鸡安全,免疫原性也较好,但成本也较高。

(一)鸡大肠杆菌铝胶佐剂灭活苗

本品为多价灭活苗。

【性状】成品静置后上层为浅黄色澄明液体,下层为灰白色沉淀物,摇匀后呈均匀混浊液。

【作用与用途】用于1月龄以上鸡预防大肠杆菌病。

【用法与用量】使用时将疫苗摇匀,于鸡的颈背侧皮下注射疫苗0.5 mL。

【免疫期】免疫期为4个月。

【保存】疫苗在2~15 ℃冷暗处保存有效期为1年,16~28 ℃保存有效期为6个月。

【注意事项】①疫苗避免冰冻。②使用时应将疫苗摇匀。

(二)大肠杆菌油乳剂灭活苗

本品为鸡源性致病性大肠杆菌纯培养物经灭活后加矿物油乳化而成。

【性状】成品为白色乳剂。

【作用与用途】用于预防鸡大肠杆菌病。

【用法与用量】商品肉鸡在20日龄左右免疫1次,颈部皮下注射0.3 mL/只;蛋鸡、种鸡在30~60日龄首免,肌内或颈部皮下注射0.5 mL/只,在产蛋前20 d或120日龄时重复免疫1次,肌内或颈部皮下注射0.5 mL/只。

【免疫期】注苗后15 d产生免疫力,肉用仔鸡在20日龄左右免疫1次即能保护整个育肥期;蛋鸡和种鸡二次免疫后可保持整个产蛋期。

【保存】4~8℃保存有效期为1年,20℃保存有效期为半年,30℃保存有效期为2个月。

【注意事项】①在储存和运输过程中,应避免日光照射,严防冻结。②用前和使用中应充分摇匀。③用前应使疫苗升至室温。④疫苗有破乳现象、异物或杂质时不宜使用。⑤启封后应当日用完。⑥本品只用于健康鸡的免疫。

(三)鸡大肠杆菌蜂胶佐剂灭活苗

该品系选用蜂胶为佐剂与灭活菌液按一定比例混合,经乳化而成。

【性状】成品静置后上层为黄绿或黄褐色澄明液体,下层为沉淀物。振摇后为均匀混悬液。

【作用与用途】用于预防鸡大肠杆菌病。

【用法与用量】肉仔鸡在14~20日龄免疫1次;蛋鸡在20日龄左右免疫1次,上笼前再免疫1次。

【免疫期】免疫期可达 6 个月。

【保存】4℃以下为 18 个月,室温 8 个月以上。

【注意事项】①菌苗注射后可有不同程度的萎靡、嗜睡等症状,为正常的注苗反应,不影响鸡健康。②菌苗在使用前和使用中应充分摇匀。③菌苗启封后应当日用完。④只用于健康鸡的免疫。

(四)鸡大肠杆菌亚单位灭活苗

亚单位灭活苗是由纤毛和荚膜等亚单位研制而成,多为油佐剂苗。

【性状】本品为白色乳剂。

【作用与用途】用于预防鸡大肠杆菌病。

【用法与用量】由于大肠杆菌亚单位灭活苗制备工艺复杂、设备条件要求较高,因此目前尚处于实验室阶段,注射剂量与亚单位抗原的含量有关,一般为 0.5 mL。

【保存】保存于 4℃左右冰箱,严禁冰冻。

【注意事项】同鸡大肠杆菌油乳剂苗。

免疫鸡大肠杆菌的血清型很多,在不同地区、同一地区不同鸡场甚至同一鸡场不同鸡群之间都存在着多种不同的血清型。以特定血清型菌株制备的菌苗只能对本血清型致病菌株起到免疫作用,这就给本病的预防接种带来了很大的困难,因此提倡使用多价苗和含有地方菌株的苗进行免疫接种。

十三、鸡支原体苗

鸡支原体苗分为鸡毒支原体苗和鸡滑液囊支原体苗两种,前者用于预防慢性呼吸道病,后者用于预防鸡滑液囊支原体引起的关节炎。报道的鸡毒支原体活疫苗有 F 株、S 株、6/85 株及 TS – 11 株疫苗。F 株的毒力较弱,免疫期至少 7 个月,但对火鸡有致病性,容易散毒;S 株为中等毒力株;6/85 株和 TS – 11株的毒力较弱,对鸡和火鸡都较安全,免疫效果也较好。但是,总的来说,不论何种鸡毒支原体活疫苗都不排除散毒和致病的危险,因此提倡使用油乳剂灭活苗。鸡毒支原体灭活苗主要是油乳剂苗。这种苗安全可靠,毒力不会返强,可有效地减少垂直传播,免疫效果也较好,使用时不需停用抗生素。

滑液囊支原体灭活苗用于预防鸡滑液囊支原体引起的关节炎,目前国外已有商业性灭活油乳剂苗,国内尚未开展这方面的研究。

(一)鸡毒支原体灭活苗

本品是用免疫原性良好的鸡毒支原体菌株浓缩菌体的灭活菌悬液的油乳

剂苗。

【性状】成品为白色乳状物。

【作用与用途】用于健康鸡的免疫接种,以预防鸡支原体感染。

【用法与用量】应做二次免疫,首免应尽早进行,在 5~7 日龄时最好,注射 0.25 mL;产蛋前 4 周加强免疫,注射 0.5 mL。

【保存】储存于 4~8℃暗处,避免结冰。

【注意事项】①用前应使疫苗温度升至室温,用前和使用中应充分摇动。②一经开瓶,应在 24 h 内用完,屠宰前 42 d 内不要接种。③有时对注射部位组织有局部刺激作用,在接种处可能会有微肿,但经 10~14 d 后会自行消失,不需特别治疗。④如误将疫苗接种在人身上,会产生局部反应,应去医院就诊,并告知医生本疫苗是油乳剂型的。⑤接种工作完毕,双手应立即清洗并消毒,剩余药液应加以燃烧或煮沸破坏。

(二)鸡滑液囊支原体灭活苗

本菌苗是采用鸡滑液囊支原体经培养、收集及浓缩,加以独特佐剂制成的油佐剂菌苗。

【性状】成品为白色乳剂。

【作用与用途】用于健康鸡的免疫接种,以预防滑液囊支原体病。

【用法与用量】应二次免疫,首免应尽早进行,在 5~7 日龄时最好,产蛋前 4 周加强免疫,首免注射 0.25 mL,二免注射 0.5 mL。

【保存】储存在 2~8℃暗处,避免结冰。

【注意事项】同鸡毒支原体灭活苗。

十四、禽霍乱菌苗

禽霍乱又称禽巴氏杆菌病、禽出血性败血症,以黏膜和各脏器出血、脾脏和肝脏肿大为特征,慢性病例多在肝脏等局部发生坏死性病灶或炎性病灶。本病分布于世界各地,在我国曾引起广泛流行,造成很大经济损失。目前,在广大农村仍有散发。本病病原为多杀性巴氏杆菌,以血清型 5: A、8: A 和9: A 为多。

自巴斯德(1880)研究鸡霍乱无毒培养物接种鸡以来,鸡霍乱疫苗的研制已历经数代,先后研制和应用了灭活苗、弱毒苗及亚单位苗。灭活苗安全性较好,利用流行区分离菌株制备灭活疫苗用于免疫预防获得了较好效果。但由于体外培养不能很好地产生交叉保护因子以及灭活过程中可能造成的某些抗原物质的丢失,只能对同血清型菌株感染有一定免疫效果,且免疫期不长。

虽然引起禽霍乱的多杀性巴氏杆菌有不同的血清型，但由于活菌苗在体内繁殖可产生交叉保护，因而任何一种活菌苗免疫后均可抵御不同血清型强毒菌苗的攻击。自然分离或人工培育的禽霍乱弱毒菌株很多。美国有 3 种商品化的禽霍乱弱毒苗可供使用，即 CU 株疫苗（一种低致病力菌株生产的疫苗）、M－9 株疫苗（一种致病力更低的 CU 突变株）和 PM－1 株疫苗（一种毒力介于上述两者之间的 CU 中间株）。国内有禽霍乱 731 弱毒株疫苗、禽霍乱 G190E40 弱毒株疫苗等。用于研究的禽源多杀性巴氏杆菌弱毒菌株有 P－1059 株和 833 弱毒株等。但有些弱毒疫苗接种后局部反应较重，有些则免疫期较短，为 3～4 个月。国内已培育出了不少弱毒菌株，如鹅源的 731、兔源的 833、鸡源的 G190 和 E40 等。相对来说，兔源株对鸡的安全性较好，鹅源株要防止散毒，二者的免疫期均可达 3 个月左右。鸡源株的安全性要小一些，只能用于 3 月龄以上鸡的免疫。

常用的灭活菌苗有氢氧化铝胶佐剂灭活苗、油佐剂灭活苗、蜂胶佐剂灭活苗以及最近研制出的禽霍乱荚膜亚单位苗等。铝胶佐剂灭活苗保护率为 50%～60%，免疫期 3 个月，若于首免后 15 d 再免疫 1 次，可产生更好的免疫效果；油佐剂灭活苗一般免疫期可达 6 个月，有时接种后对注射部位组织有局部刺激作用，在接种处可能会出现水肿及头部肿胀，但经 10～14 d 后会自行消失，不需特殊治疗。在产蛋时和屠宰前 42 d 内也不宜应用油佐剂苗；蜂胶佐剂灭活苗在注射后 5～7 d 产生强的免疫力，免疫期为 6 个月，免疫蛋鸡时不影响产蛋，还可用于紧急接种，不良反应也较小。不论是氢氧化铝胶佐剂、油佐剂还是蜂胶佐剂，都会或多或少地产生一些不良反应。亚单位苗最大的优点是安全无毒，母鸡注射后产蛋率不受影响，免疫原性也较好。免疫期可达 5 个月以上，还可用于紧急接种，但这种苗的成本较高，尚未推广应用。

（一）禽霍乱弱毒活菌苗

本品系用巴氏杆菌弱毒株接种于适宜培养基收获培养物加入稳定剂，经冷冻真空干燥制成。

【性状】本品为黄白色疏松团块状，稀释后即溶解成均匀的悬浮液。

【作用与用途】本疫苗用于预防禽巴氏杆菌病，对 3 月龄以上鸡、鸭注射 3 天后即可产生免疫，免疫期 3～5 个月。

【用法与用量】按瓶签注明羽份，用 20% 氢氧化铝胶生理盐水稀释疫苗。对于 3 月龄以上鸡一律肌内注射 0.5 mL（含 2 000 万个活菌）；对鸭肌内注射鸡的 3 倍量 0.5 mL(含 6 000 万个活菌);对鹅肌内注射鸡的 5 倍量 0.5 mL(含 1 亿个活菌)。鸡群有疫情发生时,及时采用本菌苗做紧急预防接种,可迅速控制本病流行。

【保存】自制造日期算起,保存于 2~8 ℃暗处,有效期为 1 年。

【注意事项】①对纯种鸭群进行大面积接种时,应先进行小区试验,证明安全后再进行大批量免疫注射。②本品使用前 1 周及注射后 1 d 内,均不应饲喂或注射任何抗菌类药物。③接种本菌苗后敏感禽有一定反应,影响产蛋率,产蛋下降可达 2 周左右。④接种时应做到每只鸡一个针头,切忌用一个针头给多只鸡接种。

(二)禽霍乱油乳剂灭活菌苗

本菌苗为多杀性巴氏杆菌的油乳剂灭活苗。

【性状】成品为白色乳剂。

【作用与用途】适用于有禽霍乱暴发史的地区蛋鸡和种鸡用,以预防因禽霍乱而导致的高死亡率、发病率和产蛋减少。

【用法与用量】每只鸡应免疫 2 次,每次在颈中部皮下注射 0.5 mL。首免应在 8 周龄以上进行,2 次免疫的间隔时间至少 4 周,第二次免疫的时间应在产蛋前至少 4 周进行。

【保存】储存于 2~8 ℃暗处,严禁冻结。

【注意事项】①在产蛋时不能免疫此疫苗。②用前应使疫苗温度升至室温,并在用前和使用中充分摇动。③一经开瓶,应尽快将瓶内疫苗用完(24 h 内)。④屠宰前 42 d 不要接种。⑤如误将疫苗接种在人身上,会产生局部反应,应请医生就诊,并告知医生本疫苗是油乳剂型的。⑥接种工作完毕,双手应立即清洗并消毒,剩余药液应加以燃烧或煮沸破坏。

(三)禽霍乱蜂胶佐剂灭活苗

本品是以禽源 A 群菌株作为生产菌种制取灭活菌液,用蜂胶为佐剂制成的灭活苗。

【性状】成品静置后上层为黄绿色或黄褐色液体,下层为沉淀物,振摇后呈均匀的悬浊液。

【作用与用途】用于预防禽霍乱。

【用法与用量】每只鸡皮下注射 1.0 mL,免疫期可达 6 个月。

【保存】储存于 8 ℃以下冷暗处,有效期可达 2 年。

【注意事项】①菌苗在使用前和使用中要充分摇匀。②菌苗启封后应当日用完。③只用于健康鸡的免疫。

禽霍乱的免疫

　　禽霍乱弱毒菌苗用于健康鸡的免疫和紧急接种。使用前后5 d内要停喂预防和治疗药物,以防杀死苗中的活菌,影响免疫效果。紧急接种时应做到每只鸡一个针头,切忌用同一针头给多只鸡接种。注射弱毒菌后部分鸡会有减食、沉郁及产蛋下降等不良反应,一般2～3 d可自行恢复。禽霍乱的首免时间一般在1个月左右,可以选用弱毒苗。首免后半个月最好用灭活苗加强免疫1次,至母鸡产蛋前2周左右再使用灭活苗进行一次加强免疫,可使免疫力持续整个产蛋期。灭活苗的免疫可结合新城疫的免疫用新霍二联苗。

十五、鸡传染性鼻炎苗

　　鸡传染性鼻炎是由副鸡嗜血杆菌引起的上呼吸道传染病,临床上以鸡淌水样鼻汁、流泪和面部水肿为主要特征。本病在我国大部分地区流行。本病一经发生即污染整个鸡场,鸡育成率和产蛋率下降,开产期推迟,肉鸡增重下降,给养鸡业带来较大的经济损失。

　　目前我国使用的鸡传染性鼻炎疫苗主要是氢氧化铝胶及油佐剂灭活苗。油佐剂苗的优点是免疫应答较好,持续时间长;铝胶佐剂苗的优点是注射部位不易出现肿块。一般来说,疫区内的鸡在30～40日龄首免,110～120日龄二免,可保持整个产蛋期。由于引起传染性鼻炎的鸡嗜血杆菌的各血清型间不存在交叉保护性或交叉保护性极弱,所以要根据本地区的血清型用相应的菌苗,提倡使用多价苗。

(一)鸡传染性鼻炎铝胶三价菌苗

　　本品含有血清型A型、C型及HPGBr－V1变异型3种鸡副嗜血杆菌菌株,用铝胶佐剂制成。

　　【性状】静置状态下菌沉到管底,振摇后为均匀的混悬液。

　　【作用与用途】用于健康种鸡和蛋鸡的免疫接种,以预防传染性鼻炎。

　　【用法与用量】本品适用于5周龄以上鸡的免疫接种,胸部肌内注射。每只鸡需免疫两次,二次免疫的最短间隔是4周,或在产蛋前4周进行最后一次免疫,每次注射剂量 0.5 mL。

【保存】储存于 2~8 ℃暗处,禁止冰冻。

【注意事项】①本品有时对注射部位组织有局部刺激作用,在接种处可能会有微肿,但经 10~14 d 会自行消失,不需特殊治疗。②用前和使用中应充分摇动。③用前应使菌苗温度升至室温。④启封后应尽快将瓶内菌苗用完(24 h 之内)。⑤屠宰前 42 d 不要接种。⑥如误将菌苗接种在人身上,会产生局部反应,应请医生就诊,并告知医生本疫苗是油乳剂型的。⑦接种工作完毕,双手应立即清洗并消毒,剩余药液应加以燃烧或煮沸破坏。

(二)鸡传染性鼻炎油佐剂三价菌苗

本品含血清型 A 型、C 型及 HPGBr – V1 变异型 3 种鸡副嗜血杆菌菌株,其中 HPGBr – V1 型变异株更适于亚太地区。本品为油佐剂。

【性状】成品为白色乳剂。

【作用与用途】用于预防健康种鸡和蛋鸡的传染性鼻炎。

【用法与用量】同鸡传染性鼻炎铝胶三价菌苗。

【保存】保存于 2~8 ℃暗处,避免结冰。

【注意事项】同鸡传染性鼻炎铝胶三价菌苗。

十六、鸡沙门菌肠炎菌苗

本品为油乳剂灭活苗,含 3 株野毒株。

【性状】成品为白色乳剂。

【作用与用途】用于预防鸡沙门菌肠炎。

【用法与用量】皮下注射 0.5 mL/只。

【保存】储存于 2~8 ℃,避免冰冻。

【注意事项】①菌苗启封后应一次用完。②用前应使疫苗升至室温。③疫苗在使用前应认真检查,如发现瓶破裂、乳变质等现象均应废弃。

十七、鸭瘟活疫苗

【性状】组织苗呈淡红色,细胞苗呈淡黄色,均为海绵状疏松团块,易与瓶壁脱离,加稀释液后迅速溶解。

【作用与用途】用于预防鸭瘟。注射后 3~4 d 产生免疫力,2 月龄以上鸭免疫期为 9 个月。对初生鸭也可应用,但免疫期为 1 个月。

【用法与用量】按瓶签注明的羽份,用生理盐水稀释,成鸭每只肌内注射

1 mL,雏鸭腿部肌内注射 0.25 mL。

【保存】在 -15 ℃以下保存,有效期为 18 个月;4~10 ℃为 8 个月。

【规格】200 羽份/瓶,400 羽份/瓶。

【注意事项】疫苗稀释后,应放冷暗处,必须在 4 h 内用完。

十八、小鹅瘟活疫苗

小鹅瘟是由鹅细小病毒引起雏鹅的一种急性或亚急性败血性传染病,主要侵害 3~20 日龄的雏鹅。易感雏鹅传播迅速,引起急性死亡,其特征为高发病率、高死亡率、严重下痢及渗出性肠炎。1956 年方定一等首先在我国发现本病并用鹅胚分离病毒,并予命名。此后很多欧美国家均有本病报道。

(一)鹅瘟活疫苗(GD 株)

本疫苗系用小鹅瘟鸭胚化弱毒 GD 株接种敏感鸭胚,收获感染胚液,加适当稳定剂,经冷冻真空干燥制成。

【性状】湿苗应为无色或淡红色透明液体,静置后可能有少许沉淀物;冻干苗为微黄或微红色海绵状疏松团块,易与瓶壁脱离,加稀释液后迅速溶解。

【作用与用途】用于预防小鹅瘟,供产蛋前的母鹅注射,母鹅免疫后在 21~270 d 所产的种蛋孵出的小鹅具有抵抗小鹅瘟的免疫力。

【用法与用量】本疫苗应在母鹅产蛋前 20~30 d 注射,按瓶签注明羽份用生理盐水稀释,每只肌内注射 1 mL。

【保存】①液体苗在 4~8 ℃,有效期为 14 d;在 -15 ℃以下,有效期为 1 年。②冻干苗在 -15 ℃以下,有效期为 1 年。

【规格】100 羽份/瓶。

【注意事项】①雏鹅禁用。②稀释后,应放冷暗处保存,4 h 内用完。

(二)小鹅瘟活疫苗(SYG 株)

本疫苗系用小鹅瘟病毒弱毒 SYG26 - 35 株或 SYG41 - 50 株,接种鹅胚培养后,收获感染胚液分别制备成的种鹅用或雏鹅用小鹅瘟液体活疫苗,或加入适当稳定剂经冷冻真空干燥制成的种鹅用或雏鹅用冻干活疫苗。

【性状】本品液体苗为半透明淡红色或无色液体,静置后可能有少量沉淀物。冻干苗为淡黄色海绵状疏松团块,易脱离瓶壁,加入生理盐水即溶解。

【作用与用途】用于预防雏鹅小鹅瘟。

【用法与用量】皮下或肌内注射。按瓶签标明羽份用灭菌生理盐水稀释,每羽份 1 mL,于产蛋前 15 d,每只 1 mL,母鹅接种后 15～90 d 所产的种蛋孵出的雏鹅在 30 日龄之内能抵抗小鹅瘟强毒的感染。无母源抗体的雏鹅出壳后 48 h 内进行接种,每只 0.1 mL(1 羽份),9 d 后能抵抗小鹅瘟病毒强毒的感染。

【免疫期】种鹅用活疫苗适用于种鹅接种,使雏鹅获得被动免疫力,免疫期为 3 个月。雏鹅用活疫苗适用于未接种的种鹅或接种后期(100 d 后)的种鹅所产雏鹅,免疫期为 1 个月。

【保存】液体苗 -15 ℃以下保存,有效期为两年;冻干苗 -15 ℃以下保存,有效期为 3 年。

【注意事项】①稀释后应放于冷暗处,限当日用完。②注射时所用器具需事先进行消毒,接种时应做局部消毒处理。③接种后剩余疫苗、空瓶、稀释和接种用具等应消毒处理。

(三)小鹅瘟鸭胚化疫苗

本疫苗是用小鹅瘟鸭胚化弱毒株 GD(自然强毒连续通过鸭胚致弱育成)接种易感鸭胚,收获感染胚液,加适当稳定剂后,经冷冻真空干燥制成。母鹅产蛋前 20～30 d 免疫。本疫苗株对母鹅非常安全。

【作用与用途】用于产蛋前 20～30 d 的母鹅,后代可获得高度保护,一般在免疫后 21～270 d 所产的种蛋孵出的小鹅具有抵抗力。

【用法与用量】肌内注射。在母鹅产蛋前 20～30 d,按瓶签注明羽份,用生理盐水稀释疫苗,每只注射 1 mL。

【保存】-20 ℃保存,有效期为 1 年。

【注意事项】本疫苗雏鹅禁用。稀释后应置于冷暗处保存,4 h 内用完。

十九、鹅副黏病毒病疫苗

【用法与用量】免疫期幼鹅 1 月龄左右接种 1 次,4～5 月龄加强免疫 1 次。成年鹅每年接种两次。注射途径:皮下或肌内注射。使用剂量 0.2 mL/只。

【保存】0～10 ℃冷藏保存,不能冷冻。

【注意事项】①本疫苗用于健康鹅的免疫。病鹅或可疑病鹅应先治疗,待疾病康复后才能进行疫苗接种。②疫苗开启后一次用完,剩余疫苗不得再用。③接种疫苗用针头、针管等要灭菌消毒(开水中蒸煮 15 min 以上)。④选择下午、晚上接种疫苗,接种前 1 d,接种后 1～2 d,饮水中添加大力神溶液或全能精华素,有助于免疫系统的建立和机体恢复。

二十、雏番鸭细小病毒病活疫苗

本疫苗系用雏番鸭细小病毒弱毒 P1 株接种雏番鸭胚成纤维细胞,收获病毒培养液制备的液体苗,或加入适当稳定剂经冷冻真空干燥制成的冻干苗。

【性状】本品液体苗为半透明淡红色或无色液体。冻干苗为淡黄色海绵状疏松团块,加入生理盐水即溶解,呈均匀混悬液。

【作用与用途】用于预防雏番鸭细小病毒病(番鸭"三周病")。

【用法与用量】使用时按瓶签标明的羽份,冻干苗加灭菌生理盐水充分溶解并摇均匀,液体苗待融化后,每只番鸭肌内注射 0.2 mL。

【免疫期】接种后 7 d 即产生免疫力,免疫期为 6 个月。

【保存】液体苗 –20 ℃以下保存,有效期为 18 个月;冻干苗 2~8 ℃保存,有效期为两年。

【注 2 意事项】①液体苗融化后,若发现异物或沉淀应废弃。②冻干苗现用现稀释,液体苗融化后使用。均应放于冷暗处,限 4 h 内用完。③发生本病又同时发生小鸭传染性浆膜炎、小鸭病毒性肝炎等时,不宜接种本疫苗。④注射时所用器具需事先进行消毒,接种时应做局部消毒处理。⑤接种后剩余疫苗、空瓶、稀释和接种用具等应消毒处理。

二十一、鸡球虫病疫苗

鸡球虫病是一种极严重的全球性寄生虫病,每年给养鸡业造成巨大经济损失。鸡球虫病对雏鸡的危害十分严重,分布很广,各地普遍发生,15~50 日龄的雏鸡发病率最高,死亡率可高达 80% 以上。病愈的雏鸡生长受阻,长期不能复原。成年鸡多为带虫者,增重和产卵均受到一定影响。

鸡球虫疫苗有活苗(强毒苗、弱毒苗)、重组蛋白疫苗、重组 DNA 疫苗等。目前国内外在生产上用于免疫接种的疫苗大多是活疫苗,而重组蛋白疫苗和重组 DNA 疫苗目前仍处于实验室阶段。弱毒苗是通过对强毒株进行人工致弱获得的,其致病性比亲本株大为降低,仍保持良好的免疫原性。

鸡球虫病三价活疫苗:本疫苗系用柔嫩艾美耳球虫、毒害艾美耳球虫和巨型艾美耳球虫的孢子化卵囊通过处理制成疫苗。

【性状】本品呈橙黄色悬浮液。

【作用与用途】用于预防雏鸡球虫病。

【用法与用量】经拌料或饮水接种。肉鸡在出壳后 3 日龄、8 日龄、16 日龄时进行 3 次接种。蛋鸡和种鸡分别在 3 日龄、10 日龄、20 日龄时进行 3 次接种。将虫苗拌入湿饲料内,均匀撒在塑料布上,使已断食 3 h 的雏鸡采食。饮水接种的前 1 d 根据待接种的鸡只数计算好用水量,按 0.3% 加入悬浮剂羧甲基纤维素钠,搅匀。翌日将疫苗倒入悬浮液中,搅匀,投喂已断水 3 h 的雏鸡。

【免疫期】接种后 14 d 产生免疫力,免疫期为 1 年。

【保存】在 2~8 ℃保存,有效期 9 个月。

【注意事项】①在喂苗前及喂苗后 14 d,不能投给磺胺类药物及其他抗球虫的药物,否则疫苗无效。②本疫苗切勿冻结,冻结后的疫苗严禁使用。③饮水免疫忌用金属容器,所用的水不得含有氯离子或其他消毒剂。免疫前鸡群要停饮水 3 h 左右,保证每只鸡都能充分饮服。④接种后剩余疫苗、空瓶、稀释和接种用具等应消毒处理。

小 知 识

鸡群为什么在早期就容易感染新城疫

为什么在我们还没来得及做防疫时,或者刚刚做了防疫后,鸡群就发生了新城疫? 这里粗略地分为两个原因,一个是因为接种疫苗而引发的,不过这种概率实在是太低了;另外一个就是鸡本身是带毒的,我们虽然做了免疫接种,但免疫应答需要一个过程,还没有等到疫苗发生作用,就发生了疫病,也就是说疫苗接种还没有发挥有效的作用。早期,鸡体内会有母源抗体,但抗体水平比较低,而且母源抗体水平将随着日龄的增长而降低,而环境中的毒量则随发病鸡数的增加而迅速增加。

多数人认为早期引发新城疫,其病原来源于孵化的可能性比较大。这是因为一般 ND 的潜伏期为 3~5 d,如果母源抗体高一些,潜伏期会更长一些。鸡胚中只要有 ND 强毒增殖即可造成鸡胚死亡,因此,普遍认为 ND 强毒不会经卵垂直传,但如果孵化过程中对感染 ND 强毒死亡的鸡胚处理不当,死胚破裂后污染了其他鸡胚或孵化设备,特别是照蛋过程或在出雏过程中破裂,就会造成出雏器的污染和鸡苗早期感染。

另外,鸡苗运输车、育雏室消毒不严格或育雏早期有野毒侵入均可引起鸡群早期感染 ND。因此,我们在选购鸡苗时一定要选择有实力、信誉度高的企业的。当前,专业化、集约化的养鸡场都很注重这些防疫环节。

第三节　猪常用疫苗

一、猪瘟疫苗

猪瘟是由猪瘟病毒引起的猪的一种急性热性接触性传染病,其特征为败血性病理变化,内脏出血、梗死及坏死,但温和型猪瘟则不明显。猪瘟是猪的一种重要传染病,常给养猪业造成重大的经济损失。许多国家的兽医法规都将其列为法定的必须上报的传染病之一。世界动物卫生组织将它列入 A 类 16 种传染病之一。

猪瘟病毒只有一个血清型。中国兽药监察所在选择制苗用毒种时,发现国内外 7 株猪瘟病毒对猪和兔都有交叉免疫性。但自 1976 年以来,美国、法国和日本的一些学者根据血清中和试验,证明猪瘟病毒具有血清学变种。猪瘟病毒和牛病毒性腹泻－黏膜病病毒有共同的可溶性抗原。在血清学上与牛病毒性腹泻－黏膜病病毒有交叉反应,而且还可使猪抵抗猪瘟强毒的攻击。

病毒能在猪肾细胞和其他一些哺乳动物细胞内增殖。此外,猪骨髓、睾丸、肺、脾和肾细胞以及白细胞均可使猪瘟病毒增殖。有报道表明猪瘟病毒可在牛肾细胞内生长。经几代鸡胚传代的猪瘟病毒还可在鸡胚成纤维细胞中生长。兔化弱毒疫苗株易在犊牛睾丸和羔羊肾细胞内增殖。低代次细胞株,如胎牛的皮肤、脾和气管,胎羊的肾和睾丸,兔的皮肤等继代细胞都可支持猪瘟病毒的生长。也有猪瘟病毒可适应鸡胚和鸭胚的报道。猪瘟病毒在细胞培养物中不产生细胞病变。

(一)猪瘟活疫苗(细胞源)

本疫苗系用猪瘟兔化弱毒株病毒接种易感细胞培养,收获细胞培养物,加入适当稳定剂,经冷冻真空干燥制成。

【性状】本品为乳白色海绵状疏松团块,加稀释液后迅速溶解。

【作用与用途】用于预防猪瘟。

【用法与用量】按瓶签注明头份,每头份加入无菌生理盐水 1 mL 稀释后,

动物生物制品安全应用关键技术

大小猪均皮下或肌内注射 1 mL。在没有猪瘟流行的地区,断奶后无母源抗体的仔猪,接种 1 次即可。有疫情威胁时,仔猪可在 21～30 日龄和 65 日龄左右时各接种 1 次。断奶前仔猪可接种 4 头份疫苗,以防母源抗体干扰。

【免疫期】接种后 4 d 即可产生免疫力,断奶后无母源抗体仔猪的免疫期可达 1 年。

【不良反应】注射本苗后可能有少数猪在 1～2 d 发生反应,但经 3 d 即可恢复正常,一般无不良反应,但也有少数品系的猪出现过敏反应。过敏反应的应急处理措施:注射肾上腺素等抗过敏药物。

【保存】-15 ℃以下保存,有效期为 18 个月。

【注意事项】①疫苗应在 8 ℃以下的冷藏条件下运输。疫苗应在规定的温度下保存,如保存温度在 8～25 ℃时,应在 10 d 内用完。②被注射猪必须健康,如体质瘦弱、患病、体温升高、食欲不振者或初生仔猪等均不应注射。③免疫使用的各种工具,须用前消毒。每注射 1 头猪必须更换 1 次煮沸消毒的针头,严禁打"飞针"。④本苗使用时稀释,稀释后疫苗应放在冷藏容器内,严禁冻结,并在 4 h 内用完。⑤注射部位应先剪毛,然后用碘酒消毒,再进行注射。如在有猪瘟发生的地区使用,必须由兽医严格指导,防疫人员应在注苗后 1 周内逐日观察。⑥注苗前后喂食的时间:最好是进食后 2 h 或进食前。⑦猪发生免疫缺陷性疾病,如猪繁殖与呼吸综合征、圆环病毒感染等,康复后应补注猪瘟疫苗。⑧接种后剩余疫苗、空瓶、稀释和接种用具等应消毒处理。

(二)猪瘟活疫苗(兔源)

本疫苗系用猪瘟兔化弱毒株病毒通过接种乳兔,收获感染兔的脾脏和淋巴结或乳兔的肌肉及实质脏器组织,制成乳剂,加入适当稳定剂,经冷冻真空干燥制成。本品含猪瘟兔化弱毒乳兔组织。

【性状】本品为淡红色海绵状疏松团块,加稀释液后即迅速溶解。

【作用与用途】用于预防猪瘟。

【用法与用量】按瓶签注明头份,每头份加入无菌生理盐水 1 mL 稀释后,大小猪均皮下或肌内注射 1 mL。在没有猪瘟流行的地区,断奶后无母源抗体的仔猪,接种 1 次即可。有疫情威胁时,仔猪可在 21～30 日龄和 65 日龄左右时各接种 1 次。

【免疫期】接种后 4 d 即可产生免疫力,断奶后无母源抗体仔猪的免疫期可达 1 年。

【不良反应】注射本苗后可能有少数猪在 1～2 d 发生反应,但经 3 d 即可恢复正常,一般无不良反应,但也有少数品系的猪出现过敏反应。过敏反应的应急处理措施:注射肾上腺素等抗过敏药物。

【保存】-15 ℃以下保存,有效期为 1 年。

【注意事项】①疫苗应在 8 ℃以下的冷藏条件下运输。疫苗应在规定的温度下保存,如保存温度在 8 ~ 25 ℃时,应在 10 d 内用完。②被注射猪必须健康,如体质瘦弱、有病、体温升高、食欲不振或初生仔猪等均不应注射。③免疫使用各种工具,需用前消毒。每注射 1 头猪必须更换 1 次煮沸消毒的针头,严禁打"飞针"。④本苗使用时稀释,稀释后疫苗应放在冷藏容器内,严禁冻结,并在 4 h 内用完。⑤注射部位应先剪毛,然后用碘酒消毒,再进行注射。如在有猪瘟发生的地区使用,必须由兽医严格指导,且防疫人员应在注苗后 1 周内逐日观察。⑥注苗前后喂食时间:最好是进食后 2 h 或进食前。⑦接种后剩余疫苗、空瓶、稀释和接种用具等应消毒处理。

(三)猪瘟 - 猪丹毒 - 猪多杀性巴氏杆菌病三联活疫苗

本疫苗系用猪瘟兔化弱毒株病毒,接种乳兔或易感细胞培养,收获含毒乳兔组织或细胞培养物,与猪丹毒(G4T10 株或 GC42 株)弱毒菌液及猪多杀性巴氏杆菌(E0630)弱毒菌液,按规定比例配制,加适当稳定剂,经冷冻真空干燥而成。

【性状】本品为淡红色或淡褐色海绵状的疏松团块,加稀释液后很快溶解。

【作用与用途】用于预防猪瘟、猪丹毒、猪多杀性巴氏杆菌病(猪肺疫)。

【用法与用量】按瓶签规定头份用等量生理盐水进行稀释(即每 1 头份加入 1 mL 稀释液),断奶半月以上的猪,每头肌内注射 1 mL;断奶半月以下的仔猪,每头 1 mL,但应在断奶后 2 个月左右再接种 1 次。

【免疫期】猪瘟免疫期为 1 年,猪丹毒及猪肺疫免疫期为 6 个月。

【不良反应】注射本疫苗后,个别猪可能出现过敏反应,应注意观察并采取脱敏措施。一般没有不良反应,但亦有少数猪出现食欲下降、体温较高等反应,多于 3 ~ 5 d 逐渐消失。个别反应严重的,可注射青霉素、链霉素进行控制,康复后 2 周再用三联苗免疫注射 1 次。

【保存】-15 ℃以下保存,有效期为 1 年;2 ~ 8 ℃保存,有效期为 6 个月。

【注意事项】①疫苗应冷藏保存。②稀释后的疫苗必须在 4 h 内用完。③凡初生仔猪、体弱或有病的猪均不应注射。④用本疫苗免疫前后 10 d 内均不应喂饲含有任何抗生素成分的饲料和添加剂。⑤本苗为活菌疫苗,使用后的注射器、针头以及其他用具必须立即进行煮沸消毒。

（四）注射猪瘟疫苗应注意的事项

第一，要正确选用疫苗，要从畜牧兽医部门购买有批准文号的疫苗，严禁使用无批准文号及过期失效的疫苗，也不要使用饲料经营企业免费赠送的疫苗。猪瘟三联苗由于含有吐温佐剂，免疫效果不好，因此，免疫时要用猪瘟单苗。3～4周龄仔猪的免疫系统发育趋于完善，母源抗体可维持至30日龄，仔猪可选在25日龄首免，肌内注射细胞苗4头份/头；65～70日龄二免，肌内注射脾淋苗2头份/头。在疫区仔猪产后2 h内，不吃初乳，注射2 mL猪瘟疫苗；在60～65 d时用4倍的剂量再注射1次。

第二，过敏反应要及时治疗，发现过敏反应，要及时颈部皮下注射0.1%盐酸肾上腺素1 mL，或颈部肌内注射地塞米松，小猪2 mL，大猪5～10 mL，以免造成不必要的损失。

第三，避免疫苗间的影响。试验表明，猪瘟疫苗和蓝耳病疫苗的注射要间隔10 d。

第四，注意稀释液的酸碱度。猪瘟疫苗对碱性敏感，用碱性大的稀释液，会影响疫苗的活力。一般用灭菌生理盐水稀释。接种前后36 h内，舍内禁用各种消毒药。最好在白天猪进食2 h后注射疫苗。

第五，做好免疫抑制性疾病的防治。猪蓝耳病、猪喘气病等主要损伤机体的免疫系统，导致猪的免疫力下降。这些免疫抑制性疾病影响猪瘟疫苗产生免疫保护。

第六，及时淘汰带毒母猪，对流产、产死胎和木乃伊胎的母猪应及时检测猪瘟病毒，猪瘟抗原阳性的母猪要及时淘汰。

第七，定期检测抗体水平，抗体水平达1：32为合格，不合格者应及时补注猪瘟疫苗，直至抗体水平合格。

（五）猪瘟超前免疫

1. 猪瘟超前免疫

猪瘟超前免疫又称乳前免疫，即仔猪出生后吃初乳前进行免疫接种。超前免疫的优点：可以克服母源抗体的干扰；具有可靠的免疫力，免疫保护期长；与母猪分娩同步进行，能有效预防猪瘟的发生，特别是在疫区能很快控制猪瘟疫情。

2. 猪瘟超前免疫注意事项

（1）准确掌握免疫程序 要求操作人员准确掌握母猪受孕、分娩时间，产仔前后有专人值班,仔猪一经产出就迅速擦净黏液,断脐后立即注射猪瘟疫苗,60 日龄再注射 1 次(4 头份)。

(2)把握注苗后首次吃奶时间 疫苗注射后必须隔离仔猪,将仔猪放在护仔箱内,经过 2~3 h 后方可首次哺乳。

(3)选用质量好的疫苗 必须选用质量好的真空冷冻猪瘟细胞苗,切忌使用脱水、过期、无效疫苗。疫苗现用现配,夏季不得超过 3 h,冬季不得超过 6 h 用完。

(4)实施种猪免疫 实行超前免疫的猪场,种猪的猪瘟免疫千万不可忽视。一般种公猪投产前应注射猪瘟疫苗 4 头份,生产公猪每年春、秋两季按常规免疫;种母猪在每次配种前注射猪瘟疫苗 4 头份。

(5)恰当选择注射部位及剂量 注射部位最好是颈侧肌肉丰满处,选用 12 号针头,不宜用过长过粗针头。注射剂量为 2~3 头份。

(六)提高猪瘟疫苗免疫效果的措施

1. 提高猪群的抗病能力

健康状况良好的猪群在免疫时能产生强的免疫力,而体质虚弱、营养不良或患有慢性病的猪群免疫应答能力较差。因此,应保证饲喂饲粮的数量和质量;采取尽可能严格的生物安全措施,坚持自繁自养,防止病原传入,对生产区要采取严格的消毒、隔离和防疫、检疫措施;在饲养密度、温度、湿度、光照和空气质量等方面采取措施,为猪创造一个良好的环境,提高猪群的整体健康水平。

2. 严格管理

(1)保证疫苗本身的质量 疫苗本身的质量直接影响免疫的效果。国家定点专业生物制品厂生产的疫苗一般质量可靠。

(2)搞好疫苗的运输和储存 目前普遍使用的猪瘟活苗不能在常温下保存,必须在低温下保存。猪瘟活苗在 -15 ℃ 条件下保存,有效期为 1 年;0~8 ℃阴暗干燥处保存,有效期为 6 个月;8~25 ℃保存,有效期仅为 10 d。因此,应在运输、储存设备完善的单位购买疫苗。严禁反复冻融疫苗,以免造成效价降低或影响真空度。

(3)正确使用疫苗 稀释后的疫苗效价下降速度很快,气温在 15~30 ℃时,3 h 就可能失效。因此,免疫注射应严格按照操作规程,使用前稀释液应置于 4~8 ℃冰箱内预冷,稀释后的疫苗放于有冰块的保温箱内,并在 1~2 h内用完。严禁用碘酊或其他消毒液消毒针头,用碘酊在注射部位消毒后必须用棉球擦干,以免造成疫苗灭活。严禁用大号针头注射和打"飞针",以免造成注射量无保证。采用无菌注射器注射,注射时应1头猪1个针头,以免造成人为地将处于潜伏期的猪瘟病毒传染给其他健康猪,使防疫工作变成带毒传播,导致注射猪瘟疫苗后猪瘟暴发。

(4)控制免疫抑制性疾病　近年来,猪的免疫抑制性疾病呈上升趋势。猪繁殖与呼吸综合征、伪狂犬病、圆环病毒感染、喘气病等疫病都能破坏免疫器官,导致猪瘟的免疫失败。

(5)谨慎引种　坚持自繁自养,全进全出。如必须引种,要慎重选择,对引入的种猪进行定期监测,待检测确认无猪瘟病毒感染后方可与其他猪混养。

(6)加强监测　猪瘟免疫监测的重点应放在母源抗体水平、免疫应答效果、亚临床感染和疫苗效价的监测上。根据产仔季节,在防疫高峰期后1个月内,随机采取免疫猪血清做抗体检测,计算总保护率。如总保护率在50%以下,则显示免疫无效。同时,根据抗体的分布,分析是否存在亚临床感染,淘汰亚临床感染猪。

(7)规范使用药物　某些药物如氟苯尼考、卡那霉素和磺胺类等影响病毒疫苗的免疫效果,尤其是在免疫前后不规范地使用这些药物。

(8)采用合理的免疫程序　进行过猪瘟免疫的母猪,其新生仔猪可通过初乳获得母源抗体。在实施免疫接种前,要考虑母源抗体效价,同时还要注意母源抗体的整齐度。具体做法是免疫接种前检测母源抗体效价,调整母源抗体的整齐度,保证空怀母猪猪瘟的抗体效价不低于1:64,分娩母猪猪瘟的抗体效价不低于1:32。仔猪在20~25日龄时,抗体中和效价在1:32以上,保护率为75%,能耐受猪瘟强毒攻击;30日龄,抗体中和效价降到1:16以下,无保护力;60日龄时,仔猪血清中已无母源抗体。因此,仔猪应在25~30日龄首免,每头猪使用猪瘟细胞苗4头份或猪瘟脾淋苗1头份;60~70日龄二免,每头猪使用猪瘟细胞苗4头份或猪瘟脾淋苗1头份。在猪瘟发病较多或受威胁的场户,可在此基础上增加仔猪超前免疫1次,每头猪使用猪瘟细胞苗2头份或猪瘟脾淋苗1头份。母猪在产后20~25 d进行猪瘟免疫,种公猪每年春、秋两季各免疫1次,每头猪使用猪瘟细胞苗5头份或猪瘟脾淋苗1头份。

(9)饲料质量　严禁使用发霉变质饲料,要严格控制饲料和各种原料的质量。

二、猪伪狂犬病疫苗

猪伪狂犬病是由猪伪狂犬病毒引起的猪的急性传染病。该病在猪群呈暴发性流行,可引起妊娠母猪流产、死胎,公猪不育,新生仔猪的大量死亡,育肥猪呼吸困难、生长停滞等,是危害全球养猪业的重大传染病之一。

(一)猪伪狂犬病活疫苗(SA215 株)

本疫苗系用伪狂犬病病毒(SA215 株)三基因缺失株(TK、aE、gI 基因)接种 SPF 鸡胚成纤维细胞,收获细胞培养物,加适宜稳定剂,经冷冻真空干燥制成。

【性状】本品为微黄色海绵状疏松团块,加稀释液后迅速溶解。

【作用与用途】用于预防猪伪狂犬病。

【用法与用量】按标签注明的头剂,用 PBS 稀释,每头肌内注射 1 mL(含 1 头份)。母猪于配种前接种,对其所产仔猪可在出生后 21 ~ 28 d 接种;对未用本疫苗免疫的免疫母猪所产仔猪,可在出生后 7 d 内接种;种公猪每年春、秋季各接种 1 次。

【免疫期】注射后 7 d 开始产生免疫力,免疫期为 112 d;仔猪产生被动免疫力的免疫期为 28 d。

【保存】2 ~ 8 ℃保存,有效期为 1 年。

【注意事项】①本疫苗使用、运输、保存中应防止高温、消毒剂和阳光照射。②稀释后必须在 4 h 内用完。③接种时应做局部消毒处理。④接种后剩余疫苗、空瓶、稀释和接种用具等应消毒处理。

(二)猪伪狂犬病活疫苗

本品疫苗含猪伪狂犬病毒弱毒 Bartha – K61 株(gE、gI 双基因缺失株)接种 SPF 鸡胚成纤维细胞,收获细胞培养物,加适宜稳定剂,经冷冻真空干燥制成。

【性状】本品为微黄色海绵状疏松团块,加 PBS 液后迅速溶解。

【作用与用途】用于预防猪、牛和绵羊伪狂犬病。

【用法与用量】肌内注射。按标签注明的头剂,用 PBS 稀释,稀释为每头剂 1 mL。

猪:妊娠母猪及成年猪注射 2 mL,3 月龄以上仔猪及架子猪注射 1 mL,乳猪第一次注射 0.5 mL,断奶后再注射 1 mL。

牛:1 岁以上注射 3 mL,5 ~ 12 月龄注射 2 mL,2 ~ 4 月龄犊牛第一次注射 1 mL,断奶后再注射 2 mL。

绵羊:4 月龄以上注射 1 mL。

【保存】- 20 ℃保存,有效期为 18 个月;2 ~ 8 ℃保存,有效期为 9 个月。

【注意事项】①疫苗应冷藏保存。②稀释后的疫苗必须在当天用完。③体弱、有病或刚阉割的猪均不应注射。④妊娠母猪于分娩前 2～28 d 注苗为宜，其所生仔猪的母源抗体可持续 21～28 d，此后乳猪或断奶猪仍需注射疫苗。未用本疫苗免疫的母猪，其所生仔猪可在生后 1 周内注射，并在断奶后再注射 1 次。

（三）猪伪狂犬病活疫苗（HB98 株）

本品含猪伪狂犬病病毒（HB98 株）双基因缺失株，每头份病毒含量 ≥ $10^5 TCID_{50}$。

【性状】本品为乳白色海绵状疏松团块，加专用稀释液或生理盐水稀释后迅速溶解。

【作用与用途】用于预防猪伪狂犬病。

【用法与用量】按瓶签注明头份，用专用稀释液或灭菌生理盐水稀释，皮下或肌内注射 1 mL（1 头份）。

PRV 抗体阴性仔猪，在出生后 1 周内滴鼻或肌注免疫；具有 PRV 母源抗体的仔猪，在 45 日龄左右（肌内注射）。经产母猪，每 4 个月免疫 1 次。后备母猪，6 月龄左右肌内注射 1 次，间隔 1 个月后加强免疫 1 次，产前 1 个月左右再免疫 1 次。种公猪每年春、秋季各免疫 1 次。

【保存】在 -20 ℃ 以下，有效期为 1 年。

【注意事项】①在运输、保存、使用过程中，应防止疫苗接触高温、消毒剂和阳光照射。②应对注射部位进行严格消毒。③疫苗稀释后限 2 h 内用完。④剩余的疫苗及用具，应经消毒处理后废弃。

（四）猪伪狂犬病灭活疫苗

本疫苗系用猪伪狂犬病病毒鄂 A 株接种 BHK-21 细胞系培养，收获病毒培养物，经甲醛溶液灭活后，加矿物油佐剂混合乳化制成。

【性状】本品呈乳白色液体，为油乳剂灭活苗。

【作用与用途】用于预防猪的伪狂犬病。

【用法与用量】使用前充分摇匀。种用仔猪断奶时肌内注射 3 mL，间隔 28～42 d 后再接种 1 次，每头 5 mL，以后按种猪每半年接种 1 次；妊娠母猪在产前 1 个月接种 1 次。育肥仔猪断奶时接种 1 次，每头 3 mL。

【免疫期】免疫期为 6 个月。

【保存】2～8 ℃ 保存，有效期为 1 年。

【注意事项】①疫苗保存及运输过程中严防冻结。②使用前应仔细检查包装,如发现破损、标签残缺、文字模糊、过期失效和未在规定温度下保存等异常情况时则禁止使用。③被免疫猪必须健康,凡体质瘦弱、患病、食欲不振、术后未愈者,严禁使用。④注射器具应严格消毒,每头猪更换一次针头,严禁打"飞针"。⑤启封后应 8 h 内用完。⑥废弃疫苗瓶及残余物应煮沸或焚烧处理。⑦其他注意事项见兽用生物制品一般注意事项。

三、猪细小病毒病疫苗

猪细小病毒是引起母猪繁殖障碍的病原之一。该病特征是初产母猪发生流产、死产、胚胎死亡、胎儿木乃伊化和病毒血症,而母猪本身并不表现临床症状,其他猪感染后也无明显临床症状。本病一般表现为地方性流行或散发,有时也呈流行性(或称暴发),这种暴发多见于畜群初次感染,特别是初产母猪症状明显。

(一)猪细小病毒灭活疫苗

本疫苗系用猪细小病毒接种胎猪睾丸细胞培养,收获病毒培养物经乙酰乙基亚胺灭活后,加矿物油佐剂混合乳化制成。

【性状】本品为乳白色乳剂。

【作用与用途】预防猪细小病毒感染。

【用法与用量】深部肌内注射,每头 2 mL。

【免疫期】免疫期为 6 个月。

【保存】2~8 ℃保存,有效期为 7 个月。

【注意事项】①用时使疫苗温度升至室温,并充分摇匀。②本疫苗切勿冻结,冻结后的疫苗严禁使用。③注射时所用器具需事先进行消毒。接种时应做局部消毒处理。④接种后剩余的疫苗、空瓶、稀释和接种用具等应消毒处理。⑤本疫苗在阳性猪场,对 5 月龄至配种前 14 d 的后备母猪、后备公猪均可使用;在阴性猪场,配种前母猪在任何时候均可接种,怀孕母猪不宜接种。⑥屠宰前 21 d 内禁止使用。

(二)猪细小病毒病灭活疫苗(CP - 99 株)

本品主要成分为猪细小病毒 CP - 99 株抗原,灭活前每 1 mL 病毒含量至少为 $10^{7.5}$TCID$_{50}$(抗原 HA50≥28.0)。

【性状】乳白色乳状液。

【作用与用途】用于预防猪细小病毒病。

【用法与用量】后备种母猪及公猪在 6~7 月龄或配种前 3~4 周注射 2 次

（间隔期21 d），每次深部肌内注射2 mL；经产母猪和成年公猪每年注射1次，每次深部肌内注射2 mL。

【免疫期】免疫期为6个月。

【不良反应】一般无可见不良反应。

【保存】2～8 ℃保存，有效期为1年。

【注意事项】①疫苗使用前应认真检查，如出现破乳、变色、玻璃瓶有裂纹等均不可使用。②疫苗应在标明的有效期内使用。使用前必须摇匀，疫苗一旦开启应限当天用完。③切忌冻结和高温。④本疫苗在疫区或非疫区均可使用，不受季节限制。⑤怀孕母猪不宜使用。

四、猪繁殖与呼吸综合征疫苗

猪繁殖与呼吸综合征（PRRS）是由猪繁殖与呼吸综合征病毒（PRRSV）引起的一种接触性传染病。各种日龄的猪均可感染，临床上主要表现为母猪繁殖障碍和仔猪的呼吸症状。母猪的繁殖障碍可表现为流产、死产和弱仔，生后仔猪的死淘率增加；哺乳仔猪的呼吸道症状主要表现为高热、呼吸困难等肺炎症状。

田间试验表明，母猪和其他猪在实验室感染期间或致弱PRRSV毒株后2周即可产生特异性抗体。野毒株感染后，抗体可在猪体内持续604 d。母猪和仔猪感染PRRSV后可获得免疫力，对PRRSV的再次感染发挥一定作用，抗体可在体内维持1年以上。同时感染动物的病毒血症一般持续1个月或更长，经常表现为尽管抗PRRSV抗体水平很高，但PRRSV长期存在于猪体内。因血清中和抗体出现相对较慢，接种后4～5周才能检测到，感染后10周达到高峰，而且很快消失。抗PRRSV的抗体通过Fc受体结合到巨噬细胞上，形成免疫复合物，提高了Fc受体阳性细胞的病毒感染作用，所以病毒血症持续时间较长。

国外已开发出猪繁殖与呼吸综合征弱毒活疫苗和灭活疫苗。但关于活疫苗在控制PRRSV感染、免疫效力和安全性方面仍存在不少争议。因此，对活疫苗的使用应予慎重。

（一）猪繁殖与呼吸综合征病毒活疫苗（CH－IR株）

本疫苗含猪繁殖与呼吸综合征病毒（CH－IR株）。

【性状】本品为淡黄色或乳白色海绵状疏松团块，加稀释液后迅速溶解。

【作用与用途】用于预防猪繁殖与呼吸综合征。

【用法与用量】颈部肌内注射,3~4 周龄仔猪免疫,每头 1 头份;母猪于配种前 1 周免疫,每头 2 头份。

【保存】-20 ℃保存,有效期为 18 个月。

【注意事项】①初次应用本疫苗的猪场,应先做小群试验。种公猪应慎用。②注射时所用器具需事先进行消毒,接种时应做局部消毒处理。③接种后剩余的疫苗、空瓶、稀释和接种用具等应消毒处理。④屠宰前 30 d 内禁止使用。⑤目前尚未进行该疫苗对变异毒株的免疫效力试验,尚不能确定疫苗对变异株的效果。

(二)猪繁殖与呼吸综合征灭活疫苗(Ch - 1a 株)

本疫苗含猪繁殖与呼吸综合征病毒(Ch - la 株)。

【性状】本品为乳白色乳剂。

【作用与用途】用于预防猪繁殖与呼吸综合征。

【用法与用量】颈部肌内注射,母猪在怀孕 40 d 内进行初次免疫接种,每头 4 mL,间隔 20 d 后,同样剂量再接种 1 次,以后每隔 6 个月接种 1 次。种公猪初次接种与母猪同时进行,间隔 20 d 后,同样剂量再接种 1 次,以后每隔半年接种 1 次,每次每头 4 mL。仔猪 15~21 日龄接种 1 次,每头 2 mL。

【免疫期】免疫期为 6 个月。

【保存】2~8 ℃保存,有效期 10 个月。

【注意事项】①用时使疫苗温度升至室温,并充分摇匀。②本疫苗切勿冻结,冻结后的疫苗严禁使用。③注射时所用器具需事先进行消毒,接种时应做局部消毒处理。④本疫苗接种后,有少数猪接种部位出现轻度肿胀,21 d 后基本消失。⑤屠宰前 21 d 不得进行接种。

(三)猪繁殖与呼吸综合征灭活疫苗(NVDC - JXAI 株)

本疫苗含猪繁殖与呼吸综合征病毒(NVDC - JXAI 株)。

【性状】本品为乳白色乳剂。

【作用与用途】用于预防猪蓝耳病。

【用法与用量】颈部肌内注射,3 周龄以上仔猪每头 2 mL,根据当地疫病流行状况,可在首免后 28 d 加强免疫 1 次。母猪在配种前接种 4 mL;种公猪每隔 6 个月接种 1 次,每次每头 4 mL。

【保存】2~8 ℃保存,有效期 1 年。

【注意事项】①本疫苗只用于接种健康猪。②用时使疫苗温度升至室温,并充分摇匀。启封后应当天用完。③本疫苗切勿冻结,冻结后的疫苗严禁使用。④注射时所用器具需事先进行消毒。接种时应做局部消毒处理。⑤本疫苗接种后,有个别猪可能出现体温升高、减食等反应,一般在 2 d 内可自行恢复,重者可注射肾上腺素,并采取辅助治疗措施。⑥屠宰前 21 d 不得进行接种。⑦接种后剩余疫苗、空瓶、稀释和接种用具等应消毒处理。

五、猪乙型脑炎疫苗

流行性乙型脑炎又称日本乙型脑炎,是由流行性乙型脑炎病毒引起的一种人畜共患传染病,流行区域包括日本、中国及东南亚一些国家,在公共卫生上具有重要意义。乙型脑炎病毒可产生持久免疫力,并且乙型脑炎病毒抗原变异不明显,这些为乙型脑炎疫苗用于预防提供了良好基础。

(一)猪乙型脑炎灭活疫苗

本疫苗是用 HWl 株猪乙型脑炎病毒接种小鼠脑内,收获感染的小鼠脑组织制成悬液,经甲醛溶液灭活后,加矿物油佐剂混合乳化制成的。

【性状】本品为乳白色乳剂。

【作用与用途】用于预防猪乙型脑炎。

【用法与用量】肌内注射。种猪于 6 ~ 7 月龄(配种前或蚊虫出现前 20 ~ 30 d)接种疫苗两次(间隔 10 ~ 15 d);经产母猪及成年公猪每年注射 1 次,每次 2 mL。

【免疫期】免疫期为 10 个月。

【保存】2 ~ 8 ℃保存,有效期 1 年。

【注意事项】①用时使疫苗温度升至室温,并充分摇匀。②本疫苗切勿冻结,冻结后的疫苗严禁使用。③注射时所用器具需事先进行消毒。接种时应做局部消毒处理。④接种后剩余疫苗、空瓶、稀释和接种用具等应消毒处理。

(二)猪乙型脑炎活疫苗(SAl4 - 14 - 2 株)

本品含乙型脑炎病毒 SA14 - 14 株,每头份病毒含量 $\geqslant 10^5$ pfu。

【性状】本品呈乳白色或浅黄色海绵状疏松团块,易与瓶壁脱离,加稀释液后迅速溶为橘红色透明液体。

【作用与用途】用于预防猪乙型脑炎。

【用法与用量】按瓶签注明头份,用本品专用的稀释液,稀释后肌内注射。仔猪、母猪、公猪均注射 1 头份。推荐免疫程序为:种用公、母猪于配种前(6 ~ 7 月龄)或每年蚊虫出现前 20 ~ 30 d 肌内注射 1 头份,热带地区每半年接种一次。

169

【免疫期】对仔猪的免疫期为 6 个月,对母猪的免疫期为 9 个月。

【不良反应】一般无不良反应。

【保存】在 2 ~ 8 ℃保存,有效期为 6 个月;在 - 15 ℃以下保存,有效期为 18 个月。

【注意事项】①疫苗在运输、保存、使用过程中应防止高温、消毒剂和阳光照射。使用本疫苗前应仔细检查包装,如发现破损、标签模糊、过期或失真空等现象时禁止使用。②被免疫猪必须健康,体质瘦弱、患病、食欲不振者均不应注射。③免疫所用器具均应事先消毒,用过的空疫苗瓶及器具应及时消毒处理,每注射 1 头猪必须更换 1 次消毒过的针头。④本疫苗必须用专用稀释液稀释,应随用随稀释,并保证在稀释后 2 h 内用完。⑤其他注意事项见兽用生物制品一般注意事项。

六、猪传染性胃肠炎

猪传染性胃肠炎是一种高度传染性肠道疾病,以呕吐、水样腹泻和脱水为其临床特征。不同年龄和品种的猪都易感,但 2 周以内仔猪的病死率很高,5 周以上的猪很少死亡。目前本病分布于世界许多养猪国家,其猪群阳性率为 19% ~ 100%。在我国,1958 年台湾省首次报道,以后在大陆许多地方发生。

采用强毒人工免疫的方法,能取得保护仔猪的明显效果,但该方法人为使母猪发病,能加重环境污染,扩大疾病的蔓延,还可能造成其他传染病的暴发,故国际上已停止使用。后来用过灭活苗,而灭活苗由于不能产生乳汁免疫而较少应用,因此,目前研究最多的是活疫苗。用活疫苗免疫时,乳汁中的抗体主要是 IgG,分泌型的 IgA 少,所以自乳汁中消失得早,这也是长期以来认为活疫苗免疫效果不理想的主要依据。目前国际上的活疫苗毒株主要有 CKP 弱毒株(匈牙利)、BI - 300 疫苗株(德国)、Rims 株(德国)、TGE - Vae 株(美国)、H - 5 和 To - 163 株(日本)等。我国也培育成功了华毒株活疫苗,其免疫效果达到或超过了国外同类疫苗。

(一)猪传染性胃肠炎 H - 5 活疫苗

该疫苗是根据日本生物科学研究所提出的 L - K 免疫法(即活苗 - 灭活苗并用法)研制的。免疫该苗后,对 3 日龄哺乳仔猪攻击强毒均安全,对 12 ~ 23 日龄仔猪攻毒约 3/4 无反应,反应的仔猪也是一过性的,食欲良好,体重不减,恢复后发育正常。

【作用与用途】用于预防猪传染性胃肠炎。

【用法与用量】一般免疫两次,第一次给妊娠6周内母猪鼻内喷雾接种弱毒活疫苗1mL,第二次在产前2～3周肌内注射灭活疫苗1 mL。

(二)猪传染性胃肠炎华毒株活疫苗

该疫苗株是通过胎猪肾细胞传代致弱的,对妊娠母猪于产前45 d及15 d左右进行肌肉、鼻内各接种1 mL。120代及135代毒各返祖5及6代,均未见毒力增强。对3日龄哺乳仔猪主动免疫的安全性为90%以上,被动免疫的保护率达95%以上。接种母猪对胎儿无侵袭力。

【作用与用途】用于预防猪传染性胃肠炎。

【用法与用量】妊娠母猪在产前15～45 d肌内注射和滴鼻各1 mL,可使仔猪获得有效的被动免疫力。

(三)猪传染性胃肠炎-猪轮状病毒病二联活疫苗

本品用猪传染性胃肠炎病毒疫苗株和猪轮状病毒A群两个主要血清型弱毒疫苗株,分别用适宜细胞培养,经适当配比并加入稳定剂后,冷冻真空干燥制成。

【性状】本品为浅黄色海绵状疏松团块,稀释溶解后呈淡粉色均质液体。

【作用与用途】用于预防猪传染性胃肠炎病毒和猪轮状病毒引起的腹泻病。

【用法与用量】每瓶疫苗用注射用水或灭菌生理盐水稀释到20 mL。

经产母猪和后备母猪,分娩前5～6周和1周各肌内注射1 mL,免疫期为4个月。

仔猪、新生猪喂奶前,每头肌内注射1 mL,至少30 min后喂奶,免疫期为1年。仔猪断奶前7～10 d,每头肌内注射2 mL,免疫期半年。

架子猪、育肥猪和种公猪,每头肌内注射1 mL,免疫期为6个月。

【保存】5 ℃以下避光保存,有效期为1年。

【注意事项】①本品为弱毒活疫苗,在运输、保存、使用过程中要避免阳光、高温、消毒剂及其他化学药品的影响。②启封稀释后,当天尽快用完,不能久存,剩余的稀释疫苗消毒后废弃。③猪腹泻病病因十分复杂,疫苗免疫期间应做好类症鉴别诊断及细菌性腹泻、寄生虫性腹泻和猪流行性腹泻等腹泻病控制。④应在当地兽医正确指导下使用。

七、猪流行性腹泻

猪流行性腹泻(PED)是由猪流行性腹泻病毒引起的一种接触性肠道传染

病,其特征为呕吐、腹泻、脱水。临床变化和症状与猪传染性胃肠炎极为相似。首发于欧洲,20世纪80年代初我国陆续发生本病。在我国多发生在每年12月至翌年1~2月,夏季也有发病的报道。可发生于任何年龄的猪,年龄越小,症状越重,死亡率高。

(一)猪传染性胃肠炎－猪流行性腹泻二联活疫苗

本疫苗含猪传染性胃肠炎病毒弱毒株和猪流行性腹泻病毒(CV777株)。

【性状】本品为淡黄白色海绵状疏松团块,加稀释液后迅速溶解。

【作用与用途】用于预防猪传染性胃肠炎和猪流行性腹泻两种猪腹泻症。

【用法与用量】按瓶签规定头份用生理盐水稀释成每1.5 mL含1头份。后海穴(尾根与肛门之间凹陷的小窝部位)注射,进针时保持与直肠平行或稍偏上。妊娠母猪于产仔前20~30 d每头接种1.5 mL;其所生仔猪于断奶后7~10 d每头注射0.5 mL。未免疫母猪所产3日龄以内仔猪每头注射0.2 mL。25 kg以下仔猪1 mL,25~50 kg育成猪1 mL,50 kg以上成猪1.5 mL。进针深度:3日龄仔猪0.5 cm,随猪龄增大而加深,成猪4 cm。

【免疫期】主动免疫接种后7 d可产生免疫力,免疫持续期为6个月。仔猪被动免疫的免疫期至断奶后7 d。

【保存】20 ℃以下保存,有效期为两年。2~8 ℃保存,有效期为1年。

【注意事项】①疫苗在运输过程中防止高温和阳光照射,在免疫接种前应充分振摇后再行接种。疫苗稀释后限11 h内用完。②给妊娠母猪接种疫苗时要适当保定,以避免引起机械性流产。③接种疫苗的进针深度按猪龄大小从0.5~4 cm,3日龄仔猪为0.5 cm,随猪龄增大则进针深度加大,成猪为4 cm。进针时保持与直肠平行或稍偏上,避免疫苗注入直肠内。

(二)猪传染性胃肠炎－猪流行性腹泻二联灭活疫苗

本疫苗含猪传染性胃肠炎病毒(华毒株)和猪流行性腹泻病毒(CV777株)。系用猪传染性胃肠炎和猪流行性腹泻病毒分别接种PK15和Vero细胞培养,收获感染细胞液,经甲醛溶液灭活后,等量混合,加氢氧化铝胶浓缩制成。用于预防猪传染性胃肠炎和猪流行性腹泻。主要用于妊娠母猪的接种,使其所产仔猪获得被动免疫,也用于主动免疫保护不同年龄的猪。用于主动免疫时接种后14 d产生免疫力,免疫期为6个月。仔猪被动免疫的免疫期为哺乳期至断奶后7 d。

【性状】本品为粉红色均匀混悬液。久置后上层为红色澄清液体,下层为淡灰色沉淀,振摇后即成为均匀混悬液。

【作用与用途】用于预防猪传染性胃肠炎和猪流行性腹泻两种病毒引起的猪腹泻症。

【用法与用量】后海穴注射,妊娠母猪于产仔前 20 ~ 30 d 每头接种 4 mL;其所生仔猪于断奶后 7 d 内每头注射 1 mL。25 kg 以下仔猪 1 mL,25 ~ 50 kg 育成猪 2 mL,50 kg 以上成猪 4 mL。

【免疫期】主动免疫接种后 2 周可产生免疫力,免疫持续期为 6 个月。仔猪被动免疫的免疫期至断奶后 7 d。

【保存】2 ~ 8 ℃保存,有效期为 1 年。

【注意事项】①疫苗不得冻结,在运输过程中防止高温和阳光照射,在免疫接种前应充分振摇后再行接种。②给妊娠母猪接种疫苗时要适当保定,以避免引起机械性流产。③接种疫苗的进针深度按猪龄大小可为 0.5 ~ 4 cm,3 日龄仔猪为 0.5 cm,随猪龄增大则进针深度加大,成猪为 4 cm。进针时保持与直肠平行或稍偏上,避免疫苗注入直肠内。④接种时应执行常规无菌操作。

(三)猪流行性腹泻氢氧化铝灭活疫苗

本品系用猪流行性腹泻病毒国内分离的沪毒株人工感染仔猪,收获的组织捣碎后,经灭活,再配以氢氧化铝胶佐剂制成。

【性状】本品为乳白色或浅土黄色的均匀混悬液。静置后上清液透明,沉淀物为细腻的青色,用时充分振摇。

【作用与用途】接种健康猪,用于预防猪流行性腹泻病毒引起的腹泻症。主要供妊娠母猪的被动免疫用,断奶仔猪及其他猪可做主动免疫。其保护率可达 85% 以上。

【用法与用量】接种方法为后海穴注射法。被动免疫:于产前 20 ~ 30 d 注射,每头 3 mL。主动免疫:体重 10 kg 以内的猪每头 0.5 mL;10 ~ 25 kg 的猪每头 1 mL;25 ~ 50 kg 的猪每头 2 mL;50 kg 以上的猪每头 3 mL。启封后当天用完。

【免疫期】免疫力产生期为 2 周,免疫期为 6 个月。

【保存】2 ~ 8 ℃条件下避光保存,有效期为 1 年。

【注意事项】本疫苗只对猪流行性腹泻病毒引起的腹泻有效,对其他原因引起的腹泻不起作用。其他注意事项同猪传染性胃肠炎 – 猪流行性腹泻二联灭活疫苗。

八、猪传染性萎缩性鼻炎疫苗

猪传染性萎缩性鼻炎是一种广泛流行的以鼻炎、鼻甲骨萎缩为特征的猪慢性呼吸道传染病。临床上特征性表现为喷嚏、鼻塞或鼻衄。本病可导致颜面变形、鼻梁歪斜、鼻甲骨萎缩和生长缓慢，可造成严重的经济损失。目前在世界养猪发达国家和地区均有本病发生。

猪传染萎缩性鼻炎由支气管败血波氏杆菌 I 相菌和产毒素性多杀性巴氏杆菌感染引起，目前公认的观点是支气管败血波氏杆菌作为本病的原发性致病因素，能引起轻度的可逆性萎缩性鼻炎；而 D 型或 A 型多杀性巴氏杆菌产毒素源性菌株感染，繁殖和释放出的毒素，引起严重的不可逆性萎缩性鼻炎和生长迟缓。此外，由环境性刺激物或其他感染也可引起猪鼻黏膜原发性损伤，成为本病的助发因子。

（一）猪传染性萎缩性鼻炎灭活疫苗

本疫苗系用败血波氏杆菌和 D 型多杀性巴氏杆菌分别接种适宜培养基培养后，收获两种菌体分别经甲醛溶液灭活后浓缩，加适当佐剂配制而成。

【性状】本品为乳白色乳剂。

【作用与用途】用于接种健康怀孕母猪和后备母猪，预防所产仔猪由支气管败血波氏杆菌和 D 型巴氏杆菌引起的猪传染性萎缩性鼻炎。

【用法与用量】肌内注射。健康妊娠母猪分别在分娩前第六周和第二周接种；下次分娩前 2 周再接种 1 次，每次每头 2 mL。

【保存】2~8 ℃保存，有效期 18 个月。

【注意事项】①本疫苗切勿冻结，冻结后的疫苗严禁使用。②使用前应充分摇匀。开瓶后限 1 次用完。应使用灭菌的注射器和针头。③接种后部分动物中可见在注射部位出现暂时性肿胀，有时会发生过敏反应，可使用抗过敏药物。

（二）猪传染性萎缩性鼻炎活疫苗

本疫苗的重要成分之一纯化的巴氏杆菌类毒素产生的抗体能完全中和产毒素巴氏杆菌所产毒素，从而终止其对猪危害。

【用法】

1. 后备母猪使用方法

（1）基础免疫　免疫 2 次，间隔 6 周，基础免疫于配种前 1 个月左右完成。

（2）常规免疫　每胎产前 3~5 周免疫 1 次，小猪场每 4 个月免疫 1 次。

2. 经产母猪使用方法

（1）基础免疫　高温季节，除产前 2 周内重胎母猪外，其他母猪免疫 2 次，间隔 6 周，前述未免重胎母猪待产后 1 周再做免疫，方法同前；其他季节，所有母猪免疫2次,间隔6周。

(2)常规免疫 每胎产前3~5周免疫1次,小猪场每4个月免疫1次。

【注意事项】①100 kg以上猪免疫时使用16号38mm针头。②当存在应激(如高温)时,注意选择适合的免疫时间及免疫操作,以避免或减少应激反应的发生。③及时且足量的初乳对免疫效果的影响很大。④免疫时见出血或免疫后1周见红肿(感染)者立刻补充免疫。

(三)猪传染性萎缩性鼻炎二联油乳剂灭活菌苗

本疫苗系用有良好免疫原性的支气管败血波氏杆菌I相菌株和D型多杀性巴氏杆菌菌株,分别在适宜的培养基培养后,经灭活、浓缩后按比例配制,再加油佐剂乳化制成。

【性状】本品为乳白色乳剂,为油包水型。久置后可有少许抗原下沉,上部有清亮的油层析出,振荡后为均质。

【用法与用量】经过基础免疫(颈部皮下注射1 mL)的妊娠母猪,均于每次产仔前1个月颈部皮下注射油乳剂灭活菌苗2 mL。所产仔猪在1周龄用稀释的菌苗滴鼻免疫,每侧鼻孔0.25 mL;在1月龄加强免疫1次,每侧鼻孔滴0.5 mL,同时颈部皮下注射油乳剂灭活菌苗0.2 mL;或于3~4周龄注射0.5 mL,在转群或出售前2周再加强免疫1次。种公猪每年免疫2次。

【不良反应】本菌苗皮下接种后对各类猪均安全,不发生发热等不良反应,不引起妊娠母猪流产、产死胎和畸胎等。

【保存】2~8 ℃保存,有效期为1年;25~31 ℃保存,有效期为1个月。本品在运输和使用时,必须放在装有冰块的冷藏容器内。

【注意事项】①防止菌苗冻结,菌苗使用前由冰箱取出,平衡至室温,充分摇匀后使用。②油乳剂灭活菌苗如出现破乳、变色、凝集块、不易摇散等情况,均不能使用。③在注射部位有时可触摸到皮下硬肿,短期内可消退。④注射器、针头等用具,用前必须消毒,在注射部位应涂以5%碘酊消毒,每注射1头猪必须换1个针头。用过的器具、空瓶和胶塞等应及时煮沸消毒处理。

九、猪口蹄疫疫苗

口蹄疫是由口蹄疫病毒所致的一种偶蹄动物烈性传染病,是世界上最重要的动物疫病之一。虽然该病死亡率不高,成年偶蹄类低于5%,但其传染性很高,传播迅速,感染牛、猪、羊后使其生产能力下降,严重危害畜牧业的发展和肉类及其产品的生产和供应。因而该病始终被各国政府所重视,将其列作进出口贸易中严格限制的主要检疫对象。世界动物卫生组织 1974 年第 42 届常委会将口蹄疫列为国际动物卫生法典中 18 种 A 类疾病之首。几十年来各国在防治该病方面取得了不少成绩，特别是近 10 年以来，欧洲已逐渐成为无疫区，南美洲疫情也逐年减少。根据口蹄疫世界咨询实验室记载，至 1991 年年底的统计资料，亚洲有 21 个国家或地区、非洲有 15 个国家或地区、拉美有 7 个国家仍然有口蹄疫流行，全球另有 19 个国家或地区为散发性存在。

（一）猪口蹄疫灭活疫苗（O 型，I）

本疫苗系用猪口蹄疫 O 型病毒（强毒株）接种 BHK－21 或 IBRS－2 细胞系培养，收获病毒培养物经二乙烯亚胺灭活后，加矿物油佐剂混合乳化制成。

【性状】本疫苗为乳白色或淡红色乳状液。经储存后，允许在疫苗瓶中的乳状液液面上有少量油相析出，摇之即呈均匀乳状液。

【作用与用途】用于预防猪 O 型口蹄疫。

【用法与用量】耳后部肌内注射。10～25 kg 重的猪每头 1 mL；25 kg 以上的猪每头 2 mL。

【免疫期】免疫期为 6 个月。

【保存】2～8 ℃保存，有效期为 1 年。

【注意事项】①本疫苗只用于接种健康猪。怀孕后期（临产前 1 个月）的母猪、未断奶仔猪禁用。②用时使疫苗温度升至室温，并充分摇匀。启封后应当天用完。③本疫苗切勿冻结，冻结后的疫苗严禁使用。④疫苗宜冷藏运送，运输和使用过程中，应避免日光直接照射。⑤炎热季节接种时，应选在清晨或傍晚进行。⑥注苗用具和注射局部应严格消毒，每注射 1 头猪更换 1 次针头。注射时，进针要达到适当深度（肌肉内）。⑦曾接触过病畜的人员，在更换衣服、鞋、帽和进行必要的消毒之后，方可参与疫苗注射。⑧接种疫苗后，可能会引起家畜产生不良反应，如接种部位肿胀，体温升高，减食或停食 1～2 d，之后反应会逐渐减轻，直至消失。因品种或个体的差异，少数猪可能出现急性过敏反应（如焦躁不安、呼吸加快、肌肉震颤、鼻出血、口角流沫等），甚至因抢救不及时而死亡，部分妊娠母猪可能流产。建议及时使用肾上腺素等药物，同时采用适当的辅助治疗措施，以减少死亡。因此，首次使用本疫苗的地区，应选择一定数量（约 30 头）猪进行小范围试用并观察，确认无不良反应后方可扩大接种面。⑨接种后剩余疫苗、空瓶、稀释和接种用具等应消毒处理。

（二）猪口蹄疫灭活疫苗（O 型，II）

本疫苗系用猪口蹄疫 O 型病毒（OZK/93）接种 BHK－21 细胞系培养，收获病毒培养物经二乙烯亚胺灭活后,加矿物油佐剂混合乳化制成。

【性状】本疫苗为乳白色或淡红色乳状液。经储存后,允许在疫苗瓶中的乳状液液面上有少量油相析出,摇之即呈均匀乳状液。

【作用与用途】用于预防猪 O 型口蹄疫。

【用法与用量】耳后部肌内注射。10 ~ 25 kg 重的猪每头 2 mL;25 kg 以上的猪每头 3 mL。

【免疫期】接种后 15 d 产生免疫力,免疫期为 6 个月。

【保存】2 ~ 8 ℃保存,有效期为 1 年。

【注意事项】同猪口蹄疫灭活疫苗(O 型,Ⅰ)

(三)猪口蹄疫 O 型灭活疫苗(O/GX/09 – 7 株 + O/XJ/10 – 11 株)

本品含灭活的猪源 O 型口蹄疫病毒中国拓扑型新变异毒 O/GX/09 – 7 株和东南亚拓扑型缅甸 – 98 毒 O/XJ/10 – 11 株,灭活前每毫升病毒含量应至少为 $10^{7.0}$TCID$_{50}$ 或每 0.2 mL 病毒含量应至少为 $10^{7.5}$LD$_{50}$。每头份疫苗对猪口蹄疫 O 型 O/GX/09 – 7 株和 O/XJ/10 – 11 株两个毒的效力应至少各含 6 个 PD$_{50}$。

【性状】淡粉红色或乳白色略带黏滞性乳状液。

【作用与用途】用于预防猪 O 型口蹄疫。

【用法与用量】耳根后肌内注射。体重 10 ~ 25 kg 猪,每头 1 mL(1/2 头份);25 kg 以上猪,每头 2 mL(1 头份)。

【免疫期】暂定为 6 个月。

【不良反应】一般反应:注射部位肿胀,一过性体温反应,减食或停食 1 ~ 2 d,随着时间延长,症状逐渐减轻,一般注苗 3 d 后即可恢复正常。严重反应:因品种、个体的差异,个别动物接种后可能出现急性过敏反应,如焦躁不安、呼吸加快、肌肉震颤、可视黏膜充血、呕吐、鼻腔出血等,抢救不及时可造成死亡;少数怀孕母猪可能会出现流产。

【保存】2 ~ 8 ℃保存,有效期暂定为 1 年。

【注意事项】①疫苗应在 2 ~ 8 ℃下冷藏运输,严禁冻结,运输和使用过程中,应避免日光直接照射,在使用前应将疫苗恢复至室温并充分摇匀。②注射前检查疫苗性状是否正常,并对猪严格进行体态检查,对于患病、体弱、产前 2 个月怀孕母猪和长途运输后处于应激状态猪暂不注射,待其恢复正常后方可再注射。注射器械、吸苗操作及注射部位均应严格消毒,保证一头猪更换一次针头;注射时,入针深度适中,确实注入耳根后肌肉(剂量大时应考虑肌肉内多点注射法）。③注射工作必须由专业人员进行,防止打"飞针"。注苗人员要严把"三关":猪的体态检查、消毒及注射深度、注后观察。④疫苗在疫区使用时,必须遵守先安全区(群)、然后受威胁区(群)、最后疫区(群)的原则,并在注苗过程中做好环境卫生消毒工作,注苗 15 d 后方可进行调运。⑤注射疫苗前必须对人员进行技术培训,严格遵守操作规程,曾接触过病猪的人员,在更换衣服、鞋、帽和进行必要的消毒之后,方可参与疫苗注射。25 kg 以下仔猪注苗时,应提倡采用肌内分点注射法。⑥疫苗在使用过程中做好各项登记记录工作。⑦用过的疫苗瓶、器具和未用完的疫苗等污染物必须进行消毒处理或深埋。⑧免疫注射是预防控制猪口蹄疫的措施之一,免疫注射同时还应采取消毒、隔离、封锁等生物安全防范措施。⑨怀孕后期的母畜慎用。⑩当发生严重过敏反应时,可用肾上腺素或地塞米松脱敏施救。

十、猪支原体肺炎疫苗

猪支原体肺炎又称猪地方流行性肺炎,习惯称猪气喘病,是由猪肺炎支原体引起的慢性呼吸道传染病。本病死亡率低,发病率甚高,最常见慢性型,感染猪发育迟缓、饲料转化率降低及上市期推迟。本病广泛流行于世界各地,经济损失十分严重。

(一)猪支原体肺炎活疫苗

本品采用猪肺炎支原体兔化弱毒株接种 SPF 鸡胚或乳兔,收获鸡胚卵黄囊或乳兔肌肉制成乳剂,加适当稳定剂经冷冻真空干燥制成。

【性状】本疫苗鸡胚苗淡黄色,乳兔苗为淡红色。冻干苗为海绵状疏松团块,加稀释液后振摇即溶解。

【作用与用途】用于预防猪支原体肺炎(猪气喘病)。

【用法与用量】按瓶签标明头份,以每头份苗加 5 mL 灭菌生理盐水(冬天或从冰箱取出时应预先升温至 25～28 ℃)的比例稀释溶解。猪右侧胸腔内注射,肩胛骨后缘 3.3～6.6 cm 处两肋骨间进针,穿透胸壁将疫苗注入胸腔内。每头注射 5 mL。

【保存】-15 ℃以下保存,有效期 11 个月。

【注意事项】①注射前 3 d 及注射后 30 d 内禁用土霉素、卡那霉素、防霉剂等药物及含以上药物的配合饲料。②运输时应冷藏运输。疫苗稀释后限当天用完。③注射用具必须消毒,注射前后均应用 5% 碘酊消毒注射部位。应做到每注射 1 头,换 1 个针头。④接种后剩余疫苗、空瓶、稀释和接种用具等应消毒处理。

(二)猪支原体肺炎灭活疫苗(P‑5722‑3株)

本品含灭活的猪肺炎支原体,每头份相对效力不少于1.0。

【性状】本品为红色澄明液体,静置后瓶底有少量沉淀,振摇后呈均匀混悬液。

【作用与用途】用于预防猪支原体肺炎。

【用法与用量】肌内注射。仔猪:7~10日龄时接种2 mL,2~3周后加强接种1次。育肥猪:入栏时接种2 mL,2~3周后加强接种1次。种猪:易感猪或免疫状况不明的猪应接种2次,间隔2~3周。首次接种应在6月龄时进行,以后每半年加强接种1次。

【不良反应】一般无肉眼可见不良反应。极少数情况下会发生过敏反应,如发生,解毒剂为肾上腺素。

【保存】2~8 ℃下保存,有效期为2年半。

【注意事项】①仅用于接种健康猪。②开封后一次用完。③避免冻结。④用前摇匀,并使疫苗达到室温。疫苗未恢复到室温前使用会导致动物机体出现短暂的体温升高,但不会对猪健康和生长性能产生不良影响。⑤疫苗中含有青霉素。⑥屠宰前21 d内禁止使用。

十一、猪传染性胸膜肺炎疫苗

猪接触传染性胸膜肺炎是猪的一种高度接触传染性呼吸道疾病,以出血性坏死肺炎和纤维素性胸膜炎为特征。因本病传播是通过猪之间的密切接触为主要方式,故世界凡养猪业发达的国家均有存在。胸膜肺炎主要发生于6~20周龄的生长猪和育肥猪,在猪群中急性暴发可引起死亡率和医疗费用急剧上升,慢性感染群则因生长率和饲料报酬降低,造成严重经济损失。

本疫苗系用猪胸膜肺炎放线杆菌(QH‑1株、HN‑3株、Wf‑7株)分别接种适宜的培养基培养,收获菌液浓缩,经甲醛灭活后按适当比例混合,加矿物油佐剂乳化制成。

【性状】本品为乳白色乳剂。

【作用与用途】用于预防由1、3、7型胸膜肺炎放线杆菌引起的猪传染性胸膜肺炎。

【用法与用量】耳后肌内注射,体重20 kg以下仔猪每头接种2 mL,20 kg以上猪每头接种3 mL。

【免疫期】免疫期为 6 个月。

【不良反应】疫苗注射后,个别猪可能会出现体温升高、减食、注射部位红肿等不良反应,一般很快自行恢复。注射局部可能出现肿胀,短期可消退。一般情况下有轻微体温反应,但不引起流产、死胎和畸胎等不良反应,由于个体差异或者其他原因(如营养不良、体弱发病、潜伏感染、感染寄生虫、运输或环境应激、免疫机能减退等),个别猪在注射后可能出现过敏反应,可用抗过敏药物(如地塞米松、肾上腺素等)进行治疗,同时采取适当的辅助治疗措施。

【保存】2 ~ 8 ℃保存,有效期为 1 年。

【注意事项】①本疫苗运送和使用过程中应避免高温和暴晒。注射前,应了解当地确无疫病流行,只接种健康猪,对体质瘦弱、患有其他疾病的猪及初生仔猪不应注射。对于暴发猪传染性胸膜肺炎的猪场,应选用敏感药物拌料、饮水或注射,疫情控制后再全部注射疫苗。②用时使疫苗温度升至室温,并充分摇匀。限 4 h 内用完。用于接种的工具应清洁无菌,做到一个针头一只猪。③本疫苗切勿冻结,冻结后的疫苗严禁使用。④注射时所用器具需事先进行消毒。接种时应做局部消毒处理。⑤屠宰前 21 d 不得进行接种。⑥接种后剩余的疫苗、空瓶、稀释和接种用具等应消毒处理。

十二、猪丹毒疫苗

猪丹毒是由猪丹毒杆菌引起的一种人畜共患传染病,临床主要表现为急性败血型和亚急性疹块型,还有表现为慢性多发性关节炎或心内膜炎。本病曾是猪的重要传染病之一。

(一)猪丹毒活疫苗

本疫苗系用猪丹毒杆菌弱毒 GC42 株或 G4T10 菌株的培养物加入适当稳定剂经冷冻真空干燥制成。

【性状】本品为淡褐色海绵状疏松的团块,加入稀释液后即溶解。

【作用与用途】用于预防猪丹毒,供断奶后的猪使用。

【用法与用量】按瓶签注明的头份,每头份加入摇匀的 20% 氢氧化铝胶生理盐水 1 mL 稀释(铝胶盐水使用前必须充分摇匀),振荡溶解后,每头猪皮下注射 1 mL。GC42 株疫苗也可口服,口服时剂量加倍。

【免疫期】免疫期为 6 个月。

【保存】- 15 ℃保存,有效期为 1 年;2 ~ 8 ℃保存,有效期为 9 个月。

【注意事项】①本品随用随稀释,稀释后的疫苗应放冷暗处,并限 4 h 内用完。②注射器、针头等用具,用前需经消毒,在注射部位应涂以5%碘酊消毒,每注射1头猪须换1个针头。③口服时,在接种前应停食4 h,用冷水稀释疫苗,拌入少量新鲜凉饲料中,让猪自由采食。④接种后剩余疫苗、空瓶、稀释和接种用具等应消毒处理。

(二)猪丹毒灭活疫苗

本疫苗系用猪丹毒杆菌2型C43-5株的培养物经甲醛溶液灭活后,加氢氧化铝胶浓缩制成。

【性状】本品静置后上层为橙黄色澄清液体,下层为灰白色或浅褐色沉淀,振摇后即成为均匀混悬液。

【作用与用途】用于预防猪丹毒。

【用法与用量】皮下或肌内注射。体重10 kg以上的断奶猪每头5 mL,未断奶仔猪每头3 mL(间隔1个月后再接种3 mL)。

【免疫期】免疫期为6个月。

【保存】2~8 ℃保存,有效期为18个月。

【注意事项】①本疫苗切勿冻结,冻结后的疫苗严禁使用。②用时使疫苗温度升至室温,并充分摇匀。启封后应当天用完。③瘦弱、体温或食欲不正常以及临产期的猪不宜接种。④接种时应做局部消毒处理。⑤接种后一般无不良反应,有时在注射部位出现微肿或硬结,以后会逐渐消失。⑥接种后剩余的疫苗、空瓶、稀释和接种用具等应消毒处理。

(三)猪丹毒-猪多杀性巴氏杆菌病二联灭活疫苗

本疫苗系用猪丹毒杆菌2型C43-5株及猪多杀性巴氏杆菌B群C44-1株,分别接种适宜的培养基培养,收获培养物,用甲醛溶液灭活后,加氢氧化铝胶浓缩,按适当比例混合制成。

【性状】本品静置后上层为橙黄色澄清液体,下层为灰褐色沉淀,振摇后即成为均匀混悬液。

【作用与用途】用于预防猪丹毒、猪肺疫。

【用法与用量】皮下或肌内注射。体重10 kg以上的断奶仔猪每头5 mL。未断奶仔猪每头3 mL,间隔1个月后再接种3 mL。

【免疫期】免疫期为6个月。

【保存】2~8 ℃保存,有效期为1年。

【注意事项】同猪丹毒灭活疫苗。

猪丹毒的其他二联、三联疫苗有:猪瘟-猪丹毒-猪多杀性巴氏杆菌病三联活疫苗等。

十三、猪肺疫疫苗

猪肺疫又称猪巴氏杆菌病,急性病例呈败血性变化,咽喉部发生急性肿胀和发生胸膜肺炎;慢性病例以慢性肺炎或慢性胃肠炎为特征。猪肺疫呈世界性分布,目前仍然是重要的猪细菌性传染病之一。病原为多杀性巴氏杆菌,以血清型 5: A、6: B 为多,其次也见 8: A、2: D 等血清型。国内分离自病猪群的多杀性巴氏杆菌以荚膜血清型 B 和 A 为主。

(一)猪多杀性巴氏杆菌病活疫苗(E0630 株)

本疫苗系用多杀性巴氏杆菌弱毒 E0630 菌株接种适宜培养基培养,将培养物加适当的稳定剂,经冷冻真空干燥而成。

【性状】本品为灰白色海绵状疏松团块,加稀释液后即溶解成均匀的悬浮液。

【作用与用途】用于预防猪巴氏杆菌病(猪肺疫)。

【用法与用量】按瓶签注明头份,加入摇匀的 20% 氢氧化铝胶生理盐水稀释,充分溶解后,每头猪皮下或肌内注射 1 mL(含 1 头份)。

【免疫期】免疫期为 6 个月。

【保存】-15 ℃以下保存,有效期为 1 年;2~8 ℃保存,有效期为 6 个月。

【注意事项】①本疫苗稀释后限 4 h 用完。用时随时摇匀。②接种时应做局部消毒处理。③接种后,其注射用具、盛苗容器及稀释后剩余的疫苗必须消毒处理。

(二)猪多杀性巴氏杆菌病灭活疫苗

【性状】本疫苗是用荚膜 B 型多杀性巴氏杆菌 c44-1 株培养液经甲醛溶液灭活后,加氢氧化铝胶浓缩制成。本品静置后上部为橙黄色透明液体,下部为灰白色或浅褐色沉淀,经充分振摇呈均匀混浊状液体。

【作用与用途】用于预防猪肺疫。

【用法与用量】皮下或肌内注射。断奶后的猪,不论大小每头 5 mL。

【免疫期】免疫期为 6 个月。

【保存】2~8 ℃保存,有效期为 1 年。

【注意事项】①本疫苗切勿冻结,冻结后的疫苗严禁使用。②用时使疫苗温度升至室温,并充分摇匀。启封后应当天用完。③接种时应做局部消毒处理。④接种后,其注射用具、盛苗容器及稀释后剩余的疫苗必须消毒处理。

(三)猪瘟－猪肺疫二联活疫苗

本品系用猪瘟兔化弱毒株,接种易感染细胞培养,收获细胞培养物,与多杀性巴氏杆菌弱毒菌液按规定比例配制,加适当稳定剂,经冷冻真空干燥而成。

【性状】本品为灰白色或淡褐色海绵状疏松团块,加稀释液即溶解成均匀的混悬液。

【作用与用途】用于预防猪瘟、猪肺疫,大小猪均可使用。

【用法与用量】按瓶签规定头份,每头份加入 1 mL 20% 铝胶盐水稀释液进行稀释,不论猪大小,一律肌内注射 1 mL。

【免疫期】猪瘟免疫保护期为 1 年,猪肺疫免疫保护期为 6 个月。

【保存】-15 ℃保存,有效期为 1 年;0～8 ℃保存,有效期为 6 个月;20 ℃保存,有效期为 10 d。

【注意事项】①稀释用的铝胶盐水,静置后如有上清液混浊或下部氢氧化铝变色、含杂质、长霉菌等,不能使用。②未断奶或刚断奶的仔猪可以注射,但必须在断奶 2 个月左右再注射 1 次,以增强其免疫力。妊娠母猪可以注射本苗,但临产猪最好不用,以免引起机械性流产。体弱或疑似病猪不应注射。③本疫苗接种前 1 周和注射后 10 d 内均不应喂含有抗菌成分的饲料和添加剂,或注射任何抗菌药物(如抗生素及磺胺类等)。注苗后有反应并用抗生素治疗的猪,应在康复后 2 周,再用二联苗免疫注射 1 次。

(四)猪丹毒－猪肺疫二联灭活疫苗

【性状】本品系用免疫原性良好的 B 型猪丹毒杆菌和猪源 B 型多杀性巴氏杆菌,分别接种于适宜的培养基中培养,培养物经甲醛溶液灭活,加氢氧化铝胶浓缩,按适当比例混合制成。本品为灰褐色均匀混悬液,久置后出现灰褐色沉淀,上层为橙色透明液体,振摇后能均匀分散。

【作用与用途】用于预防猪丹毒和猪肺疫。大、小健康猪均可使用。

【用法与用量】皮下注射或肌内注射。体重 10 kg 以上断奶猪 5 mL,未断奶仔猪 3 mL(间隔 45 d 再注射 3 mL)。

【免疫期】免疫期为 6 个月。

【保存】2～15 ℃保存,有效期为 18 个月;在 28 ℃以下保存,有效期 9 个月。

【注意事项】①疫苗用前应摇匀,并限 4 h 内用完,剩余疫苗不宜保留。注射局部有时可触摸到硬肿,短期内可消退。②本品在使用前应仔细检查,如发现冻结、破乳、没有瓶签或不清、苗中混有杂质等情况,以及已过期或未在规定条件下保存者,都不能使用。③为减少局部反应,菌苗使用前由冰箱取出后,温度应平衡至室温,并充分摇匀。④注意注射器、针头等用具以及注射部位的消毒,每注射 1 头猪必须换 1 个针头。用过的器具、空瓶和胶塞等应及时煮沸消毒处理。

(五)猪瘟－猪丹毒－猪肺疫三联活疫苗

本品系用细胞培养的猪瘟兔化弱毒液、在特定培养基中培养的猪丹毒弱毒(G4T10 株)菌液和猪肺疫弱毒(E0630 株)菌液混合后,加入适当稳定剂,经冷冻真空干燥制成。

【性状】本品为淡黄色或淡红色疏松团块,加稀释液后即溶解成均匀的混悬液。

【作用与用途】用于预防猪瘟、猪丹毒和猪肺疫。适于 2 月龄以上的猪。

【用法与用量】按瓶签注明头份,每头份加入 1 mL 生理盐水或铝胶盐水稀释液(铝胶盐水使用时必须充分摇匀),振摇溶解后,2 月龄以上的猪肌内注射 1 mL。

【不良反应】本品注射后,一般没有不良反应,但亦可能有少数猪出现减食、停食、精神差或有体温升高等反应,可根据医嘱注射肾上腺素等抗过敏药。

【注意事项】①断奶后无母源抗体的仔猪注射本品后,对猪瘟、猪丹毒和猪肺疫能产生较强的免疫力,对猪瘟的免疫力可持续 1 年,对猪丹毒和猪肺疫的免疫力约 6 个月;对未断奶和刚断奶仔猪可注射 1 次,必须在有经验的兽医指导下进行,断奶后 2 个月必须再注射 1 次,以增强免疫力。②应注意不同厂家所用的菌株有所不同。

十四、仔猪副伤寒疫苗

本疫苗系用猪霍乱沙门弱毒菌株 C500 的培养物,加入适当稳定剂,经冷冻真空干燥制成。

【性状】本品为灰白色海绵状疏松团块,加稀释液后迅即溶解。

【作用与用途】用于预防仔猪副伤寒。

【用法与用量】用于口服或注射。适用于 1 月龄以上哺乳或断奶健康仔猪。瓶签注明限于口服者不得注射。口服时按瓶签标明头份数,临用前用冷开水稀释成每份 5～10 mL,均匀地拌入少量新鲜冷饲料中,让猪自行采食。或将 1 头剂菌苗稀释 5～10 mL 给猪灌服。注射免疫时按瓶签标明头份数,用

20%氢氧化铝胶生理盐水稀释为每头剂 1 mL,充分溶解后,在猪耳后浅层肌内注射 1 mL。

【不良反应】注射免疫时,有的猪反应较大,可能出现体温升高、发抖、呕吐和减食等症状,一般 1~2 d 后即可自行恢复,重者可注射肾上腺素。口服法无上述反应或反应轻微。

【保存】-15 ℃以下保存,有效期为 2 年;2~8 ℃保存,有效期为 9 个月。

【注意事项】①稀释后的菌苗,限 4 h 内用完。用时要随时振摇均匀。②体弱有病猪不宜接种。③口服时最好在喂食前服用,以使每头猪都可吃到。④注射部位应先用碘酊消毒,然后注射。⑤接种后剩余疫苗、空瓶、稀释和接种用具等应消毒处理。

十五、猪链球菌病疫苗

猪链球菌病是由多种不同群的链球菌引起的不同临床类型传染病的总称。常见的有败血性链球菌病和淋巴结脓肿两种类型,特征为急性病例常为败血症和内膜炎,本病呈世界性分布。在我国也普遍存在,对养殖业危害很大。根据荚膜抗原的差异,猪链球菌有 35 个血清型(1~34 及 1/2)及相当数量无法定型的菌株。而目前按兰氏分群法则分为猪链球菌 2 型为 R 群,猪链球菌 1 型为 S 群,有的不能分群,有的属 S-R 群或 T 群,但非 C 群。α 或 β 溶血,一般起先为 α 溶血,延时培养后则变为 β 溶血,或者菌落周围不见溶血,刮去菌落则可见 α 或 β 溶血。猪链球菌 2 型在绵羊血平板呈 α 溶血,马血平板则为 β 溶血。猪链球菌菌落小,灰白透明,稍黏。菌体直径 1~2μm,单个或双个卵圆形,在液体培养基中才呈链状。康复猪具有坚强的免疫保护,感染猪可产生体液抗体。一般接种疫苗后 14 d 产生强免疫力,血清中出现沉淀抗体和补体结合抗体。

(一)猪败血性链球菌病活疫苗

本疫苗系用马腺疫链球菌兽疫亚种猪源弱毒 STl71 菌株,接种适宜的培养基培养,将其培养菌液加适当稳定剂,经冷冻真空干燥制成。

【性状】本品为灰白色或淡棕色海绵状疏松团块,加稀释液后迅速溶解。

【作用与用途】用于预防由马腺疫链球菌兽疫亚种菌引起的猪败血性链球菌病。

【用法与用量】按瓶签标明的头份,用摇匀的 20%氢氧化铝胶生理盐水或生理盐水稀释溶解,再充分摇匀,每头猪皮下注射 1 mL(含 1 头份)或口服

185

4 mL(含 1 头份)。

【免疫期】免疫期为 6 个月。

【保存】-15 ℃以下,有效期 18 个月;2 ~ 8 ℃保存,有效期 1 年。

【注意事项】①稀释后限 4 h 内用完。②本疫苗口服时拌入凉饲料中饲喂。口服前猪应停食停水 3 ~ 4 h。③应按规定剂量进行接种,不得随意增减使用剂量。④注射时应做局部消毒处理。⑤接种前后禁用抗生素类药物,以免影响免疫效果。⑥接种后剩余的疫苗、空瓶、稀释和接种用具等应消毒处理。

(二)猪链球菌病灭活疫苗(马链球菌兽疫亚种 + 猪链球 2 型)

本疫苗中含有灭活的马腺疫链球菌兽疫亚种 ATCC3524 菌株和猪链球菌 2 型 HA9801 株培养物。

【性状】疫苗静置后上层为澄清液体,下层为灰白色沉淀,振摇后即成为均匀混悬液。

【作用与用途】用于预防由 C 群马腺疫链球菌兽疫亚种菌和 R 群猪链球菌 2 型感染引起的猪链球菌病。

【用法与用量】肌内注射,仔猪每次接种 2 mL,母猪每次接种 3 mL。仔猪在 21 ~ 28 日龄首免,首免后 20 ~ 30 d 以同样剂量做第二次接种。母猪首次使用该疫苗,产前 45 d 首免,产前 30 d 按同样剂量进行第二次免疫。以后每胎产前 30 d 免疫 1 次。

【保存】2 ~ 8 ℃保存,有效期 1 年。

【注意事项】①仅用于健康猪。②本疫苗有分层属正常现象,用前应使疫苗恢复至室温,用时摇匀,一经开瓶当天用完。③疫苗切勿冻结。④注射时应做局部消毒处理。⑤接种后剩余的疫苗、空瓶、稀释和接种用具等应消毒处理。

十六、仔猪黄、白痢疫苗

(一)仔猪大肠杆菌病 K88、LTB 双价基因工程活疫苗

本疫苗系采用重组的大肠杆菌 K88、LTB 基因构建而成的菌株接种适宜培养基培养,将培养物加适当的稳定剂,经冷冻真空干燥而成。

【性状】本品为灰白色海绵状疏松团块,加稀释液后迅即溶解。

【作用与用途】用于预防大肠杆菌引起的新生仔猪腹泻。

【用法与用量】肌内注射或口服。按瓶签注明头份,用生理盐水稀释。肌

内注射免疫时在怀孕母猪预产期前 10 ~ 20 d 进行注射。怀孕母猪产前 15 ~ 25 d 进行免疫,疫苗与 2 g 碳酸氢钠一起拌入少量的冷的精饲料中,空腹喂给母猪。疫情严重的地区,在产前 7 ~ 10 d 再免疫接种 1 次。

【保存】– 15 ℃以下保存,有效期为 7 个月;2 ~ 8 ℃保存,有效期为 3 个月。

【注意事项】①使用本苗前后 3 d 内不应使用抗生素。②口服时,应在喂前服用,以确保吃完。③为确保仔猪获得免疫力,应使它们充分吮吸免疫母猪的初乳。④本疫苗稀释后限 6 h 用完。用时随时摇匀。⑤注射时应做局部消毒处理。⑥接种后其注射用具、盛苗容器及稀释后剩余的疫苗必须消毒处理。

(二)仔猪大肠杆菌病 K88、K99 双价基因工程灭活疫苗

本疫苗系采用基因工程技术构建的大肠杆菌 c 600/PTK8899 菌株接种适宜培养基培养,收获含 K88、K99 菌毛抗原培养物,经甲醛溶液灭活后冷冻真空干燥而成。

【性状】本品为淡黄色海绵状疏松团块,加稀释液后迅即溶解。

【作用与用途】用于预防仔猪黄痢。接种妊娠母猪,新生仔猪通过初乳获得预防仔猪黄痢的母源抗体。

【用法与用量】耳根部皮下注射。取疫苗 1 瓶加注射用水 1 mL 溶解,与 20% 氢氧化铝胶生理盐水 2 mL 混匀,怀孕母猪在临产前 21 d 左右注射 1 次即可。

【保存】2 ~ 8 ℃保存,有效期为 1 年。

【注意事项】①注射时应做局部消毒处理。②为确保仔猪获得免疫力,应使它们充分吮吸免疫母猪的初乳。③接种后其注射用具、盛苗容器及稀释后剩余的疫苗必须消毒处理。

(三)仔猪大肠杆菌病 K88、K99 双价基因工程活疫苗

本疫苗是用基因工程技术人工构建的非产肠毒素型、具有两种保护性抗原的 K88、K99 大肠杆菌菌株,接种于适宜的培养基进行发酵培养,收获检验合格的菌液加入适当稳定剂,经冷冻真空干燥制成。

【性状】本品为灰白色或乳白色海绵状疏松团块,易与瓶壁脱离,加铝胶盐水后迅速溶解成均匀的混悬液。

【作用与用途】接种妊娠母猪,保护性抗体可通过初乳传递给哺乳仔猪,预防由产肠毒素大肠杆菌感染引起的仔猪黄痢。

【用法】耳根部皮下注射。妊娠母猪在分娩前 10 ~ 20 d 接种 1 mL。

【保存】-20 ℃避光保存,有效期为 18 个月,冷藏避光运输。

【注意事项】①为确保被动免疫效果,每头母猪注射部位要准确,剂量足够,让初生仔猪尽量吃足初乳。②失真空的冻干疫苗不得使用。疫苗稀释后4 h 内用完。③仔猪腹泻是多病因综合征,如疫苗效果不佳,需分析病因并采取相应措施。④稀释后未用完疫苗、用过的疫苗瓶、器具等应进行消毒处理。

(四)仔猪大肠杆菌病三价灭活疫苗

本疫苗系用菌毛抗原分别为 K88、K99、987p 的大肠杆菌接种适宜的培养基培养,收获培养物,甲醛溶液灭活后,加氢氧化铝胶制成。

【性状】本品静置后上层为白色澄清液体,下层为乳白色沉淀,振摇后即成为均匀混悬液。

【作用与用途】用于免疫怀孕母猪,以预防大肠杆菌引起的新生仔猪腹泻(即仔猪黄痢)。接种妊娠母猪,新生仔猪通过初乳获得预防仔猪黄痢的母源抗体。

【用法与用量】怀孕母猪在产前 40 d、15 d 各注射 1 次。每次颈部肌内注射 5 mL。

【保存】2~8 ℃保存,有效期 1 年。

【注意事项】①本疫苗切勿冻结,冻结后的疫苗严禁使用。②用时使疫苗温度升至室温,并充分摇匀。启封后应当天用完。③注射时应做局部消毒处理。④为确保仔猪获得免疫力,应使它们充分吮吸免疫母猪的初乳。⑤接种后其注射用具、盛苗容器及稀释后剩余的疫苗必须消毒处理。

(五)仔猪水肿病多价油乳剂灭活疫苗

本疫苗采用抗原性好的多株不同血清型大肠杆菌的培养物经灭活浓缩后加油佐剂合成。

【性状】白色液体。

【作用与用途】用于预防仔猪水肿病。

【用法与用量】颈部肌内注射。健康仔猪出生后半个月,每头 2 mL,用前充分振荡均匀。

【保存】2~8 ℃保存,有效期为 1 年。

【注意事项】①接种对象必须是健康仔猪。②未使用过本疫苗的地区在使用前,应在小范围使用,证明安全后才能扩大使用。③使用前仔细检查疫苗瓶是否破裂,疫苗是否受到污染、过期等,出现异常情况不得使用。

十七、猪梭菌性肠炎疫苗

猪梭菌性肠炎又称猪传染性坏死性肠炎,是由产气荚膜梭菌 A 型和 C 型感染后引起新生仔猪迅速死亡的一种严重性疾病。A 型菌感染仔猪后迅速发病死亡,被称为猝死症,而 C 型菌感染后引起初生仔猪的严重出血性肠炎,被称为仔猪红痢。猪梭菌性肠炎的特点是发病急,病情严重,病程短,死亡率高,抗生素往往来不及治疗,给养猪业带来潜在的威胁。本病在国内外均有不同程度的发生。

(一)仔猪红痢灭活疫苗

仔猪红痢灭活疫苗系用 C 型产气荚膜梭菌,接种于适宜培养基培养,将培养物经甲醛溶液灭活脱毒后,加氢氧化铝胶制成。

【性状】本品静置后,上层为橙黄色澄明液体,下层为灰白色沉淀,振荡后呈均匀混浊液。

【作用与用途】预防仔猪红痢,用于妊娠后期母猪的免疫注射,新生仔猪通过初乳而获得母源抗体。

【用法与用量】母猪在分娩前 30 d 和 15 d 各肌内注射接种 1 次,每次 5 ~ 10 mL。如前胎已用过本疫苗,可于分娩前 15 d 左右接种 1 次即可,剂量为 3 ~ 5 mL。

【保存】在 2 ~ 8 ℃保存,有效期为 18 个月。

【注意事项】①本疫苗切勿冻结,冻结后的疫苗严禁使用。②用时使疫苗温度升至室温,并充分摇匀。启封后应当天用完。③注射时应做局部消毒处理。④为确保仔猪获得免疫力,应使它们充分吮吸免疫母猪的初乳。⑤接种后其注射用具、盛苗容器及稀释后剩余的疫苗必须消毒处理。

(二)仔猪产气荚膜梭菌病二价灭活疫苗(A 型、C 型)

本疫苗系用 A 型、C 型产气荚膜梭菌,分别接种于适宜培养基培养,将培养物经甲醛溶液灭活脱毒后,用硫酸铵提取,经冷冻真空干燥制成。

【性状】本品为黄褐色海绵状疏松团块,加稀释液后迅即溶解。

【作用与用途】预防由 A 型、C 型产气荚膜梭菌引起的仔猪肠毒血症,用于妊娠后期母猪的免疫注射,新生仔猪通过初乳而获得母源抗体。

【用法与用量】肌内注射。按瓶签标明的头份;用摇匀的 20% 氢氧化铝胶生理盐水或生理盐水稀释,充分摇匀。母猪在分娩前 35 ~ 40 d 和 10 ~ 15 d 各接种 1 次,每次 2 mL。

【保存】在 2～8 ℃保存,有效期为 3 年。

【注意事项】①仅用于接种健康怀孕母猪。②氢氧化铝胶生理盐水不得冻结。③稀释后应充分摇匀,限当天用完。④为确保仔猪获得免疫力,应使它们充分吮吸免疫母猪的初乳。⑤接种后其注射用具、盛苗容器及稀释后剩余的疫苗必须消毒处理。

(三)CRT 型仔猪腹泻混合活疫苗

本疫苗含有大肠杆菌、C 型魏氏梭菌及其毒素、轮状病毒及传染性胃肠炎病毒等抗原成分。疫苗经冷冻真空干燥制成。

【性状】呈浅黄白色海绵状疏松团块,稀释溶解后呈淡粉红色均质溶液。

【作用与用途】预防大肠杆菌、C 型魏氏梭菌及其毒素、轮状病毒及传染性胃肠炎病毒引起的腹泻。

【用法与用量】肌内注射。首免在分娩前 6～7 周,每头注射 2 mL;二免在首免后 3～4 周,每头 2 mL。

【保存】－20 ℃保存,有效期为 1 年。冷藏运输。运输、保存和使用过程中应避免阳光、高温、消毒剂及其他化学药品的影响。

【注意事项】①疫苗开启稀释后当天用完。②疫苗免疫期间应做好类症鉴别诊断及细菌性腹泻、寄生虫性腹泻和猪流行腹泻等腹泻病的控制。③剩余疫苗、用过的疫苗瓶、器具等应进行消毒处理。

(四)CR 型仔猪腹泻混合活疫苗

本疫苗含有大肠杆菌、C 型魏氏梭菌及其毒素、轮状病毒等抗原成分。疫苗经冷冻真空干燥制成。

【性状】呈浅黄白色海绵状疏松团块,稀释溶解后呈淡粉红色均质溶液。

【作用与用途】预防大肠杆菌、C 型魏氏梭菌及其毒素、轮状病毒引起的腹泻。

【用法与用量】同 CRT 型仔猪腹泻混合活疫苗。

【保存】同 CRT 型仔猪腹泻混合活疫苗。

【注意事项】同 CRT 型仔猪腹泻混合活疫苗。

(五)C 型仔猪腹泻混合活菌疫苗

本疫苗含有大肠杆菌、C 型魏氏梭菌及其毒素等成分。疫苗经冷冻真空干燥制成。

【性状】本品为浅黄白色海绵状疏松团块,稀释溶解后呈淡粉红色均质溶液。

【作用与用途】预防大肠杆菌、C 型魏氏梭菌及其毒素引起的腹泻。

【用法与用量】同 CRT 型仔猪腹泻混合活疫苗。

【保存】同 CRT 型仔猪腹泻混合活疫苗。

【注意事项】同 CRT 型仔猪腹泻混合活疫苗。

十八、副猪嗜血杆菌疫苗

本品含灭活的血清 4 型和 5 型副猪嗜血杆菌,灭活前每头份疫苗含 4 型和 5 型副猪嗜血杆菌各 4.0×10^9 CFU。

【性状】乳白色乳剂。

【作用与用途】用于预防副猪嗜血杆菌病。

【用法与用量】使用前使疫苗平衡至室温并充分摇匀,颈部肌内注射。按瓶签注明头份,不论猪大小,每次均肌内注射 1 头份(2 mL/头份)。推荐免疫程序为:种公猪每半年接种 1 次;后备母猪在产前 8 ~ 9 周首免,3 周后二免,以后每胎产前 4 ~ 5 周免疫 1 次;仔猪在 2 周龄首免,3 周后二免。

【免疫期】免疫期为 6 个月。

【不良反应】疫苗注射后可能引起轻微体温反应,但不引起流产、死胎和畸胎等不良反应。由于个体差异或者其他原因(如营养不良、体弱发病、潜伏感染、感染寄生虫、运输或环境应激、免疫机能减退等),个别猪在注射后可能出现过敏反应,可用抗过敏药物(如地塞米松、肾上腺素等)进行治疗,同时采用适当的辅助治疗措施。

【保存】2 ~ 8 ℃避光保存,有效期为 1 年。

【注意事项】①本疫苗储藏及运输过程中切勿冻结,长时间暴露在高温下会影响疫苗活力,使用前使疫苗平衡至室温并充分摇匀。②使用前应仔细检查包装,如发现破损、标签残缺、文字模糊、过期失效等,应禁止使用。③被免疫猪必须健康,凡体质瘦弱、患病、食欲不振、术后未愈者,严禁使用。④注射器具应严格消毒,每头猪更换一次针头,接种部位严格消毒,若消毒不严或注入皮下易形成永久性肿包,并影响免疫效果。⑤启封后 8 h 内用完。⑥接种动物仅限于猪,其他动物禁用。⑦禁止和其他疫苗合用,接种同时不影响其他抗病毒类、抗生素类药物的使用。⑧废弃疫苗瓶及残余物应煮沸或焚烧处理。

十九、猪圆环病毒疫苗

(一)猪圆环病毒2型灭活疫苗(LG株)

本品灭活前每毫升含猪圆环病毒2型LG株应不低于$10^{5.5}$TCID$_{50}$。

【性状】粉白色乳状液。

【作用与用途】用于预防猪圆环病毒2型感染所引起的相关疾病,适用于3周龄以上仔猪和成年猪。

【用法与用量】颈部肌内注射。新生仔猪:3~4周龄首免,间隔3周加强免疫1次,1 mL/头。后备母猪:配种前做基础免疫2次,间隔3周,产前1个月加强免疫1次,2 mL/头;经产母猪跟胎免疫,产前1个月接种1次,2 mL/头。其他成年猪实施普免,做基础免疫2次,间隔3周,以后每半年免疫1次,2 mL/头。

【不良反应】一般无可见的不良反应。有个别猪发生过敏反应,可用肾上腺素救治。

【保存】2~8 ℃避光保存,有效期为18个月。

【注意事项】①本品仅用于接种健康猪群。②病、瘦、体温或食欲不正常的猪不宜注射疫苗。③疫苗冷藏运输和保存,切勿冻结,发生破乳、变色现象应废弃。④疫苗使用前温度升至室温,充分振摇,严格消毒,开封后应当日用完。⑤注苗后猪出现一过性体温升高、减食现象,一般可在2 d内自行恢复。

(二)猪圆环病毒2型灭活苗(SX07株)

本品含灭活的猪圆环病毒2型(SX07株),灭活前每毫升病毒含量$\geqslant 10^{6.0}$TCID$_{50}$。

【性状】均匀乳白色或粉红色乳剂。

【作用与用途】用于猪圆环病毒2型感染引起的疾病。

【用法与用量】颈部肌内注射。健康仔猪,14~21日龄首免,间隔14 d加强免疫1次,每次每头1.0 mL。

【免疫期】免疫期为4个月。

【不良反应】一般无可见不良反应。

【保存】2~8 ℃避光保存,有效期1年。

【注意事项】①本品限用于健康仔猪。②疫苗严禁冻结。③疫苗使用前应平衡至室温并充分摇匀。④疫苗开封后,限当天用完。⑤剩余疫苗、疫苗瓶及注射器具等应进行无害化处理。

(三)猪圆环病毒2型灭活苗(SH株)

疫苗中含有灭活的猪圆环病毒2型SH株,灭活前每毫升病毒含量至少为$10^{6.0}TCID_{50}$。

【性状】乳白色或淡粉红色均匀乳状液。

【作用与用途】用于预防由猪圆环病毒2型感染引起的疾病。

【用法与用量】仔猪:14~21日龄肌内注射1次,2 mL/头。后备母猪:配种前45 d左右肌内注射,间隔3周后加强免疫1次;产前30~40 d再肌内注射1次,每次2 mL/头。生产母猪:产前45 d左右肌内注射,间隔3周加强免疫1次,每次2 mL/头。

【免疫期】免疫期为6个月。

【不良反应】一般无不良反应。个别猪接种疫苗后,于注射部位可能出现轻度肿胀,体温轻度升高,1~3 d后即可恢复正常。

【保存】2~8 ℃保存,有效期为1年。

【注意事项】①用前和使用中应充分摇匀。②用前应使疫苗温度升至室温。③一经开瓶启用,应尽快用完。④本品严禁冻结,破乳后切勿使用。⑤仅供健康猪预防接种。⑥接种工作完毕,双手应立即洗净并消毒。对于疫苗瓶及剩余的疫苗,应以燃烧或煮沸等方法做无害化处理。

二十、猪布氏菌病疫苗

猪布氏杆菌病是由布氏杆菌引起的,以猪全身感染而导致繁殖障碍为主要特征的传染病。本病是人畜共患传染病,猪种布氏杆菌亚种1和亚种3对人类具有很强的致病性。抗生素治疗仅限于本病的菌血症期,停止治疗后,组织中仍存在布氏杆菌。但治疗可以抑制布氏杆菌迅速繁殖,缓解临诊症状和减少细菌的传播。所接种的布氏杆菌病疫苗需激发细胞免疫才有效果,体液免疫作用微乎其微。接种疫苗可产生明显的抵抗力,但免疫持续期非常短。

猪布氏杆菌病活疫苗含布氏杆菌猪型2号弱毒活菌培养物,疫苗经真空冷冻干燥制成。

【性状】呈白色或淡黄色、海绵状疏松团块,稀释后溶解,充分摇匀后呈均匀混悬液。

【作用与用途】预防山羊、绵羊、猪和牛的布氏杆菌病。

【用法与用量】

口服法:本疫苗最适于口服,口服时不受妊娠限制,可在配种前1~2个月进行,也可在妊娠期使用;猪口服 2 次,每次 200 亿个活菌,间隔 1 个月。如猪群大,可按全群猪数计算所需菌苗量,将菌苗溶入饮水中,让全群猪饮服或拌入饲料中采食;如猪群小,可逐头用注射器将菌苗注入口内,或将菌苗加入常水中用长颈瓶逐头灌服,或加入饲料中逐头喂服。

气雾法:妊娠猪不得使用。气雾法以室内接种最可靠。露天气雾时,应在避风处或无风天进行。方法是把猪群赶入室内,按头数计算所需菌苗量。用常水将所需菌苗适当稀释进行气雾免疫,让猪群在室内停留 20~30 min。

注射法:只限于未妊娠猪,妊娠猪注射可引起流产。猪皮下注射 2 次,每次 200 亿个活菌,间隔 1 个月。一般无可见的不良反应。

【免疫期】羊口服、气雾或注射免疫均为 3 年;牛口服为 2 年;猪口服或注射为 1 年。

【保存】2~8 ℃保存,有效期为 1 年。到期可统计活菌数,如不低于原菌数的 50%,可按现存活菌数重新计算免疫剂量,延长有效期 3 个月。

【注意事项】①本疫苗口服最安全。②稀释后,限当日用完。③溶于水中饮服或灌服时,应用凉水。若拌入饲料中,不要在饲料中添加抗生素。猪在接种前后 3 d,应停止饲喂发酵饲料或热饲料。④本疫苗有一定的毒力,使用时应注意个人防护,不要用手拌苗。稀释和接种用具,用后必须煮沸消毒。饮水免疫用的水,可以用日光消毒。做气雾免疫时,宜在密闭室内进行;避免群众围观。工作人员要戴手套和口罩,工作完毕后必须服用四环素类抗生素。

小 知 识

为什么猪要注射疫苗

猪注射了某种疫苗后就对该疫病的病原微生物产生了特异性的抵抗力,从而使猪不得该种传染病,但疫苗防病是特异性的,是与该疫苗的种类相对应的,一种疫苗只能预防一种疾病。

口蹄疫和猪瘟、伪狂犬病、蓝耳病这些疾病一旦发生可能造成非常大的损失,所以预防这些烈性传染病一定要接种疫苗。

第四节　牛常用疫苗

一、牛瘟

牛瘟俗称"烂肠瘟",是偶蹄兽特别是牛和水牛的急性发热、高度接触传染的病毒性疾病。该病发病快,死亡率高。主要病变是口黏膜糜烂,胃肠黏膜出血性溃疡。由于多种高效能弱毒疫苗的应用,本病已在欧洲大部及中国、俄罗斯和其他一些国家被消灭。现仅非洲、中东和东南亚有疫情。

防治用疫苗目前应用最多的是弱毒疫苗,主要有牛瘟山羊化兔化弱毒疫苗、牛瘟绵羊化兔化弱毒疫苗、牛瘟兔化弱毒疫苗、牛瘟鸡胚化弱毒疫苗、牛瘟细胞培养弱毒疫苗等。牛瘟山羊化兔化弱毒疫苗、牛瘟绵羊化兔化弱毒疫苗、牛瘟兔化弱毒疫苗国内有厂家生产,应用较多。牛瘟鸡胚化弱毒疫苗株是美国学者用牛瘟兔化弱毒经静脉接种适应鸡胚,连续在鸡胚传代致弱,再将鸡胚化兔化弱毒接种鸡胚,采集检验合格的鸡胚脾脏等组织研磨,经冷冻真空干燥制成疫苗,其免疫效果理想,疫苗免疫期一般为 1 年,疫苗安全性也较为理想,免疫牛一般无不良反应,个别免疫牛仅出现轻微反应。牛瘟细胞培养弱毒疫苗是英国学者将东非 Kabeie"O"毒株通过犊牛肾细胞传代减毒,培育成毒力稳定的细胞适应毒株,将该毒株接种犊牛肾细胞,待细胞产生典型病变后收毒,经冷冻真空干燥制成牛瘟细胞弱毒疫苗,用非洲绿猴肾细胞测定疫苗效价,疫苗效价应不低于$10TCID_{50}$,免疫效果较好,免疫牛一般无不良反应。在我国,这两种疫苗很少使用。

(一)牛瘟兔化弱毒疫苗

本品系用牛瘟兔化弱毒经耳静脉接种体重 1.5 ~ 2 kg 的健康家兔,采集检验合格家兔的淋巴结和脾脏组织,按淋巴结和脾脏组织 1 份加心血 9 份的比例混合,用生理盐水制成 100 倍稀释液,并加入适量抗生素,经细铜网或 3 层灭菌纱布过滤后,加适当稳定剂,定量分装,然后冷冻真空干燥,每头份疫苗不少于 0.1 g 组织。

【性状】成品疫苗为暗红色、海绵状疏松团块,易与瓶壁脱离,加稀释液可完全溶解。

【作用及用途】除牦牛、朝鲜牛外,其他品种的牛均适用本疫苗。

【用法与用量】注射前按注明头份,用生理盐水稀释为每头份 1 mL,不分年龄、体重、性别，一律皮下或肌内注射 1 mL。

【免疫期】免疫效果比较理想，牛注射疫苗 14 d 后产生免疫力，免疫期 1 年。

【不良反应】疫苗安全性不高，对某些品种牛可能有轻微反应。

【保存】−15 ℃ 以下保存，有效期为 10 个月；2 ~ 8 ℃ 下保存，有效期为 4 个月。疫苗应冷藏运输。

【注意事项】①牦牛、朝鲜牛不宜使用。②个别地区易感性强的牛种应先做小区试验，证明疫苗安全有效后，方可在该地区推广应用。③临产前 1 个月的孕牛和分娩后尚未恢复健康的母牛不宜注射。

(二)牛瘟山羊化(绵羊化)兔化弱毒疫苗

本品系用牛瘟山羊化兔化弱毒或绵羊化兔化弱毒，分别经耳静脉接种 1 ~ 3 岁健康山羊或绵羊，10 mL/只，采集检验合格的羊淋巴结和脾脏组织，研碎后加适当稳定剂制成乳剂，经细铜网或 3 层灭菌纱布过滤，弃去残渣，最终按实际组织量的 3 倍，补足稳定剂，同时加入适量的抗生素，摇匀，在 2 ~ 8 ℃ 作用一定时间后，定量分装，每头份含毒组织不少于 0.025 g，然后经冷冻真空干燥制成。免疫效果比较理想。

【性状】疫苗为暗红色或浅红色、海绵状疏松团块，易与瓶壁脱离。加稀释液后，如疫苗用蔗糖脱脂乳作稳定剂，应在 5 min 内溶解成均匀悬液；如疫苗用血液作稳定剂，应在 10 ~ 20 min 内完全溶解。

【作用及用途】山羊化兔化弱毒疫苗用于预防蒙古黄牛牛瘟；绵羊化兔化弱毒疫苗用于预防牦牛、犏牛、朝鲜牛和一般黄牛的牛瘟。

【用法与用量】注射前按说明书要求，用生理盐水稀释为每头份 1 mL。根据各地情况，每 1 ~ 2 年注射 1 次。

【免疫期】疫苗免疫期均为 1 年。

【不良反应】疫苗安全性不理想，有的免疫牛出现不良反应。牦牛注射后，多有体温反应(50% 左右有高热反应)，个别牛在数天内可能表现为精神委顿、减食、便秘或便软现象，但无口腔溃烂等牛瘟症状。泌乳牦牛、犏牛注苗后 3 ~ 10 d 内可能发生泌乳量减少或暂时性无乳，一般注苗后 10 ~ 15 d 可恢复。

【保存】−15 ℃ 以下保存，有效期为 10 个月；2 ~ 8 ℃ 下保存，有效期为 4 个月。在使用和运输中应注意冷藏保存，避免阳光直射。

【注意事项】①应根据牛的品种严格选用疫苗。②山羊化兔化弱毒疫苗与绵羊化兔化弱毒疫苗应区别使用,严防互相混淆。③临产前1个月的孕牛、分娩后尚未恢复健康的母牛、可疑病牛、瘦弱牛及未满6个月的牦牛、犏牛不宜注射。④使用绵羊化兔化弱毒疫苗时,在有易感性牛种的地区,应根据当地牛种感染性及效力试验结果,证明安全有效后,方可推广应用。

二、牛传染性胸膜肺炎活疫苗

牛传染性胸膜肺炎,又称牛肺疫,是由丝状支原体引起的一种呈地方性流行的接触性传染病。本病多呈亚急性或慢性经过,其特征是发热,呼吸困难,浆液性、纤维素性胸膜炎和纤维素性肺炎。牛传染性胸膜肺炎最早发现于17世纪的德国和瑞士,20世纪初传入亚洲国家,并在亚洲、非洲地区广泛流行。我国最早于1910年在内蒙古西林河上游一带发现本病,其后曾在我国北方和西藏等地区大面积流行,给畜牧业造成了巨大经济损失。国际兽疫局将本病列为A类传染病,我国将其列为一类传染病。自20世纪60年代随着疫苗的应用和严格的检疫淘汰措施的实施,我国已有效控制了本病,在20世纪80年代本病仅在个别地区呈零星散发,1996年我国已消灭了本病。

牛传染性胸膜肺炎活疫苗是用牛肺疫兔化弱毒C88004株或兔化绵羊化弱毒C88001、C88002、C88003株接种体重1.5~2 kg健康家兔,或年龄2~4岁、体重20 kg绵羊,收获胸水,胸水活菌滴度应在10^9CCU/mL以上。取检验合格的胸水作制苗种子,将种子接种绵羊左右侧腹腔各100~150 mL,或家兔5 mL。接种后每天测温2次,在接种后60~72 h扑杀,采集胸水即为原苗,然后用3号筛滤去纤维素混合,分装即成为湿苗。若加适当稳定剂,经冷冻干燥即制成冻干苗。疫苗活菌滴度应在10^9CCU/mL以上。疫苗免疫效果较好。

【性状】湿苗为淡黄色的澄清液体,底部有少许沉淀。冻干苗为微白色或微黄色,海绵状疏松团块,易与瓶壁脱离,加稀释液后迅速溶解。

【作用与用途】用于预防牛肺疫。

【用法与用量】C88004株专用于黄牛;C88001株用于内蒙古黄牛(河套地区除外);C88002株用于牦牛、犏牛和关中黄牛;C88003株用于黄牛、奶牛、牦牛和犏牛。液体苗与冻干苗均用20%氢氧化铝胶生理盐水稀释,液体苗按原苗胸水量稀释成500倍,冻干苗按冻干前装量稀释成50倍,成年牛臀部肌内注射2 mL,小牛肌内注射1 mL。

【免疫期】注射本疫苗的牛,能产生良好的免疫力,免疫期为1年。

【不良反应】因疫苗苗株尚残存一定毒力,其安全性并不是十分理想。注射后应注意观察,如出现不良反应,可用土霉素治疗。

【保存】湿苗在 2 ~ 8 ℃保存,有效期为 10 d。冻干苗在 - 15 ℃保存,有效期为 21 个月;在 2 ~ 8 ℃保存,有效期为 1 年。疫苗应冷藏运输。冻干疫苗在运输过程中,箱内温度应在 10 ℃以下,使用单位收到疫苗后,应立即置 10 ℃以下环境保存。

【注意事项】①本品系弱毒疫苗,尚有一定残余毒力,未使用过本苗的地区,尤其是农区,在开展大规模预防注射前,应先用 100 ~ 200 头牛做安全试验,观察 1 个月,证明安全后再逐步扩大注射数量。②对不满 6 月龄的犊牛、临产孕牛、瘦弱或其他疾病患牛,均不应注射本疫苗。③不同菌株对不同品种牛的安全性和免疫原性有所差异,因此,选购疫苗要注意疫苗所适用的牛的品种。④疫苗应随用随稀释,疫苗稀释后应保存在冷暗处,限当天用完。⑤湿苗保存应避免冻结。如发生冻结,可放于室温或冷水中待其自然融化。⑥本疫苗一般用于疫区或疫区周围受本病威胁的地区。

三、牛巴氏杆菌病疫苗

牛巴氏杆菌病又称牛出血性败血症,是牛的一种全身性急性传染病,以高温、肺炎、急性胃肠炎及内脏器官广泛出血为特征。本病在东南亚、印度、中东、非洲时有发生,造成大量死亡,而在欧洲、北美等发达国家发生极少。国内也常有发生。其病原为多杀性巴氏杆菌,以血清型 6: B、6: E 最为常见。国内分离自黄牛、牦牛、水牛等的多杀性巴氏杆菌以血清型 6: B 为主。

(一)牛巴氏杆菌病铝胶灭活疫苗

本品系用抗原性良好的荚膜 B 群多杀性巴氏杆菌,即牛源多杀性巴氏杆菌 C45 - 2、C46 - 2、C47 - 2 强毒株或现地分离株,接种营养琼脂,选取典型菌落接种琼脂斜面,纯检合格后接种营养肉汤作种子,然后接种含 0.1% 裂解血的马丁肉汤,在 37 ℃培养 12 ~ 24 h,将培养物经甲醛溶液灭活后,加氢氧化铝胶制成。疫苗免疫效果较为理想。

【性状】本品静置后,上层为黄色透明液体,下层为灰白色沉淀,经充分振摇,为均匀混合液体。

【作用与用途】用于健康牛的免疫接种,预防牛巴氏杆菌病。

【用法与用量】皮下或肌内注射。体重 100 kg 以下的牛,每头注射 4 mL;体重 100 kg 以上的牛,每头注射 6 mL。

【免疫期】注射疫苗 21 d 后产生免疫力,免疫期为 9 个月。

【不良反应】疫苗安全性不高，免疫牛常出现不良反应。注苗后，个别牛可能出现变态反应，应注意观察，以采取抢救措施。轻微反应：在注射局部可能出现肿胀、体温升高、呼吸加快、流涎、哀鸣、减食或停食症状，随时间的推移会逐渐减轻至消失。严重反应包括呼吸急促、卧地不起、肌肉震颤、废食等症状，此时应及时应用0.1%肾上腺素4~8 mL急救。

【保存】2~8 ℃冷暗处保存，有效期为1年；28 ℃以下暗处储存，有效期为9个月。疫苗应冷藏运输。

【注意事项】①免疫前应详细了解动物的品种、健康状况、免疫史及病史。患病、瘦弱、怀孕后期的母畜（产前1.5个月）、断奶前幼畜禁用。②使用疫苗前应将疫苗摇匀，注射时应消毒和更换针头。③因为疫苗含有氢氧化铝胶，注入机体后，可能经数月不能完全吸收而成硬结，但不影响免疫牛健康。④首次使用本疫苗的地区，应选择一定数量（30头）进行小范围试验，确认无不良反应后，方可扩大接种面积，接种后应加强对动物的饲养管理，并仔细观察。⑤面临疫病暴发时，免疫接种应先从安全区到受威胁区，然后到疫区。⑥对怀孕母畜注射疫苗时，应注意保定，动作应轻微，以免影响胎儿，防止造成机械性流产。⑦疫苗启封后最好当天用完，未用完的疫苗封好后放2~8 ℃保存，超过24 h的疫苗不能再使用。⑧严寒季节，应注意防冻，因疫苗含有氢氧化铝胶，冻结后影响疫苗效力。⑨接种疫苗的同时，应防止出现拥挤等应激因素，注意通风。

（二）牛巴氏杆菌病油乳剂疫苗

本品采用的菌液培养与铝胶苗相同。制苗时取等容积的矿物油与菌液混匀，加入5%羊毛脂乳化，乳化10 min后过夜，第二天再搅拌乳化1次，然后分装即可。免疫效果较好。

【性状】本品静置后，上层为黄色透明液，下层为灰白色沉淀，经充分振摇为均匀混悬液。

【作用与用途】用于健康牛的免疫接种，预防牛巴氏杆菌病。

【用法与用量】肌内注射，犊牛4~6月龄初免，3~6个月后再免疫1次，每头注射3 mL。

【免疫期】免疫期较长，在注射疫苗21 d后产生免疫力，免疫期为9个月。

【不良反应】有时疫苗可引起个别免疫牛出现变态反应，应注意观察。

【保存】2~8 ℃冷暗处保存，有效期为6个月。疫苗应冷藏运输。

【注意事项】①免疫前应了解动物的健康状况。②使用疫苗前应将疫苗摇匀,注射疫苗时应消毒和更换针头。③怀孕母畜注射疫苗时,应注意保定,防止造成机械性流产。④疫苗启封后最好当天用完,未用完的疫苗可用蜡封住针孔后 2 ~ 8 ℃保存,超过 24 h 的疫苗不能再使用。

(三)牛巴氏杆菌病弱毒菌苗

本品系用牛巴氏杆菌弱毒菌种的新鲜培养物,经真空冻干而制成的。

【性状】本品为乳白色或淡黄色的疏松固体,加入稀释液后,迅速溶解成均匀的混悬液。

【作用与用途】用于预防牛出血性败血病(牛巴氏杆菌病)。

【用法与用量】本疫苗注射时用 20% 氢氧化铝胶生理盐水稀释,气雾免疫时用蒸馏水稀释,稀释后应充分振摇均匀。注射免疫时每头周岁以上牛,皮下或肌内注射 1 mL(含 2 亿活菌),周岁以下犊牛减半注射;室内气雾免疫,不论大小牛每头 8 亿活菌(每平方米面积用苗量按 1 头份计算)。

【免疫期】接种后 21 d 产生免疫力,免疫期为 1 年。

【保存】本疫苗应低温保存,切忌高温和阳光照射。在 - 15 ℃以下保存有效期可达 1 年。

【注意事项】①本疫苗只限于健康牛的免疫。②疫苗稀释后必须当天用完。③个别牛使用本疫苗后可能会有过敏反应,应小心使用,特别是从未使用过此苗的地区更应注意。

四、牛沙门菌病(牛副伤寒病)疫苗

牛副伤寒临床上以败血症、出血性胃肠炎、怀孕动物发生流产等为特征,在犊牛有时表现为肺炎和关节炎症状。病原主要为鼠伤寒沙门菌、都柏林沙门菌及牛病沙门菌。免疫接种是预防本病的有效措施。

(一)牦牛沙门菌病活疫苗

本品系用免疫原性良好的都柏林沙门菌弱毒 S8002 - 550 弱毒株,接种含 1% ~ 1.5% 蛋白胨的普通肉汤培养,将培养菌液离心,用灭菌生理盐水稀释至适当浓度,加稳定剂冻干制成。每头份小牛用疫苗含活菌数应不少于 15 亿个,成年牛用疫苗应不少于 30 亿个。冻干后,菌苗活菌率应不低于 50%。疫苗免疫效果较为理想。

【性状】疫苗为乳白色或灰白色海绵状疏松团块,易与瓶壁脱离,加稀释液迅速溶解。

【作用与用途】用于预防牦牛沙门菌病(疫苗仅适用于牦牛)。

【用法与用量】临用时按瓶签注明头份,加入 20% 氢氧化铝胶生理盐水,稀释为每头份 1 ~ 2 mL,于臀部和颈部浅层肌内注射,在每年 5 ~ 7 月注射 1 次。

【免疫期】免疫期 1 年。

【不良反应】可引起免疫牛出现变态反应。注苗后,有些牛可出现轻微的体温升高、减食、乏力等症状,一般 1 ~ 2 d 后可自行恢复。极个别牛可出现流涎、发抖、喘息、卧地等症状,一般在注射后 20 ~ 120 min 出现,轻微者可自行恢复,较重者应及时注射肾上腺素。

【保存】2 ~ 8 ℃ 保存,有效期为 1 年。疫苗应冷藏运输。

【注意事项】疫苗随用随稀释,稀释后放阴凉处,限 6 h 用完。

(二)牛沙门菌病灭活疫苗

本品系用免疫原性良好的肠炎沙门菌都柏林变种和病牛沙门菌 2 ~ 3 个菌株,接种肉肝胃膜消化汤培养,菌液经检验合格后,加入终浓度为 0.8% 的甲醛溶液,灭活脱毒 3 d 后,加氢氧化铝胶制成。

【性状】疫苗静置后,上部为灰褐色澄清液体,下部为灰白色沉淀,振荡后为均匀混浊液体。

【作用与用途】疫苗可用于不同品种、不同年龄的牛免疫,用于预防牛沙门菌病。

【用法与用量】1 岁以下牛肌内注射 1 mL,1 岁以上牛肌内注射 2 mL。为增强免疫力,对 1 岁以上牛在首免后 10 d,可用相同剂量的疫苗再免 1 次;在已发生牛沙门菌病的牛群中,应对 2 ~ 10 日龄犊牛肌内注射 1 mL;怀孕牛应在产前 45 ~ 60 d 在兽医监护下注射 1 次,所产犊牛应在 30 ~ 45 日龄免疫 1 次,剂量均为 1 mL。

【免疫期】疫苗免疫期较短,为 6 个月。

【不良反应】注苗后可能会引起变态反应,反应通常于注苗后半小时开始出现,症状为呆立、瞪视、震颤、流泪、流涕垂涎、呼吸加快、精神委顿等,应立即注射肾上腺素 1 ~ 2 次,予以缓解,否则可能导致死亡。初用该苗的畜群,变态反应较为多见,常用苗地区反应率明显降低。

【保存】2 ~ 8 ℃ 保存,有效期 1 年。疫苗应冷藏运输。

【注意事项】①在严寒季节注意防冻,因疫苗中含有氢氧化铝胶,冻结后影响其效力。②注射剂量应严格按规定用量。③瘦弱牛、患病牛不宜注射。

五、牛副结核病疫苗

(一)牛副结核病弱毒疫苗

本品采用的菌株是副结核菌316F菌株,该菌株是一种致弱的无毒副结核菌株,将该菌接种适宜液体培养基,37 ℃培养3~4周,收获菌体,取5 mg湿苗悬浮于0.75 mL橄榄油和0.75 mL液状石蜡中,再加入10 mL浮石粉制成疫苗。吉林省兽医研究所已引进该菌株,并研制出牛副结核病疫苗,试验结果证实,疫苗免疫效果良好,免疫效力较理想。

【作用与用途】用于预防牛副结核病。适用于各年龄、品种的牛。

【用法与用量】在牛胸垂皮下或颈部皮下接种。

【免疫期】免疫期为4年。

【保存】2~8 ℃保存,有效期为1年。疫苗应冷藏运输。

【不良反应】注射疫苗1个月后,在接种部位形成核桃形炎性肿块,然后逐渐形成纤维干酪化结节。

(二)牛副结核病灭活疫苗

本品系用副结核菌P18、Tepse和P10菌株接种于适宜培养基,37%培养2周,将培养物经100%水浴1 h湿热灭活后,浓缩菌体,然后加入液状石蜡、樟脑油、植物血细胞凝集素等组成的佐剂,制成疫苗。疫苗安全性良好,免疫效力也较理想,是目前临床上具有实际应用价值的疫苗。

【性状】本品为乳白色乳剂,久置后底部有少许沉淀,振荡后呈均匀混悬液。

【作用与用途】有效预防牛副结核病的发生,适用于各年龄、品种的牛。

【用法与用量】犊牛在出生后7 d内,于胸垂皮下注射,1 mL/头,

【免疫期】免疫期为2年。

【保存】2~8 ℃保存,有效期为1年。疫苗应冷藏运输。

(三)牛副结核病亚单位灭活疫苗

本品采用制备亚单位疫苗的方法,即将副结核菌灭活后,用超声玻璃微珠或Ribi压榨装置将其破碎,经差速离心,除去细胞壁,然后加入弗氏不完全佐剂,制成疫苗,使每毫升疫苗含25 mg细胞成分;或是用含有3%氢氧化钾的80%乙醇溶液浸泡菌体,60 ℃加热1 h,破坏细胞壁,离心后,收集沉淀,加入弗氏不完全佐剂,使每毫升疫苗含沉淀抗原50 mg。

【作用与用途】该苗对预防副结核病有较好的效果,安全性也较理想。适

用于各年龄、品种的牛。

【用法与用量】牛胸垂皮下注射,0.5 mL/头。

【保存】2~8 ℃保存,有效期为1年。疫苗应冷藏运输。

六、牛口蹄疫疫苗

目前防止口蹄疫用疫苗可分为弱毒活苗和灭活苗2种。口蹄疫弱毒疫苗包括鼠化、兔化、鸡胚化以及组织细胞驯化弱毒疫苗等。由于弱毒疫苗存在潜在的安全性问题,因此,现在多应用牛O型口蹄疫灭活疫苗。近几年,我国学者又相继研制了一系列的灭活疫苗,但仍处在试验阶段。有学者用筛选出的制苗用种毒AsiaILC/96的不同代次BHK-21细胞传代毒试制疫苗,试验条件下,用健康牛进行了效力试验,保护率均达到100%,免疫后6个月强毒攻击保护率达到65%,疫苗2~8 ℃保存,有效期为1年,最小免疫剂量为3 mL/头,试验证实,安全性良好,无不良反应。有学者研制了牛O-A型口蹄疫双价灭活疫苗,实验证实,疫苗具有良好的保护效力,成年牛颈部肌内注射疫苗4 mL/头,犊牛注射2 mL/头,免疫期可达180 d。疫苗2~8 ℃保存,有效期为1年。目前一些新型疫苗如基因工程疫苗、合成肽疫苗、核酸疫苗的研究,也取得了令人满意的结果,但与应用的常规疫苗相比尚存在一定差距。

由于口蹄疫的特殊性,特别忠告:注射疫苗只是消灭和预防该病的多项措施之一,在疫苗注射的同时对疫区应加强封锁、隔离、消毒等综合防治措施;对非疫区也应进行综合防治。

(一)牛口蹄疫灭活疫苗(O型,NMXW-99、NMZG-99株)

本疫苗系采用口蹄疫O型病毒NMXW-99株和NMZG-99株的细胞毒分别接种BHK-21细胞系培养,收获病毒培养物经BEI灭活,加矿物油佐剂乳化制成。

【性状】疫苗为乳白色或淡粉红色乳剂。

【作用与用途】本疫苗主要用于预防牛O型口蹄疫。

【用法与用量】肌内注射,牛每头3 mL。

【免疫期】免疫期为6个月。

【保存】2~8 ℃保存,有效期为1年。

【注意事项】①疫苗不宜冻结,冻结后的疫苗严禁使用。运输和使用过程中,应避免日光直接照射。②每瓶疫苗在使用前及每次吸取时,均应仔细振荡。瓶口开封后,最好当日用完。③有病以及瘦弱牛则不予注射,怀孕后期母牛慎用。④注苗用具和注射局部应严格消毒,每注射1头牛应更换1次灭菌针头。注射时,进针要达到适当深度(肌肉内)。⑤接种后其注射用具、盛苗容器及稀释后剩余的疫苗必须消毒处理。⑥注苗应从安全区到受威胁区,最后再注射疫区内安全群和受威胁群。⑦在非疫区,注苗后21 d方可移动或调运。⑧注苗过程中,须有专人做好记录,写明省(区)、县、乡(镇)、自然村、畜主姓名、家畜种类、大小、性别、注苗头数和未注苗头数等。在安全区注苗后,对注苗牛、羊安全性观察7~10 d,详细记载有关情况。

(二)牛口蹄疫O型灭活疫苗

本品系用免疫原性良好的牛源强毒OA/58株接种BHK-21细胞培养增殖,病毒液经反复冻融3次后滤过,毒液的毒价应为乳鼠$LD_{50} \geqslant 10^{7.5}/0.1$ mL,$TCID_{50} \geqslant 10^{7.5}/0.1$ mL,然后经二乙烯亚胺灭活后,加油佐剂混合乳化而成。疫苗具有安全、稳定、不散毒等优点。

【性状】本品为略带粉红色或白色的黏滞性液体,久置后疫苗上部可能有少量油相,底部有部分水相析出,摇之呈均匀乳状液。

【作用与用途】适用于各种年龄的黄牛、水牛、奶牛、牦牛,用于预防牛O型口蹄疫。

【用法与用量】注苗前应充分摇匀,肌内注射。成年牛注射3 mL,1岁以下犊牛注射2 mL。

【免疫期】注苗后2~3周产生免疫力,免疫期为6个月。

【不良反应】对各年龄的黄牛、水牛、奶牛、牦牛均安全有效,有的动物接种后可能出现不良反应。

【保存】2~8 ℃保存,有效期为1年。疫苗宜冷藏运输。

【注意事项】①疫苗应防止冻结,避免高温和阳光照射。②凡疫苗色泽等与说明书不一致,或疫苗中含有异物、无标签、标签模糊不清、疫苗瓶有裂缝、封口不严以及变质者不得应用。

(三)牛口蹄疫灭活疫苗(亚洲-Ⅰ型)

本疫苗系采用口蹄疫亚洲-Ⅰ型病毒(LC/96)接种BHK-21细胞系培养,收获病毒培养物经BEI灭活,加矿物油佐剂乳化制成。

【性状】疫苗为乳白色或淡粉红色乳剂。

【作用与用途】本疫苗主要用于预防牛亚洲-Ⅰ型口蹄疫。

【用法与用量】肌内注射,牛每头3 mL。首次接种后4周左右,采用相同途径和剂量再接种1次。

【免疫期】免疫期为 6 个月。

【不良反应】接种后可能出现接种部位肿胀、体温一过性升高、减食或停食 1~2 d 等反应。严重时建议使用肾上腺素等药物进行治疗。

【保存】2~8 ℃保存,有效期为 2 年。

【注意事项】①疫苗不宜冻结,冻结后的疫苗严禁使用。运输和使用过程中,应避免阳光直接照射。②每瓶疫苗在使用前及每次吸取时,均应仔细振荡,瓶口开封后,最好当日用完。③有病牛和临产母牛不宜注射。④注苗用具和注射局部应严格消毒。⑤接种后其注射用具、盛苗容器及稀释后剩余的疫苗必须消毒处理。⑥大面积使用前应先做小区试验,证明安全后用再逐步扩大使用。

(四)Asia I 型灭活疫苗

本疫苗含灭活的 Asia I 型病毒(Asia I AKT/03)。

【性状】疫苗为乳白色或淡粉红色乳剂。

【作用与用途】本疫苗主要用于预防猪、牛、羊的亚洲 - I 型口蹄疫。

【用法与用量】牛颈部肌内注射,猪耳根后肌内注射,羊后肢肌内注射。成年牛每头 2 mL,犊牛每头 1 mL,个体较大的牛可增加注射剂量,最多每头不超过 3 mL。成年猪每头 1 mL,仔猪每头 0.5 mL。成年羊每只 1 mL,羔羊每只 0.5 mL。

【保存】2~8 ℃避光保存,有效期为 1 年。

【注意事项】同牛口蹄疫灭活疫苗(O 型,NMXW - 99、NMZG - 99 株)

(五)口蹄疫 O - A 型鼠化弱毒疫苗

本品是我国 20 世纪 80 年代研制成功的疫苗。将 O 型 II 系鼠化弱毒、A 型 III 系鼠化弱毒分别经皮下注射 3~5 日龄或 4~6 日龄乳兔,每只注射 1:(20~50)倍稀释液 1~3 mL,采集在一定时间内出现明显麻痹症状的濒死或死亡乳兔的含毒组织,称重后磨碎,根据配苗种类的不同要求加入适量的磷酸盐缓冲液浸毒,并加入适量的抗生素,在 2~8 ℃处理 4~16 h,充分振荡 4~5 次,然后过滤取上清液,混合后制成疫苗。疫苗用乳鼠测定毒价,O 型苗 LD_{50} ≥10/0.1 mL,A 型苗 LD_{50}≥10/0.1 mL。免疫牛除产生循环抗体外,还可引起局部免疫。使用剂量小,价格低。

【性状】本品为暗赤色液体,静置后底部有部分组织沉淀,摇之呈均匀混浊液。

【作用与用途】用于预防牛 O 型、A 型口蹄疫。

【用法与用量】注苗前应充分摇匀,肌内或皮下注射。成年牛注射 4 mL/头,1 岁以下犊牛注射 2 mL/头。经常发生疫情地区的易感动物,第一年注射 2 次,以后每年注射 1 次即可。

【免疫期】弱毒疫苗产生较好免疫力,免疫持续时间也较长,注射后14 d产生免疫力,免疫期为 4~6 个月。

【不良反应】疫苗安全性不理想,对不同品种、年龄和生理状态的动物表现不同的残留毒力,有的免疫牛可能出现临床症状,有的还可能会出现毒力返强的危险。注射后有 20%~30% 的牛口腔出现烂斑,10%在蹄部出现水疱烂斑,少数牛可出现乳头烂斑及减奶数天,但一般不影响食欲和使役,经常注射地区的牛反应较轻。

【保存】-12 ℃以下保存,有效期 1 年;2~8 ℃保存 5 个月。疫苗运输过程中应避免阳光直射,冬季应防止疫苗冻结。如果冻结,须放在 15~20 ℃条件下自行融化,不允许用火烤或热水融化。

【注意事项】①疫苗一定要严格控制在指定区域内使用。②在首次注射的地区,应先进行小范围试验。③注射疫苗的牛在 14 d 内不得随意移动,以便进行观察,也不得与猪接触,本疫苗不用于猪。④免疫接种后,如出现多数牛群发生严重的反应,则应严格封锁隔离,加强护理治疗,并查明病因,进行适当处理。如果是在免疫力产生前感染强毒,出现口蹄疫症状,按病牛处理,进行封锁隔离。⑤在疫区注射疫苗后,防疫人员的衣物、交通工具及器械等应进行严格消毒处理,才能参加其他地区的预防工作,以免机械性带毒传染。⑥1岁以下犊牛不能使用本苗。

七、牛流行热疫苗

(一)牛流行热弱毒疫苗

本品是将传代适应 BHK-21 细胞的 YHL 弱毒株接种细胞培养,待细胞产生合格病变后收集培养物,加入等量的聚乙烯吡咯烷酮乳糖保护剂,混匀分装,经冷冻真空干燥后制成。疫苗安全,免疫牛无异常反应,并产生中和抗体,免疫效果较为理想。

【作用与用途】用于预防牛流行热。适用于各品种的不同年龄牛。

【用法与用量】使用时用氢氧化铝胶稀释,间隔 4 周皮下接种疫苗 2 次,每次注射 5 mL。

【保存】4~8 ℃保存,有效期为 6 个月。疫苗应冷藏运输,防止高温和阳光直射。

（二）牛流行热灭活疫苗

本品系用牛流行热病毒北京 JB76K 毒株接种于生长良好的 BHK－21 细胞培养,在接毒后 48～72 h,当细胞致病作用（CPE）达到 75% 以上时,收获细胞毒液。检验合格的细胞病毒液反复冻融 2 次,然后按 100 mL 病毒液加 10% 的 Triton X－100 溶液 1 mL,在 4 ℃条件下搅拌 2 h 进行灭活,按 100 mL 灭活的病毒液加 1% 的硫柳汞溶液 1 mL 混匀。上述灭活的病毒液与等量的白油斯盘佐剂混合、乳化,即为油包水型疫苗。疫苗价格适宜,安全性好,免疫效果理想。

【作用与用途】可用于不同年龄、不同性别的健康奶牛、黄牛以及妊娠牛,预防牛流行热。

【用法与用量】牛颈部皮下间隔 21 d 注射 2 次疫苗,每次 4 mL/头,6 月龄以下的犊牛注射剂量减半。

【免疫期】在第二次免疫接种后 21 d 产生免疫力,免疫期为 6 个月左右。

【不良反应】按接种本疫苗后,有少数牛可能出现一过性热反应,于接种部位出现轻度肿胀,3 周以后基本消退。

【保存】4 ℃保存,有效期为 4 个月。疫苗应冷藏运输。

【注意事项】①本疫苗切勿冻结,冻结后的疫苗严禁使用。②用时使疫苗温度升至室温,并充分摇匀。③给妊娠奶牛注射要注意保定,避免引起机械性流产。④接种疫苗时,接种部位、所用注射器和针头需严格消毒。针头要经常更换。⑤在牛流行热暴发流行时,可用本疫苗对牛群进行紧急预防接种。⑥本品如出现破损、异物或破乳分层等异常现象切勿使用。⑦接种后其注射用具、盛苗容器及稀释后剩余的疫苗必须消毒处理。

（三）牛流行热亚单位油乳剂疫苗

本品系用牛流行热病毒 JB76H 毒株接种于 BHK－21 细胞培养,当 CPE 达到 75% 以上时,收获细胞毒液,检验合格的细胞病毒液反复冻融 3 次,然后 100 000 r/min 离心 1 h,弃上清液。每 100 mL 病毒液的离心沉淀物加 0.5% 的 Triton X－100 溶液 2 mL 悬浮,超声裂解,将裂解物在 4 ℃条件下搅拌 1 h 后,再以 100 000 r/min 离心 1 h,上清液即为病毒裂解的可溶性抗原。将抗原用 RPMI 1640 营养液适当稀释,与等量白油佐剂混合、乳化,即为油包水型疫苗。用 557 双波长、双光束分光光度计测定疫苗抗原蛋白含量,应为 3.9～5.02 mg/mL。疫苗安全性好,免疫效果理想。

【作用与用途】可用于不同年龄、不同性别的健康奶牛、黄牛以及妊娠牛，预防牛流行热。

【用法与用量】颈部皮下间隔 21 d 注射 2 次疫苗，每次 4 mL，6 月龄以下的犊牛注射剂量减半。

【免疫期】在第二次免疫接种后 21 d 产生免疫力，免疫期为 6 个月左右。

【保存】2～8 ℃保存，有效期为 4 个月。疫苗应冷藏运输。

【注意事项】同牛流行热灭活疫苗。

(四)牛流行热结晶紫灭活疫苗

本品采用反应原性与免疫原性良好的毒株接种牛体复壮，选取典型发热期的血毒作为种子，静脉接种敏感健康牛，采取发热高峰期病牛(40 ℃以上)的血液，立即脱纤，将 800 mL 血液与含有 0.25% 结晶紫的乙基甘醇或甘油 200 mL 混合，置 37 ℃培养灭活 7 d，每天振荡 2 次，检验合格后分装即成。疫苗安全，免疫效果较好。由于制苗成本较高，临床上很少使用。

【作用与用途】适用于各年龄、品种的牛。用于预防牛流行热。

【用法与用量】牛颈部皮下注射 10 mL，3～7 d 后再注射 15 mL，未满 6 个月的犊牛按体重将全量 15～20 mL 分 2 次注射。疫苗多在流行季节前 1 个月免疫。

【免疫期】免疫期为 6 个月。

【保存】2～5 ℃保存，有效期为 3 个月。疫苗应冷藏运输。

八、牛气肿疽疫苗

牛气肿疽疫苗最早由 Arloing 等(1887 年)用病牛感染组织浸出液研制而成。1950 年以后，我国也相继研制成功了几种气肿疽疫苗，效果良好。目前使用的是牛气肿疽明矾菌苗和牛气肿疽甲醛菌苗。近年来又研制成功了干粉疫苗，皮下接种干粉疫苗 1 mL/头，免疫期可达 1 年。干粉疫苗具有使用方便、反应轻、效果好的特点。虽然也培养成功弱毒疫苗株，但尚未推广应用。

(一)牛气肿疽灭活疫苗

本品包括牛气肿疽甲醛菌苗和牛气肿疽明矾菌苗 2 种，2 种疫苗菌株均系免疫原性良好的牛气肿疽梭菌 C54-1 和 C54-2 菌株。制备甲醛灭活苗时，将菌种分别接种蛋白胨肉肝汤，在 37～38 ℃静置培养 36～48 h，培养物纯检合格后，按培养基总量的 0.5% 加入甲醛溶液，37～38 ℃灭活 72～96 h，灭活检验合格后即为甲醛灭活苗。制备明矾灭活苗时，将菌种分别接种厌气肉肝汤,在 37~38 ℃静置培养 36~48 h,培养物纯检合格后,按培养基总量的 0.5% 加入甲醛溶液,37~38 ℃灭活 72~96 h。灭活检验合格后,加入 10% 钾明矾,使钾明矾的终浓度为 1%,充分搅拌,混合均匀即成。疫苗免疫效果理想。

【性状】2 种疫苗静置后,上层均为棕黄色或淡黄色澄清液体,下层有少量的灰白色沉淀。疫苗振摇后,呈均匀混悬液。

【作用与用途】用于健康牛、羊免疫接种,预防牛、羊气肿疽。

【用法与用量】不论年龄大小,牛颈部或肩胛后缘皮下注射 5 mL/头,对 6 月龄以下免疫的犊牛,在 6 月龄时应再免疫 1 次。

【免疫期】在注射疫苗后 14 d 产生免疫力,免疫期为 1 年。

【不良反应】疫苗安全性较好,但有时会出现一定的副作用,如免疫牛可能有体温升高和注射部位出现局部肿胀等不良反应。

【保存】2~8 ℃冷暗处保存,有效期 2 年。应冷藏运输。

【注意事项】①本苗严禁冻结,冻结后的疫苗严禁使用。②被免疫动物一定要健康,患病、初产、去势、创伤未愈合及体温不正常的动物不宜注射。③注射后可能有体温升高反应和注射局部出现手掌大小的肿块,3~4 d 后可恢复正常。④注苗后 7 d 内不要使役,应加强饲养管理。⑤注射前要将菌苗用力振摇,使之成均匀的混悬液,以免菌体分布不均匀影响免疫效力。⑥如有疫苗瓶封口不严、疫苗混有异物或有摇不散的絮状物等情况时,均不能使用。⑦用时使疫苗温度升至室温,并充分摇匀。⑧接种时,应做局部消毒处理。⑨接种后其注射用具、盛苗容器及稀释后剩余的疫苗必须消毒处理。

(二)牛巴氏杆菌 - 气肿疽(干粉)菌苗

【性状】本品为淡黄色或黄褐色粉末。

【作用与用途】用于预防牛出血性败血病和气肿疽病。

【用法与用量】临用时以 20% 氢氧化铝稀释液稀释,使每毫升中含有 1 头份,摇匀,每头牛肌内或皮下注射 1 mL。

【免疫期】注射 15 d 后产生免疫力,免疫期为 1 年。

【保存】保存于 -15 ℃以下的冷暗处,有效期为 3 年。20% 氢氧化铝稀释液应避免冰冻。

【注意事项】①本疫苗只限于健康牛的免疫。②稀释好的菌苗液应当天用完。③注射器、针头、瓶塞及注射部位应严格消毒。

九、牛乳腺炎疫苗

(一)牛乳腺炎 J5 灭活疫苗

本疫苗商品名为 Colicure – J5 疫苗，又称 Coilmast – J5 疫苗，是由美国学者研制成功的，由法玛西亚公司生产，1993 年在美国使用。制苗菌株为 J5 菌株，该菌株是不完全 O – 多糖的突变株，其核心抗原和脂 A 层抗原是裸露的，裸露的核心抗原可刺激产生抗脂多糖内毒素的抗体，从而抵御革兰阴性肠杆菌性乳腺炎。疫苗是将大肠杆菌 J5 菌株接种适宜培养基 37 ℃培养，将培养物经甲醛灭活后，加免疫增强剂配制而成。疫苗菌体含量为 10^9 个/ mL。疫苗安全、高效。

【性状】本品为白色乳剂。

【作用与用途】用于预防由大肠杆菌及其他革兰阴性菌引起的乳腺炎，牛大肠杆菌引起的腹泻、肺炎及内毒素血症。

【用法与用量】皮下注射，最佳接种部位是乳房上方与牛体结合处。成年牛在干奶时、干奶中期和产犊后 7～14 d 各皮下注射疫苗 2 mL，免疫期为 1 年。妊娠青年母牛在妊娠的 6 月、7 月、8 月各皮下注射疫苗 2 mL，免疫期为 1 个泌乳期。

【不良反应】有时可能引起变态反应。如果出现变态反应，可注射肾上腺素。

【保存】2～8 ℃保存，有效期 3 年。应冷藏、避光运输。

【注意事项】用前摇匀，疫苗瓶打开后应一次用完。

(二)MASTIVAC 牛乳腺炎多联灭活疫苗

本品是由西班牙研制生产的一种乳腺炎疫苗，系用金黄色葡萄球菌、大肠杆菌、化脓性放线菌、无乳链球菌、化脓性链球菌等菌株分别接种适宜培养基培养，将培养物经甲醛灭活后，并辅以免疫佐剂制成，含菌量为 6×10^9 个灭活菌/mL。疫苗安全，免疫效果好。

【性状】本品为白色乳剂，久置后上部为澄清液体，底部为乳白色沉淀。

【作用与用途】可防治多种革兰阳性、阴性菌引起的乳腺炎。

【用法与用量】疫苗皮下接种，间隔 15 d 二次免疫，5 mL/次。

【免疫期】免疫期为 1 个泌乳期。

【不良反应】有时疫苗可能引起变态反应。

【保存】2～8 ℃保存，有效期为 2 年。应冷藏、避光运输。

(三)牛乳腺炎多联灭活疫苗

本品是近年来我国学者从乳腺炎病原菌优势菌株中筛选出毒力强、免疫原性好的菌株,如金黄色葡萄球菌、无乳链球菌和停乳链球菌作苗株,接种适宜培养基培养,菌液经灭活后,辅以免疫佐剂,制成牛乳腺炎多联灭活疫苗。疫苗较为安全,但免疫期较短,免疫牛抗体水平在注苗后 90 d 降至免疫前水平,在免疫后 4 个月内临床型乳腺炎发病率可降低 40% 左右。

【作用与用途】用于由金黄色葡萄球菌和链球菌引起的乳腺炎。

【用法与用量】疫苗应在夏季乳腺炎多发季节之前免疫,免疫牛于臀部肌内注射 10 mL/头。

【不良反应】免疫牛在注苗后体温可能会略有升高,有的牛注射部位出现肿胀,但症状一般在 3 d 内自行消失。

【保存】2~8 ℃保存,有效期 1 年。疫苗应冷藏、避光运输。

十、布氏菌病疫苗

(一)布氏菌病活疫苗(S2 株)

本疫苗系用羊种布氏杆菌弱毒 S2 株菌接种适宜培养基,收获培养物加适当稳定剂经冷冻真空干燥制成。

【性状】本品为淡黄色疏松团块,加入稀释液后迅速溶解。

【作用与用途】供预防山羊、绵羊、猪和牛布氏菌病。

【用法与用量】口服或注射。怀孕母畜口服后不受影响,畜群每年接种 1次。长期使用不会导致血清学的持续阳性反应。口服剂量:山羊、绵羊,不论年龄大小,饮服或喂服,每头 100×10^8 CFU 活菌;牛为 500×10^8 CFU 活菌;猪服 2 次,每次 200×10^8 CFU 活菌,间隔 1 个月。皮下或肌内注射,只限于非怀孕的羊和猪。孕畜、牛、小尾寒羊不得采用注射法。注射剂量:山羊每只 25×10^8 CFU 活菌;绵羊每只 50×10^8 CFU 活菌;猪注射 2 次,每次每头 200×10^8 CFU 活菌,间隔 1 个月。

【免疫期】羊为 2 年,牛为 2 年,猪为 1 年。

【保存】2~8 ℃保存,有效期为 2 年。

【注意事项】①疫苗稀释后,要当天用完。②拌水饮服或灌服时,应注意用凉水。若拌入饲料中,应避免使用加有抗生素药物添加剂的饲料、发酵饲料或热饲料。服苗动物在服苗的前、后 3 d 应停止使用发酵饲料和含抗生素的饲料。③本疫苗对人具有一定的致病力,使用时要注意个人防护。④采用注射时,应做局部消毒处理。⑤接种后其注射用具、盛苗容器及稀释后剩余的疫苗必须消毒处理。

(二)布氏菌病活疫苗(M5 或 M5-90 株)

本疫苗系用布氏杆菌羊型(弱毒 M5 株或 M5-90 株)接种适宜培养基培养,取培养物加适当稳定剂经冷冻真空干燥制成。

【性状】本品为淡黄色疏松团块,加入稀释液后迅速溶解。

【作用与用途】供预防牛、绵羊或山羊的布氏菌病。

【用法与用量】可采用皮下注射、滴鼻或口服接种。稀释液为生理盐水或缓冲生理盐水。牛皮下注射每头 250×10^8 CFU 活菌。山羊和绵羊皮下注射每只 10×10^8 CFU 活菌,滴鼻每只 10×10^8 CFU 活菌,口服每只 250×10^8 CFU 活菌。

【免疫期】免疫期为 3 年。

【保存】2~8 ℃保存,有效期为 1 年。

【注意事项】①妊娠期的动物及种公畜不预防接种。②母畜宜在配种前 1~2 个月进行接种。仅对 3~8 月龄奶牛接种,成年奶牛一般不接种。③接种时,应做局部消毒处理。④接种后其注射用具、盛苗容器及稀释后剩余的疫苗必须消毒处理。⑤本疫苗对人具有一定的致病力,使用时要注意个人防护。

十一、炭疽疫苗

(一)无荚膜炭疽芽孢疫苗

本疫苗系用无荚膜炭疽杆菌弱毒株,在适宜的培养基上培养,形成芽孢后,悬浮于灭菌氢氧化铝胶注射用水或甘油注射用水中制成。

【性状】本品静置后为透明液体,瓶底有少量灰白色沉淀,摇匀后呈均匀混悬液。

【作用与用途】用于预防马、牛、绵羊和猪的炭疽病。

【用法与用量】马、牛 1 岁以上皮下注射每头 1 mL,1 岁以下每头 0.5 mL。绵羊、猪每只皮下注射 0.5 mL。

【免疫期】免疫期为 1 年。

【保存】2~8 ℃保存,有效期为 2 年。

【注意事项】①用前应先使疫苗恢复至室温,并充分摇匀。②山羊忌用,马慎用。③本品宜秋季使用,在牲畜春乏或气候骤变时不应使用。④接种时,应做局部消毒处理。⑤接种后其注射用具、盛苗容器及稀释后剩余的疫苗必须消毒处理。

（二）Ⅱ号炭疽芽孢疫苗

本芽孢苗系用炭疽杆菌Ⅱ号弱毒株，在适宜培养基上培养，形成芽孢后，悬浮于灭菌甘油注射用水或氢氧化铝胶注射用水中制成。

【性状】本苗静置后呈透明的液体，瓶底有少量灰白色沉淀，充分振摇后呈均匀混悬液。

【作用与用途】预防大动物、绵羊、山羊和猪炭疽病。

【用法与用量】皮内注射。牛每头（只）0.2 mL或皮下注射1 mL。

【免疫期】免疫期山羊为6个月，其他动物为1年。

【保存】2～8 ℃保存，有效期为2年。

【注意事项】①山羊、马慎用。②本品宜秋季使用，在牲畜春乏或气温骤变时不宜使用。③用前应先使疫苗恢复至室温，并充分摇匀。④注射部位须先用碘酊消毒，然后注射。⑤接种后其注射用具、盛苗容器及稀释后剩余的疫苗必须消毒处理。

十二、新生犊牛腹泻疫苗

新生犊牛腹泻是一种复杂的多因素性疾病，影响因素包括饲养管理和感染源。有几种细菌、病毒和原虫都能够引发本病，如肠毒素性大肠杆菌（ETEC）、沙门菌属细菌、轮状病毒、冠状病毒以及隐孢子虫。犊牛出生后的最初4 d内发生感染的最常见病原为大肠杆菌，7～14 d时轮状病毒是最常见的病原微生物，而冠状病毒多在7～21 d时致病。临床上有多种疫苗可用，且非常成功，这些疫苗内含有灭活的牛轮状病毒、冠状病毒和大肠杆菌K99抗原。重要的是，大肠杆菌抗原中不但有K99菌毛抗原，而且还有K99荚膜抗原。K99抗原可使大肠杆菌黏附于犊牛小肠的肠绒毛上，继而细菌快速增殖并产生毒素，犊牛最终表现为腹泻。

怀孕母牛在预产期前的4～12周内免疫接种。犊牛要在出生后6 h内饲喂足量（3L）初乳，以获得被动免疫保护。2～3周龄内的新生犊牛必须饲喂初乳或已注射过疫苗的母畜产出的牛奶，这在未断奶的犊牛群是很容易做到的。在奶牛群，产后最初6～8次挤的奶应收集后冷藏，然后用来饲喂犊牛，根据大小，2周龄内的犊牛每日饲喂2.5～3.5 L。在密闭性分娩模式下的季节性产犊的牛群中，常对其中1/4的母牛进行免疫接种，用已免疫牛的乳汁饲喂其他母牛产出的犊牛。如果全群都进行了免疫接种，则可获得最佳的结果。

犊牛腹泻疫苗

【疫苗名称】Lactovac（生产商：英特威）。疫苗中含牛轮状病毒灭活苗（1005/78 株和荷兰株），牛冠状病毒（株 800），大肠杆菌 K99 和 F41。

【用法与用量】5 mL/头，皮下注射。怀孕母牛和初产母牛注射两次，两次间隔 4～5 周，第二次在产前 2～3 周内注射。每年加强免疫一次，时间为产前 2～6 周。

十三、伪狂犬病灭活疫苗

本品系用伪狂犬病毒 A 株（CVCCAVl211 株）病毒接种于 SPF、鸡胚成纤维细胞培养，收获病毒培养物，经甲醛溶液灭活后制成。

【性状】淡红色混悬液，久置后，下层有淡乳白色沉淀。

【作用与用途】用于预防牛、羊伪狂犬病。

【免疫期】牛为 1 年，山羊为 6 个月。

【用法与用量】颈部皮下注射。成年牛，每头 10.0 mL；犊牛，每头8.0 mL；山羊，每只 5.0 mL。

【保存】2～8 ℃保存，有效期为 2 年。

【注意事项】①切忌冻结，冻结后严禁使用。②使用前，应将疫苗恢复至室温，并充分摇匀。③接种时，应做局部消毒处理。④主要用于疫区、疫点及受威胁的地区。⑤用过的疫苗瓶、器具和未用完的疫苗等应进行消毒处理。

十四、牛环形泰勒虫病疫苗

牛环形泰勒虫病活疫苗，是用环形泰勒虫裂殖体接种繁殖在牛淋巴样细胞中，收获培养液，加明胶制成。

【性状】在 4 ℃左右保存条件下为粉红色或淡黄色半透明胶冻状，在 38～40 ℃水浴融化后，无絮状，无沉淀。

【作用与用途】用于预防牛的环形泰勒虫病。注射后，由于裂殖体繁殖，而不能成长为成虫，以刺激产生免疫力。

【用法与用量】将疫苗瓶放在 38～40 ℃水浴中融化 5 min 后摇匀，每头牛肌内注射 1～2 mL（含有 100 万～200 万个活细胞）。

【免疫期】免疫期 1 年。

【保存】2～8 ℃保存，有效期 60 d；在室温下保存，不超过 3 d。

【注意事项】①疫苗只限在疫区内使用。凡已经冻结的疫苗，使用后无效。②接种时,应做局部消毒处理。③接种后其注射用具、盛苗容器及稀释后剩余的疫苗必须消毒处理。

第五节 羊常用疫苗

一、羊传染性脓疱皮炎疫苗

羊传染性脓疱皮炎又称羊传染性脓疱、羊口疮,特征是口唇等处的皮肤和黏膜形成丘疹、脓疱、溃疡,并最后结成疣状厚痂。犊牛、骆驼和野山羊等可感染发病。自 1923 年 Aynaud 首次证实本病病原为病毒以来,世界各养羊国家和地区都有本病发生,我国养羊地区也有本病发生。

(一)羊传染性脓疱皮炎活疫苗

本疫苗系用羊传染性脓疱皮炎 HCE 或 GO – BT 弱毒株接种牛睾丸细胞培养,收获病毒培养物加适当稳定剂,经冷冻真空干燥制成。

【性状】本品为乳白色疏松固体,加稀释液后迅速溶解。

【作用与用途】用于预防各种绵羊、山羊的传染性脓疱皮炎。适用于各种年龄的绵羊、山羊。

【用法与用量】按瓶签注明的头份,加生理盐水稀释。HCE 株冻干苗在下唇黏膜划痕接种;GO – BT 株冻干苗采用口唇黏膜内注射。各种年龄的绵羊、山羊,每只 0.2 mL。对有本病流行的羊群,可采用股内划痕接种,每只 0.2 mL。注射方法:用消毒注射器吸取已溶解好的疫苗,用左手拇指与食指固定好羊下口唇(或上唇),并注意绷紧,食指上(下)顶,使黏膜微突起,然后在黏膜内注射 0.2 mL 疫苗。鉴别黏膜内注射是否正确,应以注射处出现透亮的水疱为准。

【免疫期】GO – BT 株冻干苗免疫期为 5 个月,HCE 株冻干苗为 3 个月。

【保存】2 ~ 8 ℃保存,有效期 5 个月; – 10 ℃以下保存,有效期 10 个月。

【注意事项】①稀释后应充分摇匀,限当日用完。②接种时应做局部消毒处理。③接种后其注射用具、盛苗容器及稀释后剩余的疫苗必须消毒处理。

(二)羊口疮弱毒细胞冻干苗

【性状】本品系弱毒细胞冻干苗,为黄色疏松固体,加入生理盐水后振摇成均匀的混悬液。

【作用与用途】用于预防绵羊、山羊口疮。各种年龄的绵羊、山羊均适用。

【用法与用量】用灭菌的 5 mL 或 10 mL 注射器吸取生理盐水,按瓶签注明的头份计算,每头份加生理盐水 0.2 mL,在阴暗处充分摇匀。

【免疫期】免疫期为 5 个月。

【保存】本品保存于 – 10 ℃以下有效期限为 10 个月,保存在 10 ~ 25 ℃则为 4 个月。

【注意事项】①本苗预防接种时,未发病地区羊群可采用口唇黏膜内注射;在疫区紧急接种时,仅限股内侧划痕,禁用口唇接种方法。②本苗在新地区使用之前,必须用本地区不同品种、不同年龄羊进行小量试验,证明安全后,方可大面积使用。③羊群中如已发现有其他可疑病流行时,不可接种该苗。④本苗为弱毒活苗,运输、使用过程中应注意避光、保冷。⑤本苗用于皮下、肌肉或尾根皮内注射均无效。⑥稀释后的疫苗限当天用完,剩余的可加热销毁。

二、羊痘疫苗

山羊痘是山羊的一种高度接触性传染病。其临床特征与绵羊痘相似,主要表现为皮肤和黏膜上形成疱疹、化脓、结痂,引起全身痘。山羊痘病毒具有痘病毒的形态、理化和培养特征。山羊痘病毒和绵羊痘病毒各自有宿主的特异性。山羊痘疫苗可以坚强地抵抗山羊痘和绵羊痘强毒的攻击,而绵羊痘疫苗则不能保护山羊抗山羊痘病毒的攻击。

（一）山羊痘活疫苗

本疫苗采用免疫原性良好的山羊痘弱毒株接种易感细胞,收获细胞培养物,加适当稳定剂,经冷冻真空干燥制成。

【性状】本品呈淡黄色的疏松团块,易与瓶壁剥离,加生理盐水后迅速溶解。

【作用与用途】用于预防山羊痘和绵羊痘。

【用法与用量】股内侧或尾根内侧皮内注射。按瓶签注明头剂,每头剂用0.5 mL生理盐水稀释,不论羊大小每头均注射0.5 mL。

【免疫期】接种后第五天开始产生免疫力,免疫期为1年。

【保存】-15 ℃以下保存,有效期为2年;2～8 ℃保存,有效期为18个月。

【注意事项】①对怀孕母羊免疫接种时,应注意保定,动作应轻柔,以免影响胎儿,防止造成机械性流产。②在有羊痘流行的羊群中,可对未发生羊痘的健康羊进行紧急接种。③稀释后应充分摇匀,限当天用完。④接种时应做局部消毒处理。⑤接种后其注射用具、盛苗容器及稀释后剩余的疫苗必须消毒处理。

（二）绵羊痘活疫苗

本疫苗采用绵羊痘鸡胚化弱毒株接种绵羊,采集含毒组织制成乳剂或接种易感细胞,收获细胞培养物,加适当稳定剂,经冷冻真空干燥制成。

【性状】本品呈淡黄色的疏松团块,易与瓶壁剥离,加稀释液后迅速溶解。

【作用与用途】用于预防绵羊痘。

【用法与用量】股内侧或尾根内侧皮内注射。按瓶签注明头剂,每头剂用0.5 mL生理盐水稀释,不论羊大小,每头均注射0.5 mL。3月龄以内的哺乳羔羊,断奶后应再接种1次。

【免疫期】接种后第六天开始产生免疫力,免疫期为1年。

【保存】-15 ℃以下保存,有效期为2年。2～8 ℃保存,组织苗有效期为18个月;细胞苗有效期为1年。

【注意事项】①对怀孕母羊免疫接种时,应注意保定,动作应轻柔,以免影响胎儿,防止造成机械性流产。非疫区使用时应对本地不同品种绵羊先做小区试验,证明安全后方可全面使用。②在有绵羊痘流行的羊群中,可对未发生绵羊痘的健康羊进行紧急接种。③稀释后应充分摇匀,限当天用完。④接种时应做局部消毒处理。⑤接种后其注射用具、盛苗容器及稀释后剩余的疫苗必须消毒处理。

（三）绵羊、山羊痘弱毒冻干苗

本品系用绵羊痘弱毒或山羊痘弱毒,加保护剂经真空冻干而制成。

【性状】本品为疏松固体,易与瓶壁剥离,加水后迅速溶解成乳白色液体。

【作用与用途】用于预防绵羊痘和山羊痘。

【用法与用量】按照瓶签上标明的头份数,1 头份用 0.5 mL 生理盐水稀释,不论羊大小均于腋下或尾内面或腹内侧皮内注射疫苗 0.5 mL。用山羊痘弱毒生产的疫苗预防山羊痘和绵羊痘,剂量相同;而用绵羊痘弱毒生产的疫苗预防山羊痘,则注射剂量为绵羊用量的 10 倍。目前各厂家普遍采用山羊痘弱毒生产绵羊痘冻干苗和山羊痘冻干苗。

【免疫期】本苗注射后 4~6 d 即可产生强的免疫力,免疫期为 1 年。

【保存】绵羊痘弱毒苗自制造日起在 -15 ℃可保存 2 年,2~15 ℃冷暗处为 1 年。山羊痘弱毒在 -15 ℃可保存 2 年,0~4 ℃为 1 年,3~15 ℃为 10 个月,16~25 ℃为 2 个月。

【注意事项】①稀释后的疫苗限当天用完。②必须用皮内针头做免疫接种,如注射于皮下则效果不确切。注射局部应严格消毒,以免感染。③本苗对成年羊、羔羊、怀孕母羊及瘦弱羊均可应用,但羔羊与瘦弱羊产生免疫力较差。孕羊在免疫时应防止机械性流产。羊痘疫区未发病羊也可注射本苗,但在潜伏期羊仍可发病。注射本品 7~9 d 注意观察情况。

三、口蹄疫疫苗

见第四章第四节。

四、羊衣原体病疫苗

羊衣原体病灭活疫苗

羊衣原体病灭活苗是用羊衣原体强菌株,接种鸡胚培养,收集培养物,经甲醛溶液灭活后,加入矿物油佐剂乳化而成。

【性状】本品为乳白色乳状液,经储存后,表面有少量油,摇荡后呈均匀乳剂。

【作用与用途】用于预防绵羊和山羊衣原体病。

【用法与用量】山羊或绵羊均皮下注射 3 mL。

【免疫期】绵羊为 2 年,山羊为 7 个月。

【保存】2～8 ℃保存,有效期为 2 年。

【注意事项】①本疫苗切勿冻结,冻结后的疫苗严禁使用。②用时使疫苗温度升至室温,并充分摇匀。③羊配种前或配种后 1 个月内均可接种。④接种疫苗时,接种部位所用注射器和针头需严格消毒。⑤接种后其注射用具、盛苗容器及稀释后剩余的疫苗必须消毒处理。

五、布氏菌病疫苗

参见第四章第四节。

六、炭疽疫苗

参见第四章第四节。

七、气肿疽疫苗

气肿疽灭活疫苗系用气肿疽梭菌接种于适宜培养基培养,培养物经甲醛溶液灭活后,加钾明矾制成。

【性状】本品静置后上层为棕黄色液体,下层有少量灰白色沉淀,振摇后呈均匀混悬液。

【作用与用途】供预防牛、羊气肿疽。

【用法与用量】不论年龄大小,牛皮下注射 5 mL,羊皮下注射 1 mL。6 个月以下的小牛接种后,至 6 月龄时,应再接种 1 次。

【保存】2～8 ℃保存,有效期为 2 年。

【注意事项】①本疫苗切勿冻结,冻结后的疫苗严禁使用。②用时使疫苗温度升至室温,并充分摇匀。③接种时应做局部消毒处理。④接种后其注射用具、盛苗容器及稀释后剩余的疫苗必须消毒处理。

八、梭菌类疫苗

(一)羊梭菌病多联干粉灭活疫苗

本疫苗系采用产气荚膜梭菌 B、C、D 型、腐败梭菌、诺维菌、C 型肉毒梭菌、破伤风梭菌分别接种适宜的培养基培养,收获培养物经甲醛溶液灭活脱毒后,用硫酸铵提取,经冷冻真空干燥或直接雾化干燥制成单苗,或者按比例制成不同的多联苗。

【性状】灰褐色或淡黄色粉末。

【作用与用途】用于预防羊/猪肠毒血症、猝疽、羊快疫、羔羊痢疾、羊黑疫、肉毒梭菌中毒症和破伤风。

【用法与用量】皮下或肌内注射,按瓶签标明的头份,临用时以 20% 氢氧化铝胶生理盐水稀释,充分摇匀,不论羊年龄大小,每只均接种 1 mL。

【免疫期】免疫期为 1 年。

【保存】2～8 ℃保存,有效期为 5 年。

【注意事项】①接种时应做局部消毒处理。②接种后其注射用具、盛苗容器及稀释后剩余的疫苗必须消毒处理。

(二)羊产气荚膜梭菌多价浓缩灭活疫苗

本品系用魏氏梭菌 A、B、C、D 型培养物,杀菌脱毒,加氢氧化铝胶制成。

【性状】本品静置后,下部有沉淀,经振摇后呈均匀混悬液。

【作用与用途】预防牛/羊肠毒血症、羊猝疽、牛坏死性肠炎等魏氏梭菌疾病。

【用法与用量】皮下注射。牛每头注射 1.5～2 mL,羊每只注射 1 mL。

【不良反应】一般反应:注射后局部出现红肿,精神欠佳,食欲减退,多随时间延长逐渐减轻至消失。严重反应:个别动物因品种、个体关系可能引起急性、过敏反应,表现为呼吸加快,体温升高,食欲停止,口吐白沫、流涎、臌气等,应及时注射肾上腺素或其他药物解救。

【保存】2～8 ℃保存,有效期 2 年。

【注意事项】①注苗前应振摇均匀,注射局部彻底消毒,并更换针头。②首次用本疫苗的地区,应选择一定数量(约 30 头)进行小范围实验,无不良反应后,方可扩大注射面。③面临疫病暴发时,免疫接种应先从安全区到受威胁区,最后到疫区。④对怀孕母畜注射时,应注意保定,动作轻柔,以免影响胎儿,防止引起机械性流产。⑤疫苗启封后,最好当天用完,未用完的疫苗应用蜡封住针眼,于 2～8 ℃保存,超过 24 h 的疫苗不得再使用。⑥严寒季节应注意防冻,因疫苗含氢氧化铝胶,经冻结后会改变性质,影响效力。

(三)羊快疫－猝疽(或羔羊痢疾)－肠毒血症三联灭活疫苗

本疫苗系用腐败梭菌和产气荚膜梭菌 C 型(或 B 型)、D 型菌种接种于适宜培养基培养,培养物经甲醛溶液灭活脱毒后,加氢氧化铝胶制成。

【性状】疫苗静置后,上部为橙黄色透明液体,下部为灰白色沉淀,经振摇后呈混悬状均匀液体。

【作用与用途】用于预防绵羊或山羊快疫、羊猝疽、羊肠毒血症。如用 B

型代替 C 型产气荚膜梭菌制苗,还可预防绵羊或山羊羔羊痢疾。

【用法与用量】皮下或肌内注射。不论羊年龄大小,每只注射 5 mL。

【免疫期】免疫期为 6 个月。用 B 型菌生产的三联疫苗,预防绵羊或山羊快疫、羔羊痢疾、羊猝疽免疫期为 1 年,预防肠毒血症免疫期为 6 个月。

【保存】2 ~ 8 ℃保存,有效期为 2 年。

【注意事项】①本疫苗切勿冻结,冻结后的疫苗严禁使用。②用时使疫苗温度升至室温,并充分摇匀。③接种时,应做局部消毒处理。④接种后其注射用具、盛苗容器及稀释后剩余的疫苗必须消毒处理。

(四)羊快疫-猝疽-肠毒血症三联干粉菌苗

本苗为采用 C 型、D 型魏氏梭菌和腐败梭菌,经杀菌、脱毒后提取有效成分制成的冷冻干燥品。

【性状】本品为灰白色粉末状,加入稀释液后迅速呈均匀混悬液。

【作用与用途】专供预防绵羊、山羊快疫、猝疽和肠毒血症用。

【用法与用量】按瓶签标明头份数,临用前每头份干苗用 1 mL 20%氢氧化铝胶盐水稀释,充分振荡摇匀,不论羊年龄大小,一律肌内注射或皮下注射1 mL。

【免疫期】免疫期为 1 年。

【保存】本品保存于 2 ~ 15 ℃干燥阴暗处,由于燥之日算起,保存期为 5年。

【注意事项】①氢氧化铝胶稀释液需防止冻结。②稀释后的菌苗,若当天用不完,第二天可继续使用。

(五)羊梭菌病四防氢氧化铝菌苗

本品系用腐败梭菌、D 型魏氏梭菌、B 型魏氏梭菌的培养物灭活后加氢氧化铝胶配制而成。

【性状】静置后上层为黄褐色透明液体,下层为灰白色沉淀,经振摇后成均匀的混悬液。

【作用与用途】专供预防羊快疫、猝疽、肠毒血症和羔羊痢疾 4 种羊厌气菌疾病用。

【用法与用量】用时摇匀,不论羊年龄大小,一律肌内或皮下注射 5 mL。如重点预防快疫和肠毒血症,应在其历年发病前 1 个月注苗免疫;如重点预防羔羊痢疾,应在母羊配种前 1 ~ 2 个月或配种后 1 个月左右预防注射。1 年之内无论何时注射本苗,对猝疽都有免疫作用,某些地区若有羔羊痢疾和肠毒素血症2种疫病流行时,为预防肠毒血症,经本苗注射免疫后的母羊距产羔期若只有7~8个月,可不再注射。若距产羔期达10个月以上时,应在产羔前对生产母羊再注射1次,以增强预防羔羊痢疾的免疫力。

【免疫期】对肠毒血症免疫期暂定为半年;对快疫、羔羊痢疾和猝疽为1年。

【保存】本品在2~15℃冷暗处保存,严防冰冻。自灭菌之日算起,有效期暂定为1年。

【注意事项】①半岁以下小羔羊注射剂量可为2~3 mL。②注射部位应严格消毒。注意观察玻璃瓶内有无杂质、异物等异常情况。③使用时应登记用苗批号、注射日期和数量。④如有严重反应或死亡应尽快通知厂家。

(六)羊黑疫菌苗

本品系用水肿杆菌的培养液,经杀菌减毒后加钾明矾制成。

【性状】静置时为黄色有沉淀的液体。

【作用与用途】用于预防绵羊、山羊黑疫。

【用法与用量】将本苗充分摇匀后皮下注射,大羊3 mL,小羊1 mL。

【免疫期】免疫期为1年。

【保存】本苗保存在2~15℃冷暗处,有效期为2年。

【注意事项】①本疫苗无治疗效果,正在流行本病的羊群不能使用。②使用前要先严格检查,如发现有玻璃瓶破裂、封口不严、色泽不正常、混有杂物、有振摇不散的凝块或已过期等情况,不能使用。③严格注意注射用具及注射部位的消毒。④使用时先选择20~50只羊注射,观察10 d无不良反应时再逐步扩大注射范围。

(七)C型肉毒梭菌菌苗

1.C型肉毒梭菌灭活菌苗

本苗系用肉毒梭菌C型菌培养液经杀菌减毒后加钾明矾制成。

【性状】静置时呈淡黄色略带混浊的液体,瓶底有大量沉淀,充分振摇后成均匀混悬液。

【作用与用途】用于预防牛、羊、骆驼等牲畜的C型肉毒梭菌病。

【用法与用量】使用前将菌苗充分振摇均匀,绵羊、山羊颈部皮下注射4 mL,牛皮下注射10 mL,骆驼皮下注射20 mL,水貂皮下注射2 mL。

【免疫期】免疫期为1年。

【保存】本苗保存于2~15℃冷暗处,严防冻结和日晒,保存期3年。

【注意事项】同羊黑疫菌苗。

2.C型肉毒梭菌透析培养菌苗

本品是采用透析培养法培养的C型肉毒梭菌菌液灭活后加入氢氧化铝胶的纯制菌苗。

【性状】静置时仅有微量白色沉淀,振摇后成均匀的乳白色液体。

【作用与用途】用于预防羊C型肉毒梭菌中毒。

【用法与用量】将本苗用生理盐水稀释,每毫升含原菌0.02 mL,使用前将菌苗充分振摇均匀,羊颈部皮下注射1 mL。

【免疫期】免疫期为1年。

【保存】本品保存于2~5 ℃,防冻防晒,有效期为2年。

【注意事项】同羊黑疫菌苗。

九、羊链球菌病疫苗

羊败血性链球菌病是一种急性热性败血性传染病,绵羊最易感,山羊次之。其主要特征全身性出血性败血症及浆液性肺炎与纤维素性胸膜肺炎。病原为C群马链球菌兽疫亚种。患链球菌病的羊康复后具有一定的免疫力,感染羊可产生体液免疫。一般接种疫苗后14 d可产生强免疫力,血清中出现沉淀抗体和补体结合抗体。

(一)羊败血性链球菌病灭活疫苗

羊链球菌病灭活疫苗是用马腺疫链球菌兽疫亚种羊源株菌接种于适宜培养基培养,培养物经甲醛溶液灭活后,加氢氧化铝胶制成。

【性状】静置后的疫苗,上部为茶褐色(或淡黄色)澄明液体,下部为黄白色沉淀物,振摇后呈均匀混悬液。

【作用与用途】用于预防绵羊及山羊的链球菌病。有此病的地区,每年应在疫病流行季节以前给羊做预防注射。在已有本病流行的羊群中亦可使用,但对发病的羊没有治疗作用。

【用法与用量】背部皮下注射,6月龄以上的羊每只5 mL,6个月再进行第二次注射,以增强其免疫效果。

【免疫期】成年羊注射后21 d产生免疫力。免疫期为半年。

【保存】2~8 ℃下保存,有效期18个月。

【注意事项】①本疫苗切勿冻结,冻结后的疫苗严禁使用。②用时使疫苗温度升至室温,并充分摇匀。③接种时,应做局部消毒处理。④接种后其注射用具、盛苗容器及稀释后剩余的疫苗必须消毒处理。

(二)羊链球菌弱毒菌苗

本品系用羊链球菌弱毒活菌的新鲜培养物,加保护剂经真空冻干而制成。

【性状】本品为白色或淡黄色疏松固体,加入稀释液后,振荡成均匀的混悬液。

【作用与用途】用于预防羊链球菌病。

【用法与用量】注射免疫用生理盐水稀释,气雾免疫用蒸馏水稀释。使用时应充分振摇均匀。每只羊尾部皮下注射 1 mL(含 50 万活菌),半岁至 2 周岁羊减半。露天气雾免疫每只羊按 3 亿活菌,室内气雾免疫每只羊按 3 000 万活菌计算(每平方米 4 只羊计 1.2 亿菌)。

【免疫期】免疫期为 1 年。

【保存】本品要保存在低温冷暗处,避免高温和阳光直射。−15 ℃以下有效期为 2 年。

【注意事项】①本品如有玻璃瓶破裂、封口不严、形成干缩或混有杂质、异物均不能使用。②用本品进行气雾免疫不受季节限制,进行羊尾部皮下注射宜在秋后羊膘肥体壮时应用,春乏、特别瘦弱及有病羊不能使用。③本苗稀释后,必须当天用完。④稀释用的注射器、针头等用具事先要煮沸消毒。注射免疫时注射部位要严格消毒。⑤注射后如有严重反应可用抗生素或磺胺类药物进行治疗。

十、山羊传染性胸膜肺炎疫苗

山羊传染性胸膜肺炎是由丝状支原体山羊亚种引起的山羊的一种接触性传染病,以纤维素性胸膜肺炎为特征。

本疫苗系用山羊传染性胸膜肺炎强毒支原体(C87−1 或 C87−2 株)接种于易感健康山羊,无菌采集病肺及胸腔渗出物制成乳剂,经甲醛溶液灭活后,加氢氧化铝胶制成。

【性状】本品静置后,上部为淡棕色澄清透明液体,下部为灰白色的沉淀,振摇后呈均匀混悬液。

【作用与用途】用于预防山羊传染性胸膜肺炎。

【用法与用量】皮下或肌内注射。成年羊每只 5 mL,6 月龄以下羔羊每只 3 mL。

【免疫期】免疫期为 1 年。

【保存】2～8℃下保存,有效期18个月。

【注意事项】①本疫苗切勿冻结,冻结后的疫苗严禁使用。②用时使疫苗温度升至室温,并充分摇匀。③接种时,应做局部消毒处理。④接种后其注射用具、盛苗容器及稀释后剩余的疫苗必须消毒处理。

十一、羊大肠杆菌苗

本品系用大肠杆菌的培养物经杀菌后制成的。

【性状】静置时呈淡黄色略带混浊的液体,瓶底有少量沉淀,振摇后即成均匀的混悬液。

【作用与用途】用于预防羊大肠杆菌病。适用于3个月至1周岁的绵羊和山羊。

【用法与用量】3个月至1周岁的羊皮下注射2 mL,3个月以下羔羊注射0.5～1 mL。

【免疫期】注射后14 d产生强的免疫力,免疫期为1年。

【保存】本苗保存在2～10℃干燥冷暗处,严防冷冻和日晒。有效期为1年。

【注意事项】①在使用前要先检查疫苗,如物理性状发生变化或有渗漏、发霉等情况均不得使用。②使用时要用力振摇均匀。③注射器具及注射部位要严格消毒。

第六节　马常用疫苗

一、马传染性贫血疫苗

马传染性贫血简称马传贫,是由马传贫病毒所致马、骡、驴的一种传染病。病的特征为病毒持续性感染、免疫病理反应以及临床反复发作,呈现发热并伴有贫血、出血、黄疸、心脏衰弱、浮肿和消瘦等症状。

马传染性贫血病活疫苗(驴白细胞源)

本疫苗由马传染性贫血病弱毒接种驴白细胞培养,收获病毒的培养物制成,或加适当稳定剂冷冻真空干燥制成。

【性状】液体苗为微黄色澄清液体,冻干苗为微黄色海绵状疏松团块,稀释后迅速溶解。用于预防马、驴、骡的传染性贫血。

【用法与用量】皮下注射。按瓶签注明头份用 PBS 稀释,每匹 2 mL。

【免疫期】注苗后马需 3 个月,驴、骡需 2 个月产生免疫力,免疫期为 2 年。

【不良反应】个别动物接种后可能出现过敏反应,一般不需治疗,严重的可用盐酸肾上腺素等脱敏药物治疗。

【保存】液体苗 –20 ℃以下保存,有效期为 1 年。冻干苗 2 ~ 8 ℃保存,有效期为 6 个月;–20 ℃以下保存,有效期为 2 年。

【注意事项】①体质极度衰弱以及患有严重疾病的马匹不应接种。②注苗时,要注意器械和注射局部的消毒。③液体苗在保存和运输时,应保持冻结状态。解冻后应一次用完。④用前宜先做小范围试验,证明安全再进行接种。⑤接种后其注射用具、盛苗容器及稀释后剩余的疫苗必须消毒处理。

二、破伤风疫苗

破伤风又名"强直症""锁口风",是由破伤风梭菌经伤口感染产生毒素引起的一种急性中毒性人畜共患病。本病以全身骨骼肌持续性痉挛和对外界刺激的反射兴奋性增高为特征。本病广泛分布于世界各地,在我国本病也普遍存在。

破伤风类毒素

本品系用产毒力强的破伤风梭菌,接种于适宜的培养基培养,产生外毒素,经甲醛灭活脱毒,滤过除菌后,加钾明矾制成。

【性状】本品静置后,上部为透明微黄色清液,瓶底有大量白色沉淀,振摇后呈微黄色均匀混浊液体。

【用途】预防家畜破伤风病。

【用法和用量】马、骡、驴、鹿皮下注射 1 mL,幼畜 0.5 mL,经 6 个月需再注射 1 次。绵羊、山羊皮下注射 0.5 mL。

【免疫期】注射后 1 个月产生免疫力,持续时间 1 年,第二年再注射 1 mL,免疫力可持续 4 年。

【保存期】在 2 ~ 8 ℃冷暗处保存,有效期为 3 年。期满后,经效力检验合格,可延长 1 年。

【注意事项】①注射后,有些家畜可在注射部位发生直径为 5 ~ 15 mm 的肿胀,经 5 ~ 7 d 后即可逐渐消退,亦有遗留一个硬结,于畜无害。②被注射家畜必须健康。如体质瘦弱,有病或天气骤变时,均不可注射。③注射前应充分振摇瓶子,用碘酊消毒瓶塞颈部,待干后用消毒的注射器由瓶塞中央刺入瓶内,吸取类毒素。吸取时勿打开瓶塞,如当日用不完时,应严格消毒封闭瓶塞针眼,并立即放入冰箱内保存,以备翌日再用。④注射所用针头、针管等器具应先进行消毒。每注射一头要更换一次消毒的针头。⑤应消毒注射部位后注射,最好剪毛后再消毒。⑥注射后 10 d 内,每日进行观察注射后的反应情况。如发现严重过敏反应时,应采用盐酸肾上腺素等脱敏。⑦本疫苗切勿冻结,冻结后的疫苗严禁使用。用时使疫苗温度升至室温,并充分摇匀。⑧接种后其注射用具、盛苗容器及稀释后剩余的疫苗必须消毒处理。

三、马流产沙门菌病疫苗

马沙门菌病主要是由马流产沙门菌等引起的马属动物的一种传染病,其病原为马流产沙门菌。

(一)马流产沙门菌活疫苗(C355 株)

本疫苗系用马流产沙门菌 C355 弱毒株接种于适宜培养基培养,收获培养物加稳定剂,经冷冻真空干燥制成。

【性状】冻干苗为灰白色疏松团块,易与瓶壁脱离,加稀释液后迅速溶解。

【作用与用途】本品用于预防马流产沙门菌引起的马流产,主要用于受胎1 个月以上的怀孕马匹,也可用于未受孕母马和公马。

【用法与用量】临用时,按瓶签注明的头份,加入 20% 氢氧化铝胶生理盐水或生理盐水,稀释为 1 头份 1 mL,于马臀部肌内注射。每年接种 2 次,间隔4 个月。怀孕马接种时间可安排在当年 9~10 月和翌年 1~2 月各接种 1 次,每次每匹接种 1 头份。

【保存】2~8 ℃保存,有效期为 1 年。

【注意事项】①本疫苗宜随用随稀释,稀释后的疫苗放阴凉处,限 4 h 内用完。②本疫苗在保存及运输过程中,忌阳光照射和高热。③接种时,应做局部消毒处理。④接种后其注射用具、盛苗容器及稀释后剩余的疫苗必须消毒处理。

(二)马流产沙门菌活疫苗(C39 株)

本疫苗系用马流产沙门菌 C39 弱毒株接种于适宜培养基培养,收获培养物加稳定剂,经冷冻真空干燥制成。

【性状】本品为灰白色疏松团块,加稀释液后迅速溶解。

【作用与用途】用于预防马流产沙门菌引起的马流产。

【用法与用量】成年马匹每年免疫注射 1 次。各种成年马匹均颈部皮下注射用灭菌生理盐水稀释的疫苗 2 mL（1 头份，含 50 亿 CFU 活菌），于每年 8 ~ 9 月母马配种结束后接种。幼驹可在出生后 1 个月接种，剂量减半。幼驹断奶后，须再接种 1 次。

【免疫期】免疫期为 1 年。

【保存】-20 ℃以下保存，有效期为 2 年；2 ~ 8 ℃保存，有效期为 6 个月。

【注意事项】①本疫苗在运输时需冷藏。②接种时，应做局部消毒处理。③接种后其注射用具、盛苗容器及稀释后剩余的疫苗必须消毒处理。

四、马流感灭活疫苗

马流感是一种急性高度接触性传染病。本病在易感马群中传播迅速，能感染各种年龄马，特别是迁移至新环境的幼龄马与年龄较大的马接触时易发病。本病主要为突然发病，高温持续 3 d 左右，死亡率不高。马流感病毒有 2 种抗原亚型，被称为 A/马 -1/布拉格/56 和 1/马 -2/迈阿密/63，前者又称为马甲 1 型，后者为马甲 2 型。

【作用与用途】预防马流感（运输热、红眼病、马流行性蜂窝组织炎、厩舍肺炎）。

【用法】幼龄马在第一年进行 2 次免疫注射，间隔 2 ~ 3 个月，以后每年注射 1 次，多在 1 个月加强免疫。免疫的母马所产幼马驹，可通过初乳获得 1 ~ 2 个月的被动保护力，这些幼驹多在 3 月龄时注射疫苗。

五、马出血性败血病氢氧化铝菌苗

【性状】本苗静置后上层是黄色透明液体，下层是灰白色沉淀，经振摇成乳白色均匀混悬液。

【作用与用途】用于预防出血性败血病。

【用法与用量】无论大小马匹一律皮下注射 5 mL。

【保存】本苗保存在 2 ~ 15 ℃冷暗处，有效期为 1 年。

【注意事项】①病马、特别瘦弱马、食欲或体温不正常的马匹均不可注射。②使用时应充分摇匀。③本苗在使用时应在小范围内先做试点，证明安全后再大面积开展。

六、无毒炭疽芽孢苗

本品系用无荚膜炭疽弱毒株，在适宜培养基上培养，形成芽孢后，悬浮于灭菌的甘油蒸馏水或铝胶蒸馏水中制成。

【作用与用途】用于预防马、牛、绵羊和猪的炭疽病。

【用法与用量】牛、马1岁以上皮下注射1 mL;1岁以下皮下注射0.5 mL。绵羊、猪皮下注射0.5 mL。

【免疫期】免疫期为1年。

【保存】2~8 ℃保存,有效期为2年。

【注意事项】①用前充分摇匀。②山羊忌用。③本品宜秋季防疫用。④在牲畜春乏或气候骤变时不应使用。

第七节　其他动物常用疫苗

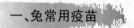

一、兔常用疫苗

(一)兔病毒性出血症疫苗

兔病毒性出血症俗称兔瘟,是由嵌杯样病毒引起兔的一种急性、热性、败血性传染病。病的特征是病死兔全身出现严重出血,特别是呼吸系统出血尤为严重。本病于1984年最早在我国发生,现已波及很多欧洲国家。

1. 兔病毒性出血症灭活疫苗

本疫苗由兔病毒性出血症病毒接种易感家兔,收获含毒组织制成乳剂,经甲醛溶液灭活后制成。

【性状】本品为灰褐色均匀混悬液,静置后瓶底有部分沉淀。

【作用与用途】健康兔接种,用于预防兔病毒性出血症。

【用法与用量】在家兔颈部皮下注射。45日龄以上兔每只1 mL。未断奶兔也可使用,每只1 mL,断奶后应再接种1次。

【免疫期】免疫期为6个月。

【保存】2~8 ℃保存,有效期为18个月。

【注意事项】①本疫苗切勿冻结,冻结后的疫苗严禁使用。②用时使疫苗温度升至室温,并充分摇匀。③接种时,应做局部消毒处理。④接种后其注射用具、盛苗容器及稀释后剩余的疫苗必须消毒处理。⑤仅用于免疫健康兔,无治疗作用。不能免疫妊娠后期的母兔。

2. 兔病毒性出血症－兔多杀性巴氏杆菌病二联干粉灭活疫苗

本疫苗系用兔病毒性出血症病毒接种易感家兔,用灭活的感染组织与灭活巴氏杆菌的培养物,分别制成干粉后按比例配制而成。

【性状】本品为黄褐色粉末,加入稀释液后振摇迅速溶解。

【作用与用途】用于预防兔病毒性出血症和兔多杀性巴氏杆菌病。

【用法与用量】肌内或皮下注射。按瓶签标明的头份,临用时以20%氢氧化铝胶生理盐水稀释,成兔每只1 mL,45日龄兔每只0.5 mL。

【免疫期】免疫期为6个月。

【保存】2~8 ℃保存,有效期为2年。

【注意事项】①注射部位均应消毒后,方能注射。②接种后其注射用具、盛苗容器及稀释后剩余的疫苗必须消毒处理。

(二)兔巴氏杆菌病疫苗

兔巴氏杆菌病又称兔出血性败血症,临床上以鼻炎、地方流行性肺炎、败血症、中耳炎、结膜炎、生殖器官感染以及局部脓肿等为特征。本病多呈地方性流行或散发,分布广泛,对养兔业危害严重。病原多为A型多杀性巴氏杆菌,以血清型7:A为主,其次为5:A。

1. 兔、禽多杀性巴氏杆菌灭活疫苗

本疫苗是多杀性巴氏杆菌A型菌纯培养液,经甲醛溶液灭活后加氢氧化铝胶制成。

【性状】本品静置后,上部为淡黄色澄清透明液体,下层为白色的沉淀,振摇后呈均匀混悬液。

【作用与用途】用于预防兔、禽多杀性巴氏杆菌病。

【用法与用量】皮下注射。90日龄以上兔、60日龄以上鸡,每只1 mL。

【免疫期】兔免疫期为6个月,鸡为4个月。

【保存】2~8 ℃保存,有效期1年。

【注意事项】①本疫苗切勿冻结,冻结后的疫苗严禁使用。②用时使疫苗温度升至室温,并充分摇匀。③接种时,应做局部消毒处理。④接种后其注射用具、盛苗容器及稀释后剩余的疫苗必须消毒处理。

2. 兔多杀性巴氏杆菌 – 支气管败血波氏杆菌感染二联灭活疫苗

本品由家兔多杀性巴氏杆菌(A型)和兔Ⅰ相支气管败血波氏杆菌分别接种于适宜培养基中培养,收获的菌液混合后灭活,加矿物油佐剂乳化制成。

【性状】本品为乳白色均匀的乳状液。

【作用与用途】健康兔接种,用于预防兔A型多杀性巴氏杆菌病和支气管败血波氏杆菌感染。

【用法与用量】颈部肌内注射,成年兔每只 1 mL。初次使用本品的兔场,首免后 14 d,再以相同剂量接种 1 次。

【免疫期】免疫期为 6 个月。

【保存】2~8 ℃保存,有效期为 1 年。

【注意事项】①本疫苗切勿冻结,冻结后的疫苗严禁使用。②用时使疫苗温度升至室温,并充分摇匀。③接种时,应做局部消毒处理。注射器材应灭菌,每只兔换 1 个灭菌针头。④接种后其注射用具、盛苗容器及稀释后剩余的疫苗必须消毒处理。

(三)兔黏液瘤病疫苗

兔黏液瘤病是兔黏液瘤病毒引起的一种高度接触性和致死性传染病,特征为全身皮肤尤其是面部和天然孔周围发生黏液瘤肿胀,切开后流出黏液样蛋白渗出物。本病 1898 年最早发生于乌拉圭。20 世纪 80 年代以来已有 30 多个国家和地区发生本病。

兔黏液瘤病 B-82 弱毒株疫苗

【作用与用途】预防兔黏液瘤病。

【用法与用量】1.5 月龄幼兔皮下或肌内注射 100 个免疫量,3 个月后进行第二次免疫;成年兔肌内注射 100~200 个免疫量;母兔可在怀孕期内免疫接种。

(四)兔产气荚膜梭菌病疫苗

1. 兔产气荚膜梭菌灭活菌苗(A 型)

【性状】上层黄褐色澄清液,下层灰白色沉淀,振摇后呈均匀混悬液。

【作用与用途】预防兔产气荚膜梭菌病(梭菌性腹泻)。

【用法与用量】皮下注射 1 mL。仅用于免疫健康兔,不能免疫妊娠后期的母兔。

【免疫期】注射后 21 d 产生免疫力,免疫期 6 个月。

【保存】2~8 ℃保存,有效期 1 年。

2. 兔巴氏杆菌病-兔产气荚膜梭菌病灭活浓缩二联苗

【作用与用途】预防兔巴氏杆菌病和兔产气荚膜梭菌病。

【用法与用量】肌内注射 1.5 mL,间隔 14 d 后再注射 2.5 mL。

【免疫期】接种后 14 d 产生免疫力,免疫期 5 个月。

【保存】4 ℃保存,有效期 10 个月。

3. 兔病毒性出血症－兔多巴氏杆菌病－兔产气荚膜梭菌病三联灭活疫苗

本疫苗系用兔魏氏梭菌培养物经甲醛溶液杀菌后,加入氢氧化铝胶制成。

【性状】静置时上部为橙黄色透明液体,下部为灰白色沉淀,振摇后呈均匀混悬液。

【作用与用途】预防兔的魏氏梭菌病。

【用法与用量】1 kg 以上的家兔,第一次肌内注射 1 mL,间隔 14 d 后,再肌内注射 1 mL。

【免疫期】免疫期为 5 个月。

【保存】2～10 ℃冷暗干燥处保存,有效期为 6 个月。

【注意事项】病弱兔不宜注射,疫苗严防冻结,使用前需充分摇匀。

二、犬常用疫苗

目前流行较为普遍和严重的传染病是犬瘟热、犬细小病毒病、犬传染性肝炎、犬副流感、犬冠状病毒病、狂犬病以及钩端螺旋体病等,尤其以犬瘟热、犬细小病毒病和犬传染性肝炎最为流行。民间应用的地方产品有犬五联苗和犬六联苗,我国从荷兰、美国和法国进口的疫苗有二联苗、四联苗、五联苗以及单一的狂犬病疫苗。二联苗是由犬瘟热疫苗、犬细小病毒病疫苗组成;四联苗是由犬瘟热疫苗、犬细小病毒病疫苗、犬传染性肝炎疫苗和犬副流感疫苗组成;五联苗是在四联苗的基础上另加钩端螺旋体病疫苗组成。犬五联苗是在四联苗的基础上加狂犬病疫苗组成;六联苗是在四联苗基础上加狂犬病疫苗和钩端螺旋体病疫苗组成。市场上缺乏单一的犬瘟热疫苗或犬细小病毒病疫苗。

通常,幼犬 50 日龄后,即可接种犬疫苗。如果选择进口六联疫苗,则连续注射 3 次,每次间隔 4 周或 1 个月;如果幼犬已达 3 月龄(包括成年犬),则可连续接种 2 次,每次间隔 4 周或 1 个月;此后,每年接种 1 次进口六联疫苗。如果选择国产五联疫苗,从断奶之日起(幼犬平均 45 d 断奶)连续注射疫苗 3 次,每次间隔 2 周;此后,每半年接种 1 次国产五联疫苗。3 月龄以上的犬,每年应接种 1 次狂犬病疫苗。

(一)狂犬病灭活疫苗

本疫苗系狂犬病病毒接种仓鼠肾细胞系培养,收获培养物,经 β －丙醇酸内酯灭活后,加氢氧化铝胶制成。

【性状】本品为粉红色液体。

【作用与用途】用于预防犬、猫狂犬病。

【用法与用量】皮下或肌内注射。适用于3月龄以上的犬和猫接种,每只1 mL。建议在3月龄时进行首免,以后每隔1年加强接种1次。

【保存】2～8 ℃保存,有效期2年。

【注意事项】①本疫苗切勿冻结,冻结后的疫苗严禁使用。②用时使疫苗温度升至室温,并充分摇匀。③仅用于接种健康犬和猫。④开瓶后限3 h用完。⑤个别犬和猫接种的部位出现微肿,可持续数天。

(二)狂犬病活疫苗

【性状】本疫苗系用狂犬病弱毒株,在适宜的细胞系增殖后,加适当的稳定剂经冷冻真空干燥制成的乳黄色疏松固体,加水稀释后溶解成均匀的混悬液。

【作用与用途】供预防犬的狂犬病。

【用法与用量】按瓶签注明的头份,每头份按1 mL用灭菌注射用水稀释,使疫苗充分溶解后,振摇均匀,不论犬大小,一律肌内或皮下注射1 mL。

【保存】自制造之日起,－15 ℃以下为1年,4 ℃不超过6个月,15 ℃不超过7 d。

【注意事项】疫苗稀释后,限8 h内用完。

(三)狂犬病－犬瘟热二联活疫苗

犬瘟热病是由副黏病毒属的犬瘟热病毒引起的一种犬科(狼、狐、貉等)、鼬科(水貂、雪貂、黄鼬等)以及浣熊等多种动物共患的急性、热性、高度接触性的传染病。该病广泛存在于世界各国,1905年被Carre首先研究发现,并证明该病的病原为犬瘟热病毒。

本品系由水貂犬瘟热弱毒细胞苗和狂犬病弱毒细胞苗,按一定比例配比,加入适量保护剂,混合冻干制成。

【性状】成品为黄白或黄褐色疏松团块,稀释后溶解成均匀悬浮液。

【作用与用途】本疫苗专供2月龄以上各种犬预防犬瘟热及狂犬病。

【用法与用量】按瓶签注明头份,每头份加磷酸盐缓冲液或生理盐水1 mL。对2月龄以上犬,每只肌内注射1 mL。

【保存】－15 ℃以下保存1年;2～4 ℃半年;25～30 ℃不超过1 d。

【注意事项】本品严防加热火烤、热水溶及日光直射,器具用后要煮沸消毒。体弱、病畜不应使用,母畜应在配种前1个月接种。被接种动物一般无不良反应,个别可能有一时性厌食、精神不振等不适症状。

（四）犬瘟热－细小病毒－腺病毒三联弱毒冻干苗

本品采用犬瘟热病毒、细小病毒和腺病毒等弱毒株的培养物,按适当比例混合再加稳定剂,经冷冻真空干燥制成。

【性状】外观为乳黄色疏松海绵样团块,加稀释液溶解后呈粉红色液体。

【作用与用途】本品适用于健康犬、狐、貉、貂等预防犬瘟热、细小病毒病和腺病毒病 3 种病毒性传染病。

【用法与用量】接种前每支冻干苗用 10 mL 注射用水稀释溶解,摇匀后对动物实施肌内注射。每年接种三联苗 2 次。成兽于配种前 1 个月注苗 2 mL;仔兽于断奶后半个月首次注苗 2 mL,间隔 2 周再加强免疫 1 次,用量 2 mL。紧急接种时注苗剂量加倍。

【免疫期】免疫期为半年。

【保存】–15 ℃保存,有效期为 2 年。

【注意事项】①本品在运输、保管时,应注意冷藏,避免阳光照射和高温。②稀释后的疫苗应当日用完,注苗时每只动物换一个针头。疫苗不能与消毒剂接触。③动物接种后出现一过性厌食、精神不振属正常反应,疫苗对有临床症状的病兽无治疗作用。④对有过发病史的兽场,应先行小群接种观察,待无不良反应后,再开展大群接种。接种后 2～3 周开始产生免疫力。

（五）犬狂犬病－犬瘟热－副流感－腺病毒病－细小病毒病五联活疫苗

本疫苗系用犬狂犬病病毒、犬瘟热病毒、副流感病毒、腺病毒、细小病毒弱毒株病毒分别接种易感细胞培养,收获病毒培养物,按比例混合后加适宜稳定剂,经冷冻真空干燥制成。

【性状】本品为淡黄白色疏松团块,加入稀释液后迅速溶解成粉红色澄清液体。

【作用与用途】本品系专用于犬科动物的预防制剂,适用各种不同品种、年龄、性别的犬。接种后对狂犬病、犬瘟热、犬细小病毒性肠炎(或心肌炎)、犬腺病毒 2 型引起的喉气管炎、犬腺病毒 1 型引起的犬传染性肝炎、犬副流感病毒引起的流行性感冒(或上呼吸道感染)等 6 大传染病或继发的脑炎具有良好的预防作用。

【用法与用量】肌内注射。用注射用水稀释成每头份 2 mL。对断奶幼犬以 21 d 的间隔连续接种 3 次,每次 2 mL;成年犬以 21 d 的间隔每年接种 2 次,每次 2 mL。①犬从断奶(幼犬平均 45 d 断奶)之日起,以 2～3 周间隔,连续注射疫苗 3 次。②成年犬以 2～3 周间隔,每年注射 2 次。③怀孕母犬可在产前 2 周加强免疫注射 1 次。④疫苗注射后 2 周才产生免疫力,在此之前,对上述疾病是易感的。⑤使用过免疫血清的犬,间隔 2~3 周,方可使用本疫苗。

【免疫期】免疫期为 1 年。

【保存】2~8 ℃保存,有效期为 9 个月;-20 ℃以下保存,有效期为 1 年。

【注意事项】①本疫苗只能用于非食用犬的预防接种,不能用于已发生疫情时的紧急预防注射和治疗。②使用过免疫血清的犬,最好隔 7~14 d 后再使用本疫苗。③注射器需煮沸消毒。④稀释后应立即注射。⑤注苗后应避免调动、外出和饲养管理条件激变,并禁止与病犬接触。⑥注苗后如发生过敏反应,可用盐酸肾上腺素 0.5~1 mL 肌内注射。⑦接种后其注射用具、盛苗容器及稀释后剩余的疫苗必须消毒处理。

(六)狂犬病-犬瘟热-犬细小病毒病-犬传染性肝炎-犬副流感-犬钩端螺旋体病六联活疫苗

【作用与用途】用于预防狂犬病、犬瘟热、犬细小病毒病、犬传染性肝炎、犬副流感和犬钩端螺旋体病等传染病。

【用法与用量】每瓶为一个免疫剂量。临用前每个免疫剂量加 2 mL 注射用水或专用稀释液稀释,充分振荡,使其混匀,肌内或皮下注射。每只犬每次注射一个免疫剂量。

【不良反应】一般无不良反应。万一发生过敏反应,可皮下或肌内注射肾上腺素 0.2~0.5mg 或地塞米松 2~5mg。

【保存】冻干弱毒苗在 4~8 ℃条件下保存为宜,避免日光照射和有害物质接触,有效期 2 年。

【注意事项】①仅应用于健康动物。②疫苗溶解后必须立即使用。③已经使用过多价血清的犬,应过 2~3 周后再使用疫苗。④注射疫苗后 2~3 周内避免长途运输和饲养管理条件剧变等应激活动发生。

三、猫常用疫苗

目前,我国民间应用的猫疫苗只有猫泛白细胞减少病灭活疫苗和狂犬疫苗。临床上常用进口猫三联弱毒疫苗,它是由猫泛白细胞减少、猫传染性鼻气管炎和传染性鼻结膜炎等三种病原组成。此外,狂犬病、猫白血病、猫肺炎(鹦鹉热衣原体引起)、猫传染性腹膜炎等均有疫苗预防。

猫三联苗用于预防猫泛白细胞减少病、猫传染性鼻气管炎和传染性鼻结膜炎;狂犬病疫苗专防狂犬病。猫的疫苗使用方法、不良反应、保质期及使用时的注意事项与犬的疫苗相同。

　　猫常见而且危害大的传染病有多种,国内外都已研制成功了许多疫苗,只要按时、按量、保质地接种疫苗,对猫都有较好的防病作用。国外已有的疫苗有猫鼻气管炎苗、猫杯状病毒苗、猫泛白细胞减少症苗、猫狂犬病苗、猫肺炎苗、猫传染性腹膜炎苗和猫白血病苗等。我国已进口或自己研究的猫疫苗有猫三联和二联苗,可预防猫泛白细胞减少症(又称猫瘟热病)、狂犬病、猫鼻气管炎和猫杯状病毒病。

　　猫三联苗可在猫9周龄或更大些时开始注射,每次1个剂量,间隔3~4周再注射1次,以后每年注射1次;国产的猫泛白细胞减少症(猫瘟热病)疫苗,9周龄注射第一次,间隔3~4周再注射1次,以后每年注射1次。

　　(一)猫瘟热疫苗

　　猫瘟热又名猫传染性肠类和猫泛白细胞减少症。作为病原体的猫细小病毒可感染狮、虎、豹、猫等大部分猫科动物,因主要侵害骨髓和肠上皮细胞,故临床上主要表现为白细胞的广泛减少和严重的坏死性肠炎,被胎内感染的小猫,生后可因小脑发育不全而出现共济失调。该病死亡率可高达50%,是对猫危害最大的一种传染病。预防本病的最根本办法是进行疫苗注射。

　　1. 猫瘟热灭活疫苗

　　本品以猫泛白细胞减少症病毒为种毒,接种猫肾或传代细胞,于37 ℃静置或转瓶培养4~5 d,待70%以上细胞出现病变时,冻融收毒,对猫肾细胞的毒价$10^{4.5}$TCID$_{50}$以上时为合格,加0.1%福尔马林,37 ℃灭活24 h,加1/2万硫柳汞和0.1%氢氧化铝,即为猫瘟热灭活疫苗。

　　【性状】静置后上层为红色透明液体,下层为粉红色混浊液,振摇后呈均匀粉红色混浊液。

　　【作用与用途】用于猫科动物的猫瘟热预防注射。

　　【用法与用量】断奶仔猫以2~3周的间隔,连线注射2~3次,每次肌内注射1 mL,成猫初次使用需注射2次,以后每年注射1次即可。

　　【免疫期】免疫期6个月。

　　【保存】4~7 ℃保存,有效期为1年。

　　【注意事项】①使用前需充分混匀,颜色变黄的不能使用。②只能用于临床健康猫的预防注射,不能用于猫瘟热紧急预防和治疗。③注苗后若出现过敏反应,可紧急注射肾上腺素或硫酸阿托品。④4~7 ℃保存,防止冻结。

2. 猫瘟热弱毒疫苗

本品以驯化致弱的猫瘟热弱毒为种毒,经猫肾细胞培养增殖,经无菌试验和毒价测定合格后,加适量抗生素和保护剂,经真空冷冻干燥,即为猫瘟热弱毒冻干疫苗。

【性状】外观白色海绵状,加稀释液立即溶解成红色透明液体,对猫肾细胞的毒价达 $10^{4.5}$ TCLD$_{50}$ 以上。

【作用与用途】用于猫科动物猫瘟热的预防注射。

【用法与用量】使用时每个免疫剂量加稀释液 1 mL 溶解,6 周龄以上的仔猫,以 3 ~ 4 周的间隔,连续免疫 3 次,每次肌内注苗 1 mL;初次免疫的成年猫需免疫 2 次,间隔和剂量同猫瘟热灭活疫苗,以后每年加强免疫 1 次即可。

【免疫期】免疫期为 1 年。

【保存】4 ~ 7 ℃保存,有效期 2 年。

【注意事项】①本品只能用于健康动物的预防注射,不能用于猫瘟热的紧急预防和治疗。营养不良和有寄生虫感染的动物,免疫效果受影响。②孕猫禁用。③临用时加稀释液溶解,并立即使用。④注射器具需经煮沸消毒,用过的空瓶和注射器也需煮沸消毒。⑤注苗后若发生过敏,则用肾上腺素抢救。

(二)猫鼻气管炎疫苗

猫鼻气管炎是由疱疹病毒科猫 I 型疱疹病毒所引起的一种常见的高度接触性上呼吸道传染病。感染孕猫还可经胎盘感染,引起胎猫死亡。可供应的疫苗有细胞培养灭活疫苗和经猫肾细胞传代致弱的弱毒疫苗。猫科动物离乳后肌内接种 2 次,可产生 6 个月至 1 年的免疫力。其中的弱毒疫苗通过滴鼻也可产生有效免疫。与猫杯状病毒疫苗组成联合苗,可大大降低猫呼吸道感染的发病率。

(三)猫杯状病毒疫苗

猫杯状病毒是国际病毒委员会从小 RNA 病毒科中新分出的猫杯状病毒科中的一个重要成员。引起猫的浆液性和黏液性鼻炎、结膜炎,严重时发展为溃疡性舌尖肺炎,是仅次于猫鼻气管炎的一种呼吸道传染病。如这两种病毒混合感染,则呼吸道炎症更为严重,死亡率提高。通过 30 ~ 32 ℃的低温细胞培养和终点稀释已研制出该病的弱毒疫苗。通过滴鼻和肌内注射,可获得 6 个月以上的有效免疫,但肌内注射更为安全。实际上使用的为其与猫泛白细胞减少症弱毒和猫鼻气管炎弱毒组成的三联冻干疫苗。

(四)猫支原体肺炎疫苗

研究表明,猫的一些急性和慢性呼吸道感染,可单纯由猫的支原体所引起。现国外已研制出预防该病的弱毒疫苗,肌内注射免疫后,虽不能提供完全的保护,但可大大减轻该病的严重程度。国内尚未开展这方面的研究。

(五)猫联合疫苗

当前国外用得最多的就是猫瘟热、鼻气管炎和猫杯状病毒三联弱毒冻干疫苗。用于猫瘟热和猫鼻气管炎等的呼吸道感染预防。使用方法和注意事项同猫瘟热弱毒冻干疫苗。

(六)猫狂犬病疫苗

总的来说,人们对猫狂犬病危害性认识是不足的。实际上猫对狂犬病是非常敏感的,由于猫不但与人接触机会较多,而且与作为狂犬病重要宿主和储主的犬、狐、臭鼬、蝙蝠等接触的机会也较多,一旦发病多呈疯狂型,所以对猫的狂犬病预防也应引起足够的注意。由于猫对狂犬病毒的敏感性较高,所以免疫时宜用细胞培养灭活疫苗,或毒力较弱的 ERA 株弱毒疫苗。不可使用 Flury 株 LEP 和 HEP 弱毒疫苗。

(七)猫白血病与肉瘤复合体疫苗

猫白血病与肉瘤复合体是由猫白血病毒与猫肉瘤病毒引起的一种恶性肿瘤性疾病。临床上表现为贫血、白细胞增多和产生淋巴肉瘤等体征,是世界范围内的猫的一种常见多发病。因而应用致弱的或灭活猫白血病、肉瘤病毒疫苗预防上述疾病不但是必要的,而且也是可行的。美国研制的猫白血病与肉瘤复合体疫苗已获得生产许可,但为了建立有效的免疫预防制度,还有许多问题需要研究。

四、经济动物常用疫苗

(一)水貂犬瘟热疫苗

水貂犬瘟热病又称为貂瘟,是由 Rudoif 在 1928 年与银黑狐、貉的犬瘟热同时发现的。在我国,直到新中国成立前还没有人从事该病的研究工作,然而人们很早以前就注意到犬的这种疫病而称之为狗瘟。近些年来,由于我国毛皮动物养殖业的蓬勃发展和种畜的引进,貂瘟、狗瘟已在我国各地广泛流行。该病以双相热型,眼、鼻、呼吸道和消化道黏膜卡他性炎症为特征,部分病例则伴发神经症状和皮肤病变,有的还出现脚垫肿胀等。其死亡率则因动物种类、年龄等的不同而有所差别,一般达45% ~ 80%。我国对犬瘟热病的免疫研究是从 20 世纪 70 年代末才开始的,起步虽晚,但发展很快,现已达世界先进水平,不仅有单一的犬瘟热疫苗,还有多联疫苗可选用。在"单苗"中,既有冻结苗,又有冻干苗。当今国内外普遍应用弱毒犬瘟热疫苗进行定期预防接种,效果良好。

1. 水貂犬瘟热鸡胚系弱毒疫苗

本品系用免疫原性强的犬瘟热弱毒 FDV 毒株,经鸡胚组织培养研制而成的冻结品。

【性状】冰冻时,呈橘黄色;融化后,液体透明,呈樱红色。

【作用与用途】预防犬瘟热病,可用于水貂、貉、银狐、蓝狐、犬、小熊猫等犬瘟热病的免疫预防和紧急接种。

【用法与用量】一般未发病兽场(貂、貉、狐等养殖场、点),应在仔兽分窝 15 ~ 20 d 后,间隔 7 d,2 次皮下注射疫苗为好,各次注射全量的 1/2,这样能产生较高的免疫力;没有保存疫苗条件的兽场,也可以皮下 1 次全量注射。接种剂量:水貂、艾鼬等 1 mL;貉、狐 3 mL,仔兽 2 mL;成犬 5 mL,幼犬 3 mL;小熊猫 1 ~ 1.5 mL。

【免疫期】注射后 1 周可产生免疫力,免疫期为 6 个月。

【保存】本疫苗应防热、避光,在冰冻条件下运输;在 −15 ~ 20 ℃ 的冷暗处保存,有效期为 6 个月。

【注意事项】①应在早、晚天气凉爽时接种,不要在酷热、太阳暴晒下接种,以免引起中暑。②本品为湿苗(即冻结苗),注射前要把融化的疫苗摇匀,应避免接种时注入气泡。③疫苗瓶破裂、透气或融化后混浊者,不得使用。④每注射一只兽,应更换一个针头。接种前应以乙醇局部消毒。⑤疫苗融化后,应在 24 h 内用完。

2. 水貂犬瘟热鸡胚组织培养弱毒冻干疫苗

本品系水貂犬瘟热弱毒通过鸡胚组织培养,经冻干制成。

【性状】本品稀释后呈均匀乳白色悬浮液或透明微红黄色溶液。

【作用与用途】供水貂犬瘟热预防用,也可用于貉及犬。

【用法与用量】疫苗用前现配,以灭菌针头和注射器吸取稀释液或注射用生理盐水,然后注入冻干疫苗瓶中(瓶盖预先用 70% 乙醇消毒,不要打开)充分振荡溶解,15 头份疫苗加稀释液 15 mL(比例为 1∶1),稀释后的疫苗须在 2 h 内用完。注射剂量及方法:成貂皮下注射 1 mL,当年仔貂注射 0.5 mL;成年貉注射 2 mL,仔貉注射 1 mL。注射部位:股内或腋下无毛处。在仔兽断奶半月以后(6~8周龄)每年定期免疫注射1次,种兽接种宜在配种前1个月进行;但犬瘟热暴发时的紧急接种不在此限。警犬必须在断奶半个月以上方可用苗,6个月以内接种1个貂的量,6个月以上可接种2个貂的量。

【免疫期】一般在接种后1周左右产生免疫,免疫期为1年。

【不良反应】被接种的动物一般无不良反应,但也有少数动物有一定的厌食、精神不振等症状。

【保存】本品保存在7℃以下,冷库保存2年有效;在25~30℃时不得超过24 h。

【注意事项】①本品为弱毒活苗,禁止加热、火烤、热水溶解及阳光直射。用后的注射器和剩余的疫苗要煮沸消毒。本品和其他疫苗同时接种时,注射器、针头和注射部位一定要分开。②本品对犬瘟热没有治疗作用,所以对有临床症状的病貂不应注射,宜采取隔离、消毒等综合防疫措施。

3. 水貂三联疫苗

本疫苗系由犬瘟热弱毒疫苗、细小病毒弱毒苗和肉毒梭菌C型干粉疫苗按一定比例配制而成。

【作用与用途】该疫苗用于预防水貂犬瘟热、细小病毒性肠炎和肉毒梭菌中毒症。

【用法与用量】水貂须在分窝3周以后方可注射本疫苗,每只水貂皮下注射2 mL。

【免疫期】免疫期6个月。

【保存】本疫苗为湿苗(即冻结苗),应防热、避光,在保湿条件下运输;在-20℃条件下可保存6个月。

【注意事项】①疫苗瓶破裂、透气或融化后混浊变黄者不得使用。②注射前要把融化的疫苗摇匀。③注射后如发生过敏反应可用盐酸肾上腺素救治。④疫苗融化后需在24 h内用完。⑤每注射一只兽应更换一个针头。

4. 水貂犬瘟热活疫苗

本产品含有水貂犬瘟热病毒CDV3株,为冻结苗。

【性状】淡黄色,解冻后为粉红色透明液体。

【作用与用途】预防犬瘟热,可用于紧急接种。

【用法与用量】皮下注射。每年免疫2次,间隔6个月,仔兽断乳后2~3周接种。狐、貉无论大小均3 mL,芬兰狐4 mL,水貂1 mL。

【免疫期】免疫期为6个月。

【保存】-20 ℃以下保存,有效期为1年。应防热、避光,在冷冻条件下运输。

【注意事项】注射前须将本品在室温下解冻并摇匀。解冻后限当日内用完。

(二)水貂病毒性肠炎疫苗

水貂病毒性肠炎是由貂肠炎病毒引起的,以胃肠黏膜严重炎症、出血、坏死及急剧下痢和白细胞高度减少为特征的急性病毒性传染病,特别是幼龄水貂有较高的发病率和死亡率,多数病貂死亡,幼貂死亡率可达90%,经济损失巨大,是世界公认的危害养貂业较严重的病毒性传染病之一。目前国内外对本病尚无特效疗法,患过病毒性肠炎自愈的水貂,虽然可获得长期免疫,但却是危险的传染源。预防本病的最好办法就是接种疫苗。

国外用于水貂病毒性肠炎预防接种的疫苗有:同源组织灭活苗、组织培养灭活苗、貂肠炎病毒弱毒活苗与肉毒梭菌类毒素二联苗等。我国普遍应用同源组织灭活苗和组织培养灭活苗进行预防接种,效果良好。最近又有水貂三联疫苗(犬瘟热弱毒疫苗、细小病毒弱毒疫苗和肉毒梭菌C型干粉疫苗)正在广为试用。

1. 水貂病毒性肠炎同源组织灭活疫苗

该疫苗系用SMPV-11毒株制成的同源组织灭活苗。

【性状】本品系水貂脏器组织混悬液,内含氢氧化铝胶佐剂,不宜冻存;静置时,疫苗瓶上部液体透明,下部有灰褐色沉淀,用时要摇匀,呈轻度混浊。

【作用与用途】预防水貂病毒性肠炎,尤其适用于皮兽(非种用);发病兽群可进行紧急接种;亦用于貉等毛皮动物的病毒性肠炎之预防接种。

【用法与用量】仔兽接种应在分窝后2~3周进行,每只貂(不分种兽和仔兽)一律皮下注射1 mL,成貉3 mL、仔貉2 mL。

【免疫期】接种后2周产生免疫力,免疫期为半年。

【保存】该苗保存于2~10 ℃干燥冷暗处,有效期为6个月。

【注意事项】①本苗切忌冻结,用时应充分振荡。②启封后的疫苗应当天用完。③注射部位要用乙醇消毒,每注射一只兽要更换一个针头。给貉预防接种时,应分点注射。

2. 水貂病毒性肠炎细胞培养灭活疫苗

本疫苗系用水貂肠炎病毒株经组织细胞培养后灭活,加入佐剂和稳定剂而成。

【性状】本品为淡红色混悬液。

【作用与用途】本苗适用于预防水貂的病毒性肠炎,亦用于貉、狐等毛皮动物的病毒性肠炎的预防。

【用法与用量】预防接种应于仔貂(貉、狐)分窝后2~3周进行,发病群可紧急接种。注射部位消毒后,水貂每只皮下注射1 mL,貉、狐注射2 mL。

【免疫期】该苗免疫期6个月。

【保存】该苗在4~7℃避光条件下可保存6个月。

【注意事项】①该苗应防止冻结;注苗前需将疫苗摇匀,注射时应避免注入气泡。②疫苗瓶破裂、透气者不得使用,启封后的疫苗应当天用完。

3. 水貂病毒性肠炎灭活疫苗

本品系用SMPV-11毒株经细胞培养增殖,以BEI灭活制成。

【性状】冰冻时呈橘黄色,解冻后为粉红色透明液体。

【作用与用途】预防细小病毒引起的腹泻,尤其适用于皮兽(非种用),发病兽群也可进行紧急接种。

【用法与用量】皮下注射。每年免疫2次,间隔6个月,仔兽断乳后2~3周接种。狐、貉无论大小均3 mL,芬兰狐4 mL,水貂1 mL。

【免疫期】接种后2周产生免疫力,免疫期6个月。

【保存】2~10℃保存,有效期为6个月。

【注意事项】本疫苗切忌冻结,用时应充分振荡。

4. 水貂三联疫苗

详见前述犬瘟热疫苗部分。

(三)水貂巴氏杆菌灭活苗

该菌苗系由当地貂场分离、筛选的水貂巴氏杆菌,经纯培养增菌、灭活而成。

【性状】该苗为橘黄色混悬液体。

【作用与用途】该苗专供水貂巴氏杆菌病预防接种用。

【用法与用量】分窝后的仔貂(分窝后10 d左右亦可)可皮下接种1 mL;成龄貂为2 mL。

【免疫期】暂定3个月。

【保存】在2~15℃阴凉干燥处保存,自出厂之日起,有效期为半年。

【注意事项】①该苗使用时请登记产品批号、使用日期和接种貂的数量,同时留样两瓶,保存1个月,以备分析、检定产品质量。②本品瓶底有少许乳白色沉淀,久存尤其如此。在保存有效期内,摇匀后使用,不影响效果。

(四)狐狸脑炎疫苗

1. 狐狸脑炎活疫苗

本疫苗种毒为弱毒 CAV‐2 株,接种犬肾传代细胞培育而成。

【性状】冰冻时呈橘黄色,融化后液体透明呈樱红色。

【作用与用途】预防腺病毒引起的狐脑炎。

【用法与用量】皮下注射。每年免疫 2 次,间隔 6 个月,仔兽断奶后 2~3 周种狐配种前 30~60 d 接种疫苗。无论大小狐均 1 mL。

【保存】在 ‐15 ℃保存,有效期为 10 个月。

【注意事项】①本疫苗应防热、避光,在冰冻条件下运输。②每瓶解冻后一次性用完。

2. 狐狸脑炎灭活疫苗

本苗系用犬传染性肝炎病毒在细胞上培育,用灭能剂灭能后,以氢氧化铝胶作佐剂制成。

【性状】本品为淡红色混悬液。

【作用与用途】专供预防犬传染性肝炎、狐狸脑炎用。发现兽群疫情,可作紧急预防接种。

【用法与用量】在犬、狐的股内侧或腋下无毛处皮下注射。成年犬、狐每只注射 2 mL;仔犬、仔狐一般于分窝后 2~3 周接种,每只 1 mL。

【不良反应】无不良反应。

【免疫期】注苗后 12 d 产生免疫力,免疫期为 6 个月。

【保存】在 4~8 ℃避光保存,保存期为 6~8 个月。

【注意事项】本苗严防冻结,不能置于 0 ℃以下。

(五)阴道加德纳菌灭活疫苗

本疫苗系用阴道加德纳菌标准株接种适宜培养基,培养物经灭活后加铝胶制成。

【性状】静置时上层为淡黄色澄清液体,下部有黄白色沉淀,振摇后呈混悬液。

【作用与用途】用于预防狐、貉、水貂感染阴道加德纳菌引起的空怀、流产、子宫内膜炎、阴道炎、尿道炎、睾丸炎、包皮炎等。

【用法与用量】肌内注射。每年免疫 2 次,间隔 6 个月。狐、貉、水貂无论大小均 1 mL。

【保存】2~10 ℃保存,有效期为 10 个月。

【注意事项】本疫苗切忌冻结,用时应充分振荡。

(六)水貂犬瘟热、细小病毒性肠炎和肉毒梭菌中毒三联疫苗

本疫苗含水貂犬瘟热弱毒、细小病毒性肠炎弱毒和肉毒梭菌 C 型,冻结活疫苗。

【性状】冰冻时呈橘黄色,融化后液体呈暗红色。

【作用与用途】用于预防水貂犬瘟热、细小病毒性肠炎和肉毒梭菌中毒 3 种烈性传染病。

【用法与用量】不论大小每只水貂 2 mL。

【免疫期】免疫期达 6 个月以上,保护率在 90%以上。

【保存】−20 ℃保存,有效期为 6 个月,4 ℃为 2 周。

(七)狐用四联(六防)活疫苗

本疫苗由狐狂犬病、狐瘟热、狐细小病毒性肠炎、脑炎及狐副流感性肺炎 5 种弱毒细胞培养物并经浓缩纯化组合后,加配耐热稳定剂,于低温冷冻干燥后充氮而制成。

【性状】本品为乳白色疏松块状物,加注射用水迅速溶解成淡红色均匀的混悬液。

【作用与用途】本品专供各种品种的狐狸的预防接种。对蓝狐、银狐、赤狐等动物的狐狂犬病,狐瘟热,狐细小病毒引起的肠炎、狐脑炎、狐喉炎和狐副流感病毒性肺炎具有良好的预防作用。

【用法与用量】本品每瓶装量为 1 头剂,用时以 2 mL 注射用水溶解稀释。当年生的仔狐在 42 日龄、56 日龄、84 日龄各接种 1 次,每次接种 1 头剂,皮下或肌内接种均可;成年狐每年应加强免疫 1~2 次,注射时间约在每年 6 月 1 日和 1 月 1 日。

【保存】−15 ℃暂定 2 年;2~8 ℃为 1 年。

【注意事项】①低温、避光保存,避光、避热条件下运输。②对大群狐群免疫接种时严格执行一狐一个一次性注射器和一支注射用水,严禁共用注射器或大瓶生理盐水或注射用水。③病狐(如腹泻、呕吐、流涕、流泪、抽筋及口吐白沫者)禁用。

(八)铜绿假单胞菌多价灭活菌苗

【作用与用途】只供配种前的母貉使用。用于预防化脓性子宫内膜炎。

【用法与用量】狐、貉免疫剂量为 2 mL,肌内注射,每年免疫 1 次。

【注意事项】常温保存和运输，严防冻结。

(九)巴氏杆菌多价灭活菌苗

【作用与用途】用于狐、貉预防巴氏杆菌感染引起的败血症。

【用法与用量】幼貉断奶 2~3 周后接种。预防用量为 2 mL，肌内注射，每年免疫 2 次。

【注意事项】常温保存和运输，严防冻结。

(十)鹿流行性狂犬病－魏氏梭菌病二联疫苗

本品系以鹿流行性狂犬病毒灭活苗溶解魏氏梭菌脱毒干粉配成的二联疫苗。

【性状】静置时上部为清亮液体，下部为灰白色或暗红色沉淀，振摇后即成灰白色或暗红色的混浊黏稠液。

【作用与用途】专供鹿的流行性狂犬病和魏氏梭菌病(肠毒血症)预防之用。

【用法与用量】不分老幼龄鹿，一律臀部肌内注射 5 mL。

【免疫期】免疫期暂定 1 年。

【不良反应】接种该苗一般无不良反应，不影响饮食欲和产茸。

【保存】保存于 2~10 ℃的干暗处，有效期为 1 年。

【注意事项】①不健康、体质瘦弱及怀孕鹿不宜注射。②本疫苗切忌冻结，用时应充分振荡。③疫苗较浓稠，宜用较粗(12 号以上)针头。

(十一)鹿钩端螺旋体病的预防疫苗

鹿钩端螺旋体病又称梅花鹿血尿病。虽然本病一经发现及时使用大剂量青霉素有效，但常常造成一部分损失。为了免遭损失，尤其在本病的多发区，应早期进行预防接种。实践证明，应用 396 型多价菌苗接种，可收到满意的效果。

第五章　治疗类动物生物制品的安全应用技术

治疗类动物生物制品是用于动物临床疾病治疗的生物制品。主要有免疫血清、血液制品、重组细胞因子制品、抗体药物、重组激素药物、核酸药物等。

第一节　治疗类动物生物制品概述

治疗用动物生物制品是指用于治疗动物传染品的制品。目前，用于畜禽传染病治疗的生物制品，一般是指利用微生物及其代谢物等作为免疫原，经反复多次注射同一动物体，所生产的一类含高效价抗体，主要包括高度免疫血清、卵黄抗体和牛奶抗体等。

一、高度免疫血清

高度免疫血清简称高免血清，又称免疫血清或抗血清。根据免疫血清作用的对象不同，可分为抗病血清和抗毒素 2 类。该类制剂治疗或预防某些相应的疾病，具有很高的特异性；也用作被动免疫，紧急预防和治疗相应传染病。

高免血清是采用经反复多次注射某种病原微生物而产生对该病原微生物的高度抵抗力的动物的血液，提取出血清，经过处理后制成的。它可以用来治疗和预防传染病。抗病血清一般需冰冻保存，保存期 1 ~ 2 年。

使用高免血清时应注意以下方面：①正确诊断，尽早应用。特别是治疗时，应用越早效果越好。②血清的用量根据动物的体重和年龄不同而定。预防量，大动物 10 ~ 20 mL，中等动物（猪、羊等）5 ~ 10 mL。以皮下注射为主，也可肌内注射。治疗量需要按预防量加倍，并根据病情采取重复注射。注射方法以静脉为好，以使血清尽速奏效。③静脉注射血清的量较大时，最好将血清加温至 30 ℃左右再注射。④皮下或肌内注射，当血清量大时，可分几个部位注射，并揉压使之分散。⑤对不同动物源的血清（异源血清），有时可能引起过敏反应。如果在注射后数分钟或半小时内，动物出现不安、呼吸急促、颤抖、出汗等症状，应立即抢救。抢救的方法，可皮下注射 1∶ 100 肾上腺素，大动物 5 ~ 10 mL，中小动物 2 ~ 5 mL。反应严重者若抢救不及时常造成损失，故使用血清时应注意观察，发现问题及时处理。

（一）作用机制

高免血清预防和治疗急性传染病的作用机制是：含有特异性的免疫球蛋白 – 抗体输入动物体后，动物即可被动地获得抗体，从而形成免疫力，即所谓的人工被动免疫。当动物已感染某种病原微生物发生传染病时，注射大量抗病血清后，由于抗体作用，可抑制动物体内的病原体的病原体继续繁殖，并协助体内正常防御机能，消灭病原微生物，使动物逐渐恢复健康。该作用具有很强的特异性,一种血清只对相应的一种病原微生物或毒素作用。

(二)应用

目前,虽然免疫血清的生产量不大,但是抗病血清的特殊作用仍不容忽视。免疫血清用作紧急预防注射,通常是在已经发生传染病或受到传染病威胁的情况下使用,其特点是注射后立即产生免疫,疫苗是起不到这种作用的。但是这种免疫力维持时间较短,一般仅 2~3 周,因此,在注射血清后 2~3 周仍需再注射一次疫苗,才能获得较长时间的抗传染能力。

目前生产较多的抗病血清有抗炭疽血清、破伤风抗毒素、抗羔羊痢疾血清、抗气肿疽血清、抗猪瘟血清、抗小鹅瘟血清、抗传染性法氏囊病血清和抗犬瘟热血清等。

二、卵黄抗体

产蛋鸡(鸭、鹅)感染某些病原后,其血清和蛋黄内均可产生相应的抗体。因此,通过免疫注射产蛋鸡,即可由其产生的蛋黄中提取相应的抗体,并可用于相应疾病的预防和治疗,该类制剂称为卵黄抗体。近几年来,卵黄抗体已成为免疫血清的重要替代品,而且越来越受到人们的重视。卵黄抗体可以在一定程度上克服血清抗体成本较高、生产周期较长的弱点。但是,卵黄抗体有潜伏野毒的危险,对生产用鸡应做认真检疫。

卵黄抗体是一种具有特异性的既能用于预防又能用于治疗的生物制品,卵黄抗体无药残、无毒副作用,使用方便安全,今后家禽生产中各种卵黄抗体的用量会越来越多。卵黄抗体必须在 -15 ℃条件下冷冻保存,正确的解冻方法是将从冰箱取出的抗体放在冷水中,浸泡 2~4 h 并反复摇晃,至瓶内无冰冻渣为止。解冻后应等抗体接近室温时才能使用。接种途径以注射为好,一方面产生作用快,另一方面用量小。目前常用的抗体主要有鸡新城疫卵黄抗体、鸡新城疫卵+法氏囊卵黄抗体、雏鸭病毒性肝炎卵黄抗体等。

卵黄抗体的作用机制:

1. 卵黄抗体可黏附于病原菌的细胞壁上

特定病原菌的卵黄抗体能直接黏附于病原菌的细胞壁上,改变病原细胞的完整性,直接抑制病原菌的生长。

2. 卵黄抗体可黏附于细菌的菌毛上

卵黄抗体可黏附于细菌的菌毛上,使之不能黏附于肠道黏膜上皮细胞。通过免疫处理大肠杆菌的菌毛抗原而产生的抗体作为添加剂使用可以预防和治疗仔猪下痢,它的作用机制是由于抗体阻止了大肠杆菌的菌毛与菌毛受体连接成分的相互作用,使大肠杆菌无法在仔猪小肠黏膜上附着,病原性大肠杆菌无法增殖,或者变为非病原细菌而排出体外,这一假设得到体外黏着抑制试验的支持。

3. 酶解后进入血液的结合片段(Fab 部分)可与特定病原菌黏附因子结合

部分卵黄抗体在肠道内被消化酶降解为可结合片段,这些片段含有抗体末端的可变小肽(Fab 部分),这些小肽很容易被肠道吸收,进入血液后能与特定病原菌黏附因子结合,使病原菌不能黏附易感细胞而失去致病性,而 IgY 的稳定区(Fe 部分)留在肠道内。国外有人证明,患乳腺炎的奶牛口服含抗无乳链球菌和葡萄球菌的卵黄抗体后,乳中体细胞数下降28%,说明 IgY 起了重要作用。

另外,卵黄抗体也含有一些营养成分,作为饲料添加剂经口服使用时能很好地被动物所利用。

第二节　禽常用治疗类生物制品

一、新城疫

新城疫(ND),迄今无特效药物治疗,但免疫或康复鸡血清等对刚出现ND 症状的鸡有一定的治疗效果。制备高免血清,可选择健康鸡群,应用弱毒苗和灭活疫苗,以 5～10 倍免疫剂量肌内注射免疫 2～3 次,间隔 10～14 d 后加强免疫,7 d 后采血,HI 价达 1∶128 以上时即可颈动脉采血,分离血清,加入青霉素和链霉素各 500～1 000 μg/ mL,血清应通过安全检验,效价测定应达 HI≥1∶128。也可选择健康产蛋鸡群进行免疫接种,制备高免卵黄抗体,卵黄抗体 HI 价应达 1∶128 以上。

二、传染性法氏囊病

我国已批准生产精制高免卵黄抗体。本品系用鸡法氏囊毒组织灭活油乳剂抗原免疫接种健康产蛋鸡,一般免疫 2～3 次,每次间隔 10～14 d,待卵黄AGP 效价达 1∶128 以上即可收蛋。无菌操作取出卵黄,加入适量灭菌生理盐水或 PBS,充分捣匀后用纱布过滤,再用辛酸提取抗体,加入 0.01% 硫柳汞及

100 μg/ mL青霉素、链霉素制成。本品为略带棕色或淡黄色透明液体,久置后瓶底可有少许白色沉淀,AGP抗体效价应≥1∶32。成品除按成品检验的有关规定检验外,还应进行如下检验:

安全检验:用体重18~22 g小鼠5只,各皮下注射本品0.5 mL;用14日龄SPF雏鸡5只,各皮下注射本品10 mL。观察10 d,小鼠和雏鸡均应全部健活。

效力检验:取4~8周龄SPF鸡30只,随机分为3组,每组10只。第一组为健康对照组,不注射任何药品,单独隔离饲养。第二组和第三组每只鸡点眼和滴鼻接种SNJ 93株囊毒0.1 mL(100LD$_{50}$)。24 h后,第二组皮下注射本品2 mL,第三组皮下注射生理盐水2 mL。观察每组鸡发病和死亡情况至第十天。第一组鸡试验期间应全部健活。第三组鸡应于攻毒后24~48 h发病,48 h后开始死亡,72 h全部发病,7 d内应死亡8只以上。第二组注射本品后12 h,即攻毒后36 h发病3~5只,再经8~12 h后恢复正常,至观察结束时应至少存活9只,判为合格。

本品于2~8 ℃保存,有效期18个月。用于早期和中期感染的治疗和紧急预防,皮下、肌内或腹腔注射均可。每次注射的被动免疫保护期为5~7 d。

三、鸭病毒性肝炎

1. 高免血清制备及使用

(1)种毒　E52、FC34、QL79、Ess或A66等弱毒株或本地流行的鸭病毒性肝炎强毒株。

(2)免疫原　①将弱毒接种鸡胚,收获24~96 h内死亡胚尿囊液、尿囊膜和胚体,加入适量PBS混合研磨,毒价应达10^{6}ELD$_{50}$/mL以上,加入适量青霉素、链霉素,制成匀浆,3 000 r/min离心30 min,取上清液用10%氯仿,高温处理10 h,离心取上清液。②将ATCC强毒或本地流行的鸭病毒性肝炎强毒感染雏鸭,取死亡鸭肝制成匀浆,加入适量PBS后4 500 r/min离心30 min,取上清液用10%氯仿处理后再离心,上清液毒价达10^{8}LD$_{50}$/mL。③灭活疫苗。

(3)免疫程序　①用鸡胚弱毒100ELD$_{50}$0.2 mL肌内注射1日龄健康雏鸭,于6周龄时再用0.5 mL重复加强免疫1次,最后一次免疫后15 d采血分离血清。②成年鸭弱毒首免后15 d再注射弱毒或强毒0.5 mL/只,加强免疫后15 d采血分离血清。③用鸡胚弱毒1 000ELD$_{50}$或强毒100LD$_{50}$1.5 mL肌内注射成年鸭,间隔7 d重复3次,最后一次免疫后15~20 d采血分离血清。

（4）质量标准　除物理性状、无菌检验和安全检验外，应进行抗体效价测定。效价测定用中和试验，通常中和效价应在 28.5 以上。

（5）保存与使用　在 0 ℃以下保存，有效期半年；于 4～8 ℃保存，有效期 20～30 d。雏鸭预防剂量为 0.5～1 mL/只，治疗剂量为 2～3 mL/只。

2. 高免卵黄抗体制备及使用

（1）种毒与免疫　与抗血清制备相同。

（2）免疫程序　用健康产蛋母鸡，以一定免疫原经肌内注射进行免疫，间隔 7～10 d，重复免疫 3 次，待卵黄抗体达一定效价时收集蛋，在无菌操作下制备卵黄液。

（3）质量标准　除物理性状外，其余指标同抗血清质量标准。

（4）保存与使用　同高免血清保存和使用方法。

四、小鹅瘟

1. 高免血清制备及使用

（1）种毒　GD 株、21/486 株、w 株、SCa 15 株、SYC 26－35 株、SYG 41－50 株或本地流行的强毒株均可。

（2）免疫程序　①用弱毒 2 倍免疫剂量肌内注射待宰成年健康鹅，15 d 后用弱毒 200 倍免疫剂量肌内注射或未稀释强毒尿囊液 1mL 肌内注射，再隔 15～20 d 放血致死，收集血液分离血清。②用弱毒 200 倍免疫剂量（成年羊）、300 倍免疫剂量（成年猪）、400 倍免疫剂量（成年牛）肌内注射，15 d 后用弱毒 400 倍免疫剂量（成年羊）、600 倍免疫剂量（成年猪）、800 倍免疫剂量（成年牛）或未稀释强毒尿囊液 2 mL（成年羊）、3 mL（成年猪）、5 mL（成年牛）肌内注射，再隔 15～20 d 放血致死，收集血液分离血清。

（3）质量标准　除物理性状、无菌检验和安全检验外，应进行抗体效价测定。效价测定用琼扩试验，通常琼扩抗体效价应在 1∶16 以上。

（4）保存与使用　本制品于 －15 ℃以下保存，有效期 12～18 个月；于 4～8 ℃保存，有效期 4～6 个月。使用时，雏鸭预防剂量为 0.5～1 mL，治疗剂量为 2～3 mL。

2. 高免卵黄抗体制备及使用

种毒与抗血清的制备相同。免疫程序：选用健康产蛋母鸡，以一定免疫原经肌内注射进行免疫，间隔 7～10 d，重复免疫 3 次，待卵黄抗体达一定效价时，收集蛋，在无菌操作下制备卵黄液。质量标准：除物理性状外，其余指标同高免血清质量标准。保存和使用方法同高免血清。

五、番鸭细小病毒病

用活疫苗反复免疫健康成年鸭，AGP 效价为 1:32 以上时，收集鸭血清。用于 5 日龄雏番鸭，可大大地减少发病率，用量为每只雏鸭皮下注射 1 mL。对发病鸭进行治疗时，使用剂量为每只雏鸭皮下注射 3 mL，治愈率可达 70%。

第三节　猪常用治疗类生物制品

一、猪瘟抗病血清

发病早期使用猪瘟抗血清具有良好的治疗效果，也可用猪瘟抗血清做紧急预防。

猪瘟抗血清的制备和使用方法：

1. 免疫

①选择体重 60 kg 以上健康猪，使用前隔离观察 7 d 以上。②先用猪瘟疫苗作基础免疫，10 ~ 20 d 后进行加强免疫。③加强免疫程序：第一次肌内注射猪瘟强毒血毒抗原 100 mL，10 d 后第二次注射血毒抗原 200 mL，再 10 d 后第三次肌内注射血毒抗原 300 mL。过 9 ~ 11 d 和 12 ~ 16 d 后按每千克体重采血 10 ~ 11 mL 和 8 ~ 10 mL 测定抗体效价，第二次采血后 2 ~ 3 d 再注射血毒抗原 300 mL，10 d 后重复间隔采血并注射抗原 1 次，如不剖杀放血，可定期采血并注射抗原（1.5 ~ 2 mL/kg 体重），但从免疫完成到最后放血不超过 1 年为宜。此外，也可将猪瘟康复猪注射血毒抗原后 10 ~ 14 d 采血，或经基础免疫后 7 ~ 10 d 再大剂量注射猪瘟病猪组织抗原（5 mL/kg 体重）后 16 d 采血。④分离血清，加入 0.5% 苯酚防腐，分装后冷藏保存。

2. 质量标准

除按成品检验的有关规定进行检验外，还需进行如下检验：①安全检验：2 只 18 ~ 22 g 小鼠，皮下注射 0.5 mL/只；1 只家兔，皮下注射 10 mL；1 只 350 ~ 400 g 豚鼠，皮下注射 10 mL。观察 10 d，均应健活。②效力检验：体重 25 ~ 40 kg 无母源抗体猪 7 头，分成 2 组，第一组 4 头，按 0.5 mL/kg 体重注射血清，同时注射猪瘟血毒 1 mL；第二组 3 头仅注射血毒，1 mL/3 头。如 24 ~ 72 h 后第二组猪发病，并于 16 d 内有 2 头以上死亡，而第一组猪 10 ~ 16 d 内至少健活 3 头时,血清判为合格。如第一组死亡 2 头或第二组不死或仅死 1 头时应重检。第一组死亡 3 头时判为不合格。

3. 保存与使用

2~15 ℃保存期 3 年。使用时,预防剂量为:8 kg 以下小猪 15 mL,8~15 kg猪 15~20 mL,16~30 kg 猪 20~30 mL,30~45 kg 猪 30~45 mL,45~60 kg 猪45~60 mL,60~80 kg 猪 60~75 mL,80 kg 以上猪 75~100 mL;治疗量加倍。

二、猪传染性胃肠炎高免血清

猪传染性胃肠炎抗血清的制备和使用方法:

1. 制备要点

选用 50~70 日龄的未经任何疫苗免疫的健康猪。抗原可用细胞毒或强毒感染典型发病乳猪的小肠,用 0.1 mol/L pH 7.2 的 PBS 制备 10 倍稀释乳剂,加青霉素、链霉素 1 000~2 000 IU(μg/ mL),经细菌检查阴性。免疫程序为 4~5 次,每次间隔 2 周。第一次口服抗原 20 mL,滴鼻 10 mL;第二、第三次皮下、肌内备注射 20 mL,滴鼻 10 mL;第四次静脉 25 mL,同时采血测定血清效价,如果荧光抗体效价在 1∶32 或中和抗体效价在 1∶1 024 以上时,于免疫后第五天放血分离血清,如效价低时,可再进行一次静脉注射。

2. 质量标准

抗体效价的测定为:高免血清抗体用 0.02% 伊文思蓝进行倍比稀释,与已知的 TGE 病毒细胞培养盖玻片或强毒感染乳猪空肠标本染色,其效价不应低于 1∶64(荧光强度 + +)。选用 16 或 32 倍稀释为应用抗体。

三、猪水疱病抗病血清

猪水疱病是猪水疱病病毒所致猪的一种急性接触性传染病。该病的流行性强,发病率高,临床上以蹄部、口部、鼻部和腹部、乳头周围皮肤发生水疱为特征。在症状上该病与口蹄疫极为相似。

猪水疱病高免血清和康复猪血清进行被动免疫有良好效果,常用于商品猪群的紧急防疫。自然感染发病后康复猪或经疫苗免疫接种后 15 d,肌内注射 10∶1 稀释的水疱皮悬液 1 mL,隔 1 周或 2 周再进行 2 次接种,最后一次接种后 1 周采血分离血清。根据试验,按体重肌内注射 1 mL/kg 可完全保护蹄叉皮下注射水疱皮 0.01 g 悬液的攻击(100%);肌内注射 0.5 mL,可保护 60%。自然发病后 15~40 d 的健康猪血清,对 50 kg 以上的猪,每头肌内注射或皮下注射 20~30 mL,抗自然感染保护率可达 90% 以上,免疫期 30 d 左右。抗血清加防腐剂(一般加 0.01% 硫柳汞)在 30 ℃下保存不得超过 7 d;4~6 ℃保存期 2 个月以上。

四、抗炭疽血清

炭疽是由炭疽杆菌引起的多种家畜、野生动物和人的一种急性、热性、败血性传染病,急性感染动物多取败血性经过,以脾脏显著肿大、皮下和浆膜下出血性胶样浸润为特征,患病动物濒死期多天然孔出血,血液凝固不良、呈煤焦油样,通过皮肤伤口感染则可能形成炭疽痈。

炭疽抗血清的制备和使用方法:免疫动物用青壮年、健康易感马。按表 5-1 免疫程序进行。第六十二天试验采血,测定血清效价。血清效检合格的马,即可正式采血,不合格的按最后一次免疫剂量再注射 1~3 次,再试血。分离血清按总量的 0.01% 加入硫柳汞或 0.5% 加入苯酚防腐。2~8 ℃冷暗处静置 45 d 后,弃去沉淀,上清液混合均匀,无菌分装即可。

表 5-1 抗炭疽血清制备免疫程序

注射次数	间隔时间(d)	注射物	注射方法	注射量(mL)	菌号
1	6	无荚膜炭疽芽孢苗	皮下	5	C 40-205
2	6	无荚膜炭疽芽孢苗	皮下	10	C 40-205
3	6	无荚膜炭疽芽孢苗	皮下	20	C 40-205
4	6	无荚膜炭疽芽孢苗免疫原	皮下	1	C 40-205
5	6	无荚膜炭疽芽孢苗免疫原	皮下	2	C 40-205
6	6	无荚膜炭疽芽孢苗免疫原	皮下	5	C 40-205
7	6	无荚膜炭疽芽孢苗免疫原	皮下	10	C 40-205
8	6	无荚膜炭疽芽孢苗免疫原	皮下	20	C 40-205
9	6	二菌株混合免疫原	皮下、静脉	25、5	C 40-202、C 40-205
10	6	二菌株混合免疫原	皮下、静脉	20、10	C 40-202、C 40-205

保存在 2~8 ℃冷暗处,保存期为 3 年。马、牛预防量 30~40 mL(保护期 10~14 d),治疗量 100~250 mL;猪、羊预防量 16~20 mL,治疗量 50~120 mL,必要时可重复。

第四节　其他动物常用治疗类生物制品

一、抗羔羊痢疾血清

羔羊痢疾抗血清的制备和使用方法：

1. 制备要点

制备和检验用菌种参考上述五联灭活疫苗。第一免疫原为 B 型产气荚膜梭菌的灭活菌液。用 2～3 株产气荚膜梭菌接种于厌气肉肝汤中，在 34～35 ℃培养 16～20 h，取总量的 0.5%～0.8%加入甲醛溶液脱毒制成。第二免疫原为 B 型产气荚膜梭菌的毒素。菌株分别接种于肉肝胃酶消化汤中，置 34～35 ℃培养 16～20 h。将各菌液等量混合，离心滤过制成。第三免疫原为 B 型产气荚膜梭菌的活菌液。其制造方法与第二免疫原相同，但培养物不经滤过，经纯粹检验合格后分装，置 2～8 ℃保存，限 72 h 内使用。本品制造时一般选择体重40 kg 以上、2～3 岁健康绵羊。在隔离观察期间，进行必要的检疫。按照表 5-2 免疫程序进行。注射第十一次（或 12 次）免疫原后 8～10 d，抽 3～5 只羊采血，分离血清，混合，测定效价。如血清 0.1 mL 能中和 B 型毒素 1 000 MLD 以上时，再经 1 次免疫注射后 9～11 d 放血（或采血）。如中和效价到标准时，于最后注射免疫原后 7～11 d 采血。采得的血液用自然凝结加压法或离心法分离提取血清，并按总量的 0.004%～0.01%加入硫柳汞或按 0.5%加入苯酚，混匀分装。

2. 质量标准

除按成品检验的有关规定检验外，进行如下检验：①安全检验：用体重 16～20 g 小鼠 5 只，各静脉注射血清 0.5 mL；另用体重 250～450g 豚鼠 2 只，各皮下注射血清 5 mL，观察 10 d，均应健活。②效价测定：用体重 16～20g 小鼠作中和试验，0.1 mL 血清能够中和 B 型毒素 1 000 MLD 以上为合格。

3. 保存与使用

本品在 2～8 ℃保存，有效期为 5 年。用于预防及治疗早期产气荚膜梭菌所引起的羔羊痢疾。在羔羊痢疾流行地区，给 1～5 日龄羔羊皮下注射或肌内注射血清 1mL，即可获得良好的免疫力。对已患羔羊痢疾的病羔，静脉或肌内注射血清 3～5 mL。必要时于 4～5 h 后再重复注射 1 次。

表5-2　抗羔羊痢疾血清制备免疫程序

注射次数	间隔日数	免疫原种类	肌内注射量(mL)	备注
1	7	第一免疫原	7~8	注射后8~10 d第一次采血测试效价
2	7	第一免疫原	15	
3	7	第二免疫原	2	注射后8~10 d第二次采血测试效价
4	7	第二免疫原	5	
5	7	第二免疫原	10	中和效价达1 000 MLD时可放血。
6	10	第三免疫原	1	低于此准时,可追加免疫1~2次
7	10	第三免疫原	4	
8	10	第三免疫原	8	
9	10	第三免疫原	15	
10	10	第三免疫原	30	
11	10	第三免疫原	40	
12	10	第三免疫原	40	
13	10	第三免疫原	40	
14	10	第三免疫原	40	
15	10	第三免疫原	40	

二、兔梭菌性下痢

兔梭菌性下痢是由A型魏氏梭菌引起兔严重下痢的一种急性消化道传染病。本病的特征是发病急、病程短、急剧水样下痢,发病率高,病死率几乎达100%。我国1979年在江苏发现本病。目前,绝大多数地区有本病发生或流行。

用于治疗的抗血清很少采用,多用于本病高发地区。制备血清可采用牛、山羊和猪。制备方法与诊断血清几乎相同,只是应根据动物的体重选择免疫剂量。免疫用抗原是一样的。选择20~40 kg山羊,首免剂量5 mL,以后每7~10 d免疫1次,免疫剂量每次递增0.5mL。以中和试验测定血清效价,动物选择小鼠。以能够中和100个小鼠致死量的血清稀释度为血清效价。血清中和效价在1:(40~50)为合格。治疗时,成年兔皮下注射10~20 mL,幼兔

5～10 mL。减半剂量可做紧急预防,保护期 10 d 左右。

三、犬瘟热

犬瘟热是由犬瘟热病毒感染犬所引起的一种高度接触性传染病,呈世界性分布,也是我国犬科动物的一种常见病和多发病。

犬瘟热病犬最有效的治疗方法是使用高免抗血清。高免血清可用同源或异源动物制备,同源动物制备的血清(同源血清)治疗效果较好,不容易出现变态反应,异源动物制备的血清(异源血清)治疗效果虽好,但多次使用容易出现变态反应。

犬瘟热抗血清制备与使用:采用犬瘟热疫苗(细胞培养疫苗或鸡胚培养疫苗)免疫健康成年犬,先用弱毒疫苗免疫 2 次,再用灭活疫苗免疫 2～3 次,每次间隔 15～20 d,每次剂量递增 0.5 mL。当血清抗体效价达 1: 16 以上时,采血分离血清,分装保存备用。异源血清制备方法相同,只是采用羊、猪或兔免疫。治疗时每只病犬肌内注射 10～30 mL,配合使用抗生素,输液,可有效治疗病犬。抗血清治疗不主张重复使用,特别是异源血清,以免引起过敏反应。

四、水貂病毒性肠炎

水貂病毒性肠炎(MEV)又名貂传染性肠炎,是由貂细小病毒引起的一种急性消化道传染病,主要特征为急性肠炎和白细胞减少。1947 年本病最早报道于加拿大。目前,本病流行于丹麦、荷兰、英国和日本等国家。我国于 1985 年鉴定本病。

治疗本病最有效的方法是用高免抗血清,早期有效率可达 100%,治愈率 87.5%,但目前没有抗血清商品供应,只有根据当地情况自行研制。

貂病毒性肠炎抗血清制备与使用:在水貂取皮前 20 d 肌内注射灭活疫苗 2 mL,取皮时无菌取心血,分离血清,加入 0.5% 苯酚防腐,HI 试验检测,效价≥1: 32,血清在 4 ℃不超过 1 周,-20 ℃保存有效期 1 年,使用时肌内注射 3～5 mL,重症貂隔日重复注射 1 次。

第六章　诊断类动物生物制品的安全应用技术

　　利用病原微生物本身或其生长繁殖过程中的产物,或利用某些动物机体中自然具有的或经病原微生物及其他蛋白物质刺激而产生的一些物质制造诊断类动物生物制品,可用于检测相应抗原、抗体或机体免疫状态。诊断试剂品种繁多,用途各异,根据应用范围和本身的性质,可分为免疫学诊断试剂、细菌学诊断试剂、病毒学诊断试剂、临床化学试剂等。

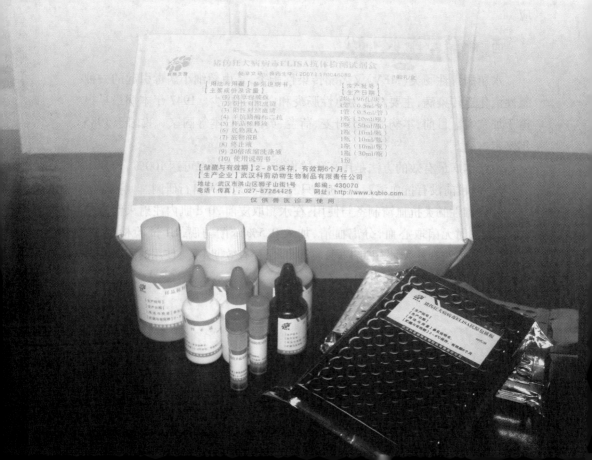

第一节　诊断类动物生物制品概述

诊断类动物生物制品是指利用细菌、病毒和寄生虫培养物、代谢物、组分（提取物）和反应物等有效物及动物血清等材料制成的，专门用于动物传染病和寄生虫病诊断和检疫的一大类制品，又称为诊断液。包括诊断用抗原、诊断用抗体（血清）和标记抗体等 3 类。这些制剂的最基本要求是特异性强和敏感度高。

动物生物制剂用于诊断的原理，是基于抗原和抗体能特异性反应，以及抗原引起动物机体特异性免疫应答的基本特性。因此诊断中可以用已知抗原检测未知抗体，或用已知抗体检测未知抗原，还可根据动物机体对抗原的特异性反应进行动物疫病诊断。

第二节　禽常用诊断类生物制品

一、禽沙门菌病

禽沙门菌病包括鸡白痢、禽伤寒以及禽副伤寒等，给养禽业造成很大损失。鸡白痢病原为鸡白痢沙门菌，具有高度宿主适应性。禽伤寒病原为禽伤寒沙门菌，抗原式与鸡白痢沙门菌相同。禽副伤寒的病原为副伤寒沙门菌。分离菌株中最常见的血清型有 10 种。

世界动物卫生组织推荐使用平板凝集抗原，进行本病检疫。我国研制的抗原质量已达世界同步水平。

鸡白痢禽伤寒多价染色平板抗原的制备和使用：

1. 菌种

菌种系从多株鸡白痢沙门菌和禽伤寒沙门菌中筛选出的标准型和变异型菌株各 1 株。这两株菌具有全部抗原成分，抗原性好。标准型菌株对沙门菌因子血清 $O9$、$O12_3$ 凝集，$O12_2$ 不凝集或轻度凝集；变异型菌株对 $O9$、$O12_2$ 因子血清凝集，对 $O12_3$ 不凝集。两菌株分别制造成浓度相当的菌液，分别与等量的含 0.5 IU 抗鸡白痢沙门菌血清（标准型血清，变异型血清）做平板凝集试验，在 1 min 内出现的凝集反应不低于 50%，对阴性血清不出现凝集。

2. 制备要点

冻干菌种经活化、繁殖培养后作为种子繁殖物,接种硫代硫酸钠琼脂扁瓶培养。用含2%甲醛的磷酸盐缓冲盐水洗下培养物灭活。用95%乙醇或无水乙醇沉淀菌液,离心后沉淀物用含1%甲醛溶液的PBS悬浮制成浓度适当的菌液,经耐酸滤器过滤,通过比浊方法测定菌液的浓度(3亿菌/mL)。将两株菌的菌液稀释为不同浓度,分别与0.5 IU的标准型和变异型国际标准血清做平板凝集试验,标定配制抗原的合适菌液浓度。菌液加结晶紫乙醇溶液(抗原中结晶紫含量为0.03%)、甘油(抗原中甘油含量为10%),经匀浆机均质混匀制成鸡白痢禽伤寒多价染色平板抗原,封装小瓶。

3. 质量标准

本品是紫色混浊液体,静置后菌体下沉,振荡后则呈均匀混浊液体。无沙门菌和杂菌生长。用标准型和变异型国际标准血清各0.05 mL(含0.5IU)分别与等量抗原作平板凝集试验,抗原在2 min内用出现不低于50%凝集(++)。抗原与鸡白痢阴性血清做平板凝集试验,应不出现凝集。

4. 使用与保存

抗原置2~8℃冷暗处保存,有效期为3年,供鸡白痢和禽伤寒全血平板凝集试验和血清平板快速凝集试验。使用时,振荡混匀抗原液,取抗原0.05 mL滴于平板上,采取鸡血或血清0.05 mL与抗原混合,2 min内判定反应结果。出现50%凝集反应(++)以上者为阳性,不发生凝集者为阴性,介于两者之间为可疑反应。

鸡白痢全血凝集反应抗原的制备和使用:菌种选用免疫原性和反应原性良好的鸡白痢沙门菌和禽伤寒沙门菌各1~2个菌株。制造时,将合格菌种接种于硫代硫酸钠琼脂扁瓶,用灭菌0.5%柠檬酸钠生理盐水洗下菌苔并稀释,按标准比浊管标定其浓度,使每毫升含菌量为100亿。标化菌液加入0.4%甲醛溶液37℃灭活48 h,将无菌检验合格的鸡白痢菌液与禽伤寒菌液等量混合、分装制成。本品是白色或带黄色的混浊液体,长时静置后菌体下沉,上部澄清,振荡后则呈均匀混浊液体。抗原效价可用试管法和平板法测定。凝集价至少与2份标准阳性血清原有的凝集价相符,与标准抗原的凝集反应一致,并在生理盐水对照管中无自凝现象才判为合格。本品于2~15℃冷暗处保存,有效期6个月。使用方法同鸡白痢禽伤寒多价染色平板抗原。

二、鸡毒支原体感染

鸡毒支原体感染(MG)又称鸡慢性呼吸道病,其特点是病鸡咳嗽、窦部肿胀,流鼻涕和呼吸啰音。有的呈隐性感染,病程较长,在鸡群中长期蔓延。本病存在于世界各国,发病率可高达 90%,但死亡率不高。根据流行情况、临床症状和病理变化可做初步诊断,但进一步的确诊必须进行血清学检查及病原分离。血清学检查常用凝集试验,尤以平板凝集试验最简便。

鸡毒支原体平板凝集反应抗原的制备和使用:

1. 种毒

同鸡毒支原体灭活疫苗种毒标准。

2. 制备要点

①取抗原性良好的纯净菌种按 10% 接种牛心汤培养基,37~38.5 ℃培养 48~72 h,即为种子液。然后按 10% 接种大瓶培养基中,37~38.5 ℃培养 72 h(其间振荡 2~3 次),菌液呈均匀浑浊生长良好后取出,置 4~12 ℃冷暗处 7~10 d,使菌体沉淀。②取沉淀物 4 000 r/min 离心 1 h,除去上清液,加入适量蒸馏水悬浮,再离心去上清,如此反复洗涤沉淀 2 次。然后加入适量蒸馏水,使菌体悬浮均匀,并补加蒸馏水至原培养量的 0.5%,收集于灭菌瓶中,加入结晶紫溶液(终浓度 0.001%~0.002%),充分混匀后置 4~12 ℃冷暗处 12~16 h,使菌体充分着色。再离心沉淀后弃去上清,加入适量 pH 7.0~7.2 的 1.3% 柠檬酸钠磷酸盐缓冲液充分吹打混合至均匀悬液,经效价滴定后用柠檬酸钠磷酸盐缓冲液稀释成合格效价的抗原,再加 0.1% 硫柳汞防腐。③抗原滴定:在不低于 20 ℃室温中,分别取已稀释的阳性血清(每毫升含 100 单位)、阴性血清和磷酸盐缓冲液各 25 μL 滴于洁净玻片或白瓷板上,加等量待检抗原,充分混匀,对阳性血清应在 30 s 内开始出现反应,在 2 min 时出现"＋＋"或"＋＋"以上的凝集,而阴性血清和磷酸盐缓冲液对照应不出现凝集反应,该滴度的抗原为合格。

3. 质量标准

每批抗原按成品检验的有关规定抽样进行检验。

特异性检验:取抗原与阴性血清做平板凝集试验,应无凝集反应出现。

效价测定:以每毫升含 100 IU 的抗鸡毒支原体阳性血清 25 μL 与等量抗原做平板凝集反应,在 30 s 时出现初凝,在 2 min 内应出现"＋＋"或"＋＋"以上的凝集反应。以出现凝集反应的最高稀释程度,判为该抗原的效价。

阳性血清的制备和使用:选择 1~2 岁龄 MG 血清抗体阴性成年鸡,用鸡毒支原体 65 株的 48~72 h 培养物,肌内注射 6 次,每次间隔 1 d,第一至第三次注射剂量为 0.5 mL,第四至第六次注射剂量为 1.0 mL。末次注射后 3~

6 d,经试管凝集反应良好时,进行放血,分离血清,加 0.01% ~0.02% 硫柳汞防腐。无菌检验应合格。1:16 稀释液与抗原做玻片凝集试验,应于 2min 内呈现"++"以上凝集反应,判为合格。阳性血清于 2~15 ℃冷暗处保存,有效期 18 个月。

三、鸭疫里默杆菌病

鸭疫里默杆菌病(RA)是由鸭疫里默杆菌引起的鸭的一种接触性、急性或慢性、败血性传染病,主要侵害 1~8 周龄的小鸭。特征为纤维素性心包炎、肝周炎、气囊炎、干酪性输卵管炎、关节炎及麻痹。本病 1932 年最早报道于美国,并从病死鸭体内分离到病原,先后有新鸭病、鸭疫巴氏杆菌病、鸭败血症、鸭疫综合征、传染性浆膜炎等名称。至今世界各养鸭地区几乎都有本病流行,是造成小鸭死亡最严重的传染病之一。

试管凝集和琼脂扩散用诊断抗原的制备和使用:将病菌接种至 P - L 琼脂平板,置 37 ℃厌氧培养 36 h,用含 0.3% 甲醛溶液的 PBS 洗下,离心,再重复洗涤和离心 2 次,最后将菌体以含 0.3% 甲醛溶液的 PBS,调节至 OD 值为 0.2(525 mm),即为试管凝集抗原。将 P - L 琼脂平板培养的细菌以高盐溶液(0.3% 甲醛溶液、8.5% 氯化钠、0.02 mL 磷酸盐缓冲液,pH 7.0)洗下制成菌悬液,于沸水中煮 1 h,冷却后,4 000 r/min 离心 30 min,上清液作为琼扩抗原。

试管凝集和琼脂扩散试验用诊断抗体的制备和使用:将试管凝集抗原与等量的弗氏完全佐剂研磨成乳剂,于 1、8、15、23 d 免疫体重为 3 kg 的健康鸡,每只鸡皮下注射 0.5 mL(分 5 点注射,每个注射点 0.1 mL),30 d 每只鸡静脉注射 0.5 mL 制备好的抗原,45 d 采血检测抗体效价,当琼扩抗原效价≥1:32 为合格。

四、新城疫

鸡新城疫(ND)实验室检测方法包括病毒分离、血凝和血凝抑制试验、血清中和试验及 ELISA 试验等。以 LaSota 毒株制备的浓缩抗原用于血凝和血凝抑制试验,效果满意。近年来,基于分子诊断的单克隆抗体、RT - PCR 技术等已进入田间评价阶段。

浓缩抗原的制备和使用:

1. 种毒

鸡新城疫 LaSota 弱毒株,标准与疫苗株相同。

2. 病毒增殖

按鸡新城疫 Ⅱ 系弱毒苗鸡胚增殖方法进行。

3. 浓缩纯化

取鸡胚尿囊液 6 000 r/min 离心 60 min,取上清液加入 8% PEG 2 000 和 1% ~2% 氯化钠溶液,边加边搅拌,4 ℃ 过夜,10 000 r/min 离心 60 min,去上清液后,加入适量 PBS 液,混匀,再经 40 000 r/min 离心 2 h,取沉淀加入少量 PBS 液,过夜浓缩 200 倍,充分溶解后加入 0.1% 甲醛溶液,36 ℃ 灭活 16 h。

4. 血凝效价测定、分装

以 PBS 或生理盐水稀释浓缩抗原,用 1% 鸡红细胞测定其血凝效价,HA≥1∶400,则分装,-20 ℃ 保存。

五、传染性法氏囊病(IBD)

对于传染性法氏囊病(IBD),目前国外已有商品化 ELISA 抗体检测试剂盒,国内有 Dot - ELISA 抗体检测试剂和 AGP 抗原供应。

传染性法氏囊病抗原的制备和使用:按 IBD 囊组织毒灭活疫苗制备方法,获取患 IBD 法氏囊组织,经 3 次冻融的囊毒按 1 ~5 倍体积加入 PBS 液,于 4 ℃ 浸泡 24 h 后 3 500 ~4 000 r/min 离心 30 min,收集上清液,沉淀物用 PBS 悬浮后再经 10 000 r/min 离心 60 min,2 次上清液合并后加入 0.1% ~0.4% 甲醛溶液,37 ℃ 作用 20 h,即成灭活抗原。与标准阳性血清做琼脂扩散试验,在 24 h 后出现 1 ~3 条沉淀线为合格。本抗原于 -20 ℃ 保存,有效期 2 年;-10 ℃ 保存,有效期 1 年。

六、产蛋下降综合征

产蛋下降综合征(EDS)又称减蛋综合征,是由 EDS - 76 病毒引起的以产蛋量下降(20% ~50%)、产软壳蛋或蛋壳颜色变淡为特征的鸡的一种传染病。EDS - 76 首先由荷兰于 1976 年报道。我国于 20 世纪 80 年代末开始流行,是影响养禽业的重要疫病之一。

根据流行特点、临床表现及解剖变化可做初步诊断,但确诊应依靠病毒分离鉴定及血清学试验。目前国内常用的血清学方法有 ELISA 试验、HI 试验及琼脂扩散(AGP)试验等,HI 及 AGP 试验因操作简便、直观而受到普遍欢迎。

1. EDS - 76 血凝抑制(HI)抗原的制备和使用

抗原制备:将 EDS - 76 - AV - 127 毒株尿囊腔接种 13 ~ 14 日龄鸭胚,每胚接种 0.2 mL,38.5 ℃ 孵育并每日照蛋,弃去 48 h 前死胚,将 72 ~ 96 h 死亡和存活的鸭胚取出放 4 ℃ 冰箱致死。无菌收取尿囊液,3 000 r/min 离心 20 min,取上清液(HI 价 ≥ 1:640)加入 0.1% ~ 0.2% 甲醛溶液(按 36% ~ 40% 甲醛溶液折算),38 ℃ 灭活 16 h 后加入甘油,使其最终浓度达到 25% 制成。抗原经测定血凝价后分装,置 - 10 ~ - 4 ℃ 冰箱中保存。试验使用 4 ~ 8 个血凝单位。

质量检验:①效价测定。于 96 孔血凝板上以 PBS 或生理盐水倍比稀释抗原后,加入 0.8% ~ 1% 鸡红细胞悬液混匀,4 ℃ 作用 30 min,以完全凝集孔的最高稀释倍数为抗原 HA 价。②特异性检验。将 EDS - 76 阳性血清与 4 ~ 8 单位抗原混合后,于 37 ℃ 作用 30 min,加入 0.8% ~ 1% 鸡红细胞悬液混匀,4 ℃ 作用 30 min,EDS - 76 阳性血清孔不凝集、EDS - 76 阴性血清孔完全凝集,判为合格。

2. EDS - 76 AGP 抗原的制备和使用

抗原制备:按 EDS - 76HI 抗原制备方法增殖病毒,加入甲醛灭活,以 40 000 r/min 超速离心 2 h,取沉淀物,按原液量的 1/20 加入灭菌生理盐水,充分搅打混合,再以 3 000 r/min 离心 20 min,收集上清;将沉淀物再加少量灭菌生理盐水充分搅打离心,将每次离心上清液混合,用灭菌生理盐水补足至原尿囊液的 1/10 量,即为 AGB 抗原。

质量检验:用含 8% 氯化钠溶液以 pH 5.6 ~ 6.4,0.01 mol/L PBS 配制的 0.6% ~ 1% 琼脂糖铺片,进行 AGP 试验。在抗原孔与阳性血清孔间出现乳白色沉淀线,而与阴性血清孔间无沉淀线,判抗原合格。

七、鸡传染性贫血

实验室诊断方法包括 1 日龄无母源抗体雏鸡病料接种试验、病毒分离(MDCC—MSBl 细胞)和免疫荧光染色鉴定等。CAV 抗体检测可用血清中和试验、间接免疫荧光试验,目前国外已有检测 CAV 抗体的 ELISA 试剂盒供应。

八、鸭病毒性肝炎

诊断方法主要有:①高免血清应用弱毒疫苗及 DHV 强毒抗原免疫兔或鸭制备,用于中和试验及雏鸭保护试验。②ELISA 抗原应用超速离心、柱层析等方法获得纯化的抗原,用于包被酶标反应板建立 ELISA 或 Dot – ELISA 检测 DHV 抗体。③单(多)克隆抗体应用单克隆抗体或纯化的 DHV 抗原免疫兔等获得高免血清(多克隆抗体),建立 ELISA 检测 DHV 抗原。

九、小鹅瘟

小鹅瘟诊断制品主要有 GPV 抗原、阳性血清和单克隆抗体;应用超速离心、柱层析等方法获得纯化的 GPV 抗原,用于包被酶标板建立 ELISA 检测 GP 抗体;应用弱毒疫苗及强毒抗原免疫兔或鹅,可制备 GPV 阳性血清,用于中和试验或 ELISA,检测 GPV 抗原;用纯化的 GPV 抗原免疫小鼠制备单克隆抗体,用于 ELISA,检测 GPV 抗原。

十、番鸭细小病毒病

应用活疫苗及强毒抗原免疫兔或鹅制备高免血清,用于中和试验及雏番鸭保护试验。也可应用单克隆抗体或纯化的 MDPV 抗原免疫兔等获得高免血清(多克隆抗体),建立荧光抗体试验(FA)或乳胶凝集试验(LA)MDPV 抗原。用一定的方法获得纯化的抗原,可用于包被酶标板建立酶联免疫吸附试验(ELISA)或琼脂扩散沉淀试验(AGP),检测 MDPD 抗体。

小　知　识

新城疫的诊断

根据流行病学特点以及鸭、鹅不发病,只有鸡发病死亡,发病率和死亡率都很高的现象,再结合有特征性的临床症状及尸体解剖变化,一般可做出初步诊断。但对非典型病例只靠前述几项诊断难以确诊,应对可疑鸡群随机采血,送检验室做血凝抑制试验(HI)。非典型新城疫鸡群 HI 抗体的滴度参差不齐,有的鸡的抗体滴度在 8 倍以下甚至测不到,而有的鸡可达 1 000 倍以上。此时再结合临床症状及剖检变化综合分析即可确诊。有条件时,可采取病变组织进行冰冻切片或制成涂抹标本,用鸡新城疫免疫荧光抗体染色检查,如在病料中见有呈亮绿色荧光的感染细胞时即可确诊。也可利用鸡胚或鸡胚细胞进行病毒分离来诊断。

第三节 猪常用诊断类生物制品

一、猪丹毒

猪丹毒丝菌是丹毒丝菌属的一种,革兰阳性,俗称猪丹毒杆菌。菌体形态多变,在急性病例的组织或培养物中,菌体细长,呈直或稍弯的杆状,大小 $(0.2\sim0.4)\mu m\times(0.8\sim2.5)\mu m$,单在或呈"V"形或短链状存在,在慢性病例的组织或陈旧培养物中多呈长丝状。

诊断猪丹毒较有价值的血清学试验有培养凝集试验和间接血凝试验。血清学方法主要适用于亚急性型和慢性型的诊断,对急性败血型意义不大。

1. 凝集试验用灭活抗原

选用无自凝现象的光滑型猪丹毒杆菌接种于马丁肉汤,培养 24 h,加入 0.4% 甲醛杀菌,经离心洗涤后,悬于 1% 甲醛生理盐水中,制成含菌数约 60 亿/mL 的菌悬液,加 20% 甘油和 0.001% 结晶紫或煌绿,即可做平板凝集试验用抗原。试验时取被检猪的血液 1 滴,滴于清洁的玻板上,加上述制备的抗原 1 滴,充分混合,1 min 左右混合液边缘出现凝集块为阳性反应。

2. 培养凝集试验诊断液

用不同血清型的猪丹毒杆菌为免疫抗原,制备相应血清型的高免血清。培养凝集试验常用 1 型或 2 型猪丹毒杆菌高免血清,使用时按 1:(40~80)加入到蛋白脲肉汤中,再加入抗生素,分装特制小管,即制成猪丹毒血清抗生素诊断液。

二、猪支原体肺炎

支原体肺炎微量间接血凝试验抗原的制备和使用:

1. 菌种

猪肺炎支原体 Z、C 株。

2. 制备要点

用 Z、C 株接种适宜培养基培养,收获培养物,浓缩、裂解、致敏醛化绵羊红细胞后,经冷冻真空干燥制成。

3. 质量标准

本品为棕色疏松团块,加 PBS 后迅速溶解,不出现肉眼可见的凝块。任取 3 支抗原,各加 5 mL PBS 溶解后混合,与标准阳性、阴性猪血清进行微量间接血凝试验。标准阳性猪血清凝集效价≥1∶40;标准阴性猪血清凝集效价<1∶5;抗原致敏红细胞加等量稀释液不出现自凝现象,为合格。

4. 保存与使用

在 -15 ℃保存有效期 18 个月,在 2~8 ℃为 6 个月。适用于诊断猪支原体肺炎的微量间接血凝试验。

支原体肺炎微量间接血凝试验阳性血清的制备和使用:系用猪肺炎支原体济南系免疫接种健康猪,采血、分离血清制成。应无菌生长。凝集效价应≥1∶40,用于猪支原体肺炎微量间接血凝试验对照。在 2~8 ℃保存,有效期 2 年。

三、猪接触传染性胸膜肺炎

(一)猪接触传染性胸膜肺炎补体结合试验抗原的制备和使用

1. 菌种和制造要点

本品系用抗原性良好的猪胸膜肺炎放线杆菌 1~10 型国际标准菌株,接种适宜培养基培养,收获培养物,经甲醛溶液灭活,离心收获菌体,再悬浮于硫柳汞生理盐水中制成。用于诊断猪传染性胸膜肺炎。

2. 质量标准

本品为乳白色海绵状疏松团块,加入稀释液后迅速溶解。

(1)效价测定　将单价抗原用巴比妥缓冲液(VBI)从 1∶5 开始做倍比稀释,至 1∶80;将标准阳性血清用生理盐水做 1∶5 稀释,60 ℃灭活 30 min,再做倍比稀释,至 1∶80。补体用量为 $5CH_{50}$(50% 溶血量),溶血素用量为 1 单位,红细胞悬液为 670 000 个红细胞/mm^3。各成分准备好后,用不同稀释度的抗原、阳性血清进行方阵滴定。判定单价抗原效价时,以与最高稀释度的阳性血清呈现 70% 以上抑制溶血的抗原最高稀释度作为该型抗原的效价。将已测定过效价的各型抗原,用无菌生理盐水稀释到同一效价,等量混合,冻干,即为标定效价的混合(多价)抗原。

(2)特异性检验　将混合抗原按标定效价稀释后,做补反试验,与 1∶10 稀释的各型标准阳性血清应呈阳性反应,与 1∶10 稀释的阴性血清应是阴性反应。试验中所有补体对照应符合标准溶血百分比。

(3)保存与使用　在 2~8 ℃,有效期为 1 年。用于诊断猪传染性胸膜肺炎补体结合试验,冻干抗原用。VBD 溶解后,限当天使用。判定标准如下,血清 1∶10 稀释≤30% 溶血，为阳性；35% ~50% 溶血，为可疑；>50% 溶血，为阴性。

(二)猪接触传染性胸膜肺炎补体结合试验阳性血清的制备和使用

1. 菌株和制造要点

阳性血清系用猪胸膜肺炎放线杆菌国际标准菌株免疫接种猪或兔，采血分离血清制成。

2. 质量标准

液体血清为橙黄或淡棕红色，冻干血清为白色或略带红色海绵状疏松团块，加稀释液后迅速溶解。

效价测定：将血清从 1∶10 开始做倍比稀释至 1∶80，与 1 个工作量抗原做补体结合试验。猪血清 1∶80 稀释能呈现 70% 以上抑制溶血时，可供标定抗原用。≥1∶10、<1∶80 能呈现 70% 以上抑制溶血时，可做阳性对照用。兔免疫血清≥1∶1 280 稀释能呈现 70% 以上抑制溶血时，可供标定抗原用。≥1∶80、<1∶1 280 稀释能呈现 70% 以上抑制溶血时，可做阳性对照用。

3. 保存与使用

在 2 ~8 ℃，液体血清有效期为 2 年，冻干血清为 4 年。用于猪传染性胸膜肺炎补体结合试验对照。

(三)猪接触传染性胸膜肺炎 ELISA 试验抗原的制备和使用

1. 菌株和制造要点

本抗原系用胸膜肺炎放线杆菌(App)1 ~10 型国际标准株，接种适宜培养基培养，收获培养物，经热处理、浓度标定等制成。用于诊断猪传染性胸膜肺炎。

2. 质量标准

本抗原应为无色透明液体。

(1)效价测定　用 1/10 光吸收单位的 App – ELISA 多价混合抗原与特定的标准阴、阳性血清进行 App – ELISA 测定，P/N 值应为 4.5 左右。

(2)特异性检验　用 App – ELISA 方法检测，对 App 标准阳性猪血清、各型高免兔血清、人工接种猪血清，均应呈阳性反应，对健康猪血清应呈阴性反应，对猪瘟、猪气喘病、猪肺疫、猪流感、猪传染性萎缩性鼻炎等阳性血清应无反应。App – ELISA 操作中，所有对照如抗原、血清、OPD、HRP – SPA，均应呈阴性反应，光吸收值应在 0.05 以下。

(3)保存与使用　加等量中性甘油在 –30 ℃ 以下，有效期为 10 个月；在

2~8 ℃,为5个月。用于检测猪接触传染性胸膜肺炎抗体的 ELISA 试验。

（四）猪接触传染性胸膜肺炎 ELISA 试验阳性血清的制备和使用

1. 制备要点

系用胸膜肺炎放线杆菌培养物免疫接种猪,采血分离血清制成。用于酶联免疫吸附试验对照。

2. 质量标准

应为橙黄或淡棕黄色液体。效价测定时,按照 App – ELISA 操作程序进行方阵滴定。1∶200 稀释的血清与 1/10 光吸收单位的 1~10 型多价混合抗原反应,强阳性血清 P/N 值应 >10,弱阳性血清 P/N 值应 >4。

3. 保存与使用

在 2~8 ℃,有效期为 6 个月。用于猪接触传染性胸膜肺炎酶联免疫吸附试验。

四、猪传染性萎缩性鼻炎

实验室常采用间接血凝试验鉴定分离菌株荚膜型,用凝集试验检测支气管败血博代氏菌抗体。平板凝集试验用于初检,以不加热的血清原液 1 滴（约 0.03 mL）与等量未稀释的抗原混合,在 20~25 ℃室温条件下,2min 内 75%~100% 菌体出现凝集者为阳性反应,50% 菌体凝集为疑似反应,25% 以下菌体凝集为阴性反应。对照阳性血清应呈完全凝集,对照阴性血清应不凝集。常规诊断应用试管凝集试验,被检血清经 56 ℃水浴灭活 30 min,以缓冲盐水做 5 倍稀释,再倍比稀释到 160 倍。各个稀释度取 0.5 mL,再取稀释的抗原 0.5 mL 与之混合,37 ℃温箱放置 18~20 h,再置室温 2 h,判定结果。以 50% 菌体被凝集的最大稀释倍数为反应终点。对阳性血清凝集价应为 1∶160,阴性血清对照和抗原对照应无凝集,被检血清凝集价在 1∶10 或以上即为阳性。血清学诊断试剂有:

（一）猪传染性萎缩性鼻炎博代氏Ⅰ相菌凝集试验抗原的制备和使用

1. 制备要点

系用猪支气管败血博代氏菌Ⅰ相菌株为菌种,接种适宜培养基培养,将培养物经甲醛溶液灭活后,离心浓缩制成。

2. 质量标准

除按成品检验的有关规定检验外,进行如下检验:

（1）特异性检验与效价测定　取待检抗原用标准 OK 抗血清、K 抗血清、

269

O 抗血清及阴性血清作特异性检查,并用已知 K 凝集价的 I 相菌感染猪血清[效价 1:(10~40)]10 份左右,进行敏感性检查。特异性和敏感性检查均与试管凝集试验及平板凝集试验两种方法相同。平板凝集试验中使用不经加热灭活的未稀释血清进行,抗原浓度为 250 亿/mL;试管凝集试验中使用经加热灭活的稀释血清进行,抗原浓度为 50 亿/mL。并用标准 I 相菌抗原及 III 相菌抗原作对照。

待检抗原及标准 I 相菌抗原,对标准 OK、K 及不同稀释度的感染猪血清,试管凝集应达到原稀释度,平板凝集应呈阳性反应;对标准 O 及阴性血清两种试验应不凝集。

标准 III 相菌抗原,对 OK 及 O 抗血清,试管凝集应达到原稀释度,平板凝集应呈阳性反应;对标准 K 及阴性血清两种试验应不凝集。所有抗原的缓冲生理盐水对照均应无自凝现象。符合以上标准为合格。

(2)非特异性检验　取本品及标准 I 相菌抗原,分别与阴性血清及标准 O 抗血清做凝集试验,均应不产生凝集。

3. 保存与使用

在 2~8℃,有效期为 1 年。用于检测猪支气管败血博代氏菌 K 凝集抗体的凝集试验。具体可用于试管凝集试验,也可用于平板凝集试验。

(二)猪传染性萎缩性鼻炎博代氏 I 相菌凝集试验阳性血清的制备和使用

用猪支气管败血博代氏菌灭活抗原免疫接种猪,采血、分离血清制成,用于凝集试验对照。在 2~8℃,有效期为 1 年。

效价测定:用标准 I 相和 III 相菌抗原进行试管凝集试验和平板凝集试验。试管凝集试验的 K 凝集价达 1:60 时呈 50% 凝集,O 凝集价达 1:10 时不凝集。平板凝集试验对 I 相菌抗原应呈 100% 凝集,对 III 相菌抗原应为完全不凝集。

五、猪梭菌性肠炎

产气荚膜梭菌病定型血清的制备和使用:

1. 制备要点

本品系用免疫原性良好的产气荚膜梭菌 A、B、C、D 型类毒素和毒素,分别多次免疫接种动物后,采血分离血清,加适当防腐剂制成。用于诊断产气荚膜梭菌病和产气荚膜梭菌定型。

2. 质量标准

本品为淡黄色或褐色液体。安全检验时取体重 16 ~ 20 g 的小鼠 5 只,各静脉注射血清 0.5 mL,另用体重 250 ~ 450 g 豚鼠 2 只,各皮下注射血清 5 mL,观察 10 d,均应健活。效价测定时取体重 16 ~ 20 g 的小鼠,用血清 0.1 mL 与各型毒素做中和试验,应符合表 6 - 1 的标准。

3. 保存与使用

在 2 ~ 8 ℃,有效期 3 年。供定型用时,用各型血清 1 mL,加入供检验的毒素 20 ~ 100 个 LD(含量在 1 mL 内),置 37 ℃ 40 min,然后静脉注射小鼠 0.2 mL,观察 24 h,按表 6 - 2 判定结果。供诊断用时,取死亡动物肠内容物加适量生理盐水混合均匀,离心沉淀,用赛氏滤器滤过,取滤液 1 份,加血清 1 份,置 37 ℃ 40 min,然后静脉注射小鼠 0.2 ~ 0.4 mL,或静脉注射家兔 1 ~ 2 mL,观察 1 d,按表 6 - 2 判定结果。

表 6 - 1　产气荚膜梭菌毒素不同血清型鉴定标准

血清型(0.1 mL)	中和毒素的型别及其剂量	中和其他型别毒素
A 型	A 型毒素 10 个 LD_{50} 以上	不能
B 型	B 型毒素 100 个 LD_{50} 以上	能
C 型	C 型毒素 100 个 LD_{50} 以上	可中和 A、B 型;不能中和 D 型
D 型	C 型毒素 100 个 LD_{50} 以上	可中和 A 型;不能中和 B、C 型

表 6 - 2　中和试验结果判定

毒素型	血清型			
	A	B	C	D
A	+	+	+	+
B	−	+	+	−
C	−	−	+	−
D	−	+	−	+

注:" + "表示中和,小鼠存活;" − "表示不能中和,小鼠死亡。

六、猪瘟

本病实验室常用诊断方法有动物接种试验、琼脂扩散试验、免疫荧光试验、血清中和试验、对流免疫电泳、协同凝集试验、改良的补体结合反应、新城疫病毒强化法、免疫酶测定技术或酶标抗体诊断法、RT－PCR法及髓细胞检查法，其中有些方法已有诊断试剂或试剂盒供应。现仅简述猪瘟荧光抗体的制备方法及其质量标准。

1. 免疫血清制备

选用1岁左右体重100 kg以上、仅接种过猪瘟兔化弱毒苗的免疫健康猪，用猪瘟疫苗再做1次基础免疫，然后腹腔注射血毒抗原1 mL，观察16 d，体况正常后每隔7～15 d进行高免1次，即腹腔注射血毒抗原5 mL/kg体重。共计5次以上。末次免疫后15 d，无菌采血、分离血清。用兔体中和试验法测定血清效价，病毒量为1 000个家兔最小感染量。中和效价不低于1∶5 000为合格。－20 ℃保存，避免反复冻融。

2. 猪瘟荧光抗体制备

①γ球蛋白的提取：第一次用50%的饱和硫酸铵溶液，第二至第四次用33%的硫酸铵溶液分4次对所采的血清进行盐析，然后用Sephadex G 50层析柱对球蛋白进行脱盐纯化。②用异硫氰酸荧光素（FITC）标记球蛋白：取2%的γ球蛋白溶液，按80∶1的比例与FITC混合，于10 ℃作用6～8 h，然后以Sephadexaso层析柱除去未结合的荧光素，即为荧光抗体原液。③荧光抗体效价及其蛋白浓度的测定：将荧光抗体原液做连续倍比稀释后与猪瘟抗原作用染色、镜检。以其最高有效染色稀释度为其效价，其蛋白浓度应不高于0.125mg/mL。④分装与冻干：将4单位荧光抗体（蛋白浓度不超过0.5mg/mL）分装后冻干。使用时用灭菌蒸馏水溶解。

3. 质量标准

除按成品检验的有关规定进行检验外，还需进行下面的检验：①特异性检验：分别用猪瘟病毒感染猪与对照猪扁桃体制成冰冻切片，用荧光抗体染色后镜检，前者隐窝上皮细胞质应显示明亮的黄绿色特异荧光，后者则无荧光。②特异性荧光抑制试验：将猪瘟病毒感染猪扁桃体冰冻切片分成两组，分别用猪瘟高免血清和健康猪血清（猪瘟中和抗体阴性）处理切片后洗净、干燥，然后进行荧光抗体染色、镜检，前者不应出现荧光或荧光显著减弱，而后者应呈现强的荧光。③荧光抗体效价检验：冻干荧光抗体溶解后，对猪瘟病毒感染猪扁桃体冰冻切片进行染色，隐窝上皮细胞明亮特异，而且最终的荧光稀释度应达到1∶4以上，方可应用。

4. 保存与使用

2～5 ℃冷暗处保存期为1年，－15 ℃以下保存期为2年。专供直接法荧光抗体染色检查猪瘟病毒,用于猪瘟的诊断。

七、伪狂犬病

伪狂犬病是由伪狂犬病毒引起的多种家畜和野生动物的一种以发热奇痒和脑脊髓炎为主要症状的急性传染病。猪伪狂犬病又称为奥叶兹基病,猪感染后可因日龄的不同而表现不同的临床症状。成年猪多呈隐性感染状态,有时仅表现为增重减慢等轻微症状。种猪表现不育,公猪发生睾丸肿胀、萎缩等,种用性能降低或丧失。母猪则表现为返情,屡配不孕,妊娠母猪表现为流产、死胎、木乃伊胎。初生仔猪多呈急性致死性经过,具有明显的神经症状,15日龄以内仔猪死亡率几乎 100%,断奶仔猪发病为 20% ~ 40%,死亡率为 10% ~ 20%。

目前所有的伪狂犬病毒疫苗只能抑制临床症状,而不能控制其传染和排毒,因此仅用疫苗免疫是不能根除的,需用相应的特异敏感的试验检测方法对猪群进行检疫、隔离和淘汰阳性猪,净化猪群,建立无本病的健康猪群才能达到根除本病的目的。通常的检测方法有:病毒的分离与鉴定、PCR 法、ELISA、血清中和试验和乳胶凝聚试验等。

1. PCR 方法

目前用于扩增的基因片段有 gp50 和 gB 基因的 281bp 片段等。此方法可用于患病动物分泌物及组织器官等病料的快速、敏感检测。

2. ELISA 试验

美国 IDEXX 公司已开发出鉴别诊断 ELISA 诊断试剂盒,并已商品化。该鉴别诊断 ELISA 试剂盒可以将自然感染和基因缺失疫苗免疫动物抗体加以区别,可以用于猪伪狂犬病病毒野毒感染的诊断。

3. 乳胶凝聚试验

乳胶凝集试验主要利用伪狂犬病毒致敏乳胶抗原来检测动物血清、全血或乳汁中的抗体,具有简便、快速、特异、敏感的特点,我国目前已有商品化的试剂盒出售。具体制作方法如下:用常规方法采血分离血清,如为乳汁则 3 000 r/min离心 10 min,取上清液做待测样品。取被测样品、阳性血清、阴性血清、稀释液分置于玻片上。各加乳胶抗原一滴,用牙签混匀,搅拌并摇动 1 ~ 2 min,于 3 ~ 5 min 内观测结果。

gE 抗体可在感染后 1 ~ 2 周内出现,并可持续至少 7 个月。华中农业大学利用 gE 基因主要抗原表位区的原核表达产物建立的 gE 乳胶凝集试验

(gE－LAT)特异、敏感,操作方法简便、快速,无须特殊设备。估计在不久的将来会试剂盒化。

八、猪繁殖与呼吸综合征

目前,实验室常用的诊断方法包括病毒分离和鉴定、RT－PCR 技术、免疫过氧化物酶细胞单层试验(IPMA)、间接免疫荧光法(IFA)和 ELISA 试验等。其中,IFA 试验为欧美各国官方所认可的权威检测方法,可在感染后 2～3 d 检测出抗体。IPMA 法在欧盟最为常用。ELISA 试验由于其经济简便、检测结果快、重复性好、相对客观、能自动显示结果、可大批量操作、便于大规模检疫,已成为检测本病最常用的方法,尤其是在本病暴发的早期,比较适合检测母猪抗体,所以目前许多国家已有商品化的 ELISA 试剂盒出售。

九、猪圆环病毒感染

猪圆环病毒(PCV)是迄今发现的一种最小的动物病毒,具有 PCV－1 和 PCV－2 两种血清型。PCV－1 无致病性,广泛存在于猪体内及猪源传代细胞系;PCV－2 具有致病性,可以引起断奶仔猪多系统衰竭综合征(PMWS)。

本病实验室诊断方法有包括免疫荧光法、ELISA 试验和 PCR 方法等。国外已研制成功 PCV－1 和 PCV－2 特异性单克隆抗体,并建立了竞争 ELISA 方法用于检测 PCV－2 的抗体。PCR 方法快速、简便、特异。国内根据国外文献报道,已成功运用该法对 PCV 进行检测和病毒分型。但目前,该法只能局限在有条件的实验室进行。

第四节　牛、羊、马诊断类生物制品

一、炭疽

炭疽沉淀反应是诊断炭疽简便而快速的血清学诊断方法。目前使用的炭疽诊断制剂主要包括炭疽诊断抗原、诊断血清。

(一)炭疽沉淀反应标准抗原的制备和使用

菌种用 C40－214、C40－216、C40－207 株及无荚膜 Sterne 株弱毒菌株,或采集不同地区、动物的炭疽杆菌 8～12 株,要求其生物学特性典型;毒力标准为 24 h 肉汤培养物 0.5 mL 接种 1.5～2kg 兔,或 0.25 mL 接种 250～300 g

豚鼠,于 96 h 内致死。将各菌种分别接种于普通肉汤,于 37 ℃ 培养 24 h,然后接种于普通琼脂扁瓶,37 ℃ 培养 24 h,用蒸馏水洗下菌苔,121 ℃ 高压灭菌 30 min,烘干后制成菌粉,按 1 g 菌粉加入 0.5% 苯酚生理盐水 100 mL 溶解后 37 ℃ 浸泡 3 h,滤过即为 1∶100 抗原。本品应为淡黄色、完全透明的液体。

效价检测:将抗原用生理盐水稀释 1∶1 000、1∶5 000、1∶10 000、1∶20 000,用标准阳性血清测定,1∶5 000 时于 30 s、1∶10 000 时于 60 s 内出现阳性反应,1∶20 000 时于 1 min 内不出现阳性为合格。

(二)炭疽沉淀素的制备和使用

菌种为炭疽杆菌弱毒菌种,包括 C40 - 214、C40 - 215、C40 - 217、C40 - 218 株(任选 1 ~ 3 株)。

制备要点为:

1. 抗原制备

将种子均匀涂布接种于豆汤琼脂扁瓶内,35 ~ 37 ℃ 培养 15 ~ 16 h,经纯粹检验合格后,用生理盐水洗下菌苔,然后用纱布滤过,用生理盐水将滤液稀释成每 1 mL 含菌 9 亿 ~ 24 亿,经纯粹检验合格后,即为抗原。

2. 免疫程序

用年龄 3 ~ 6 岁健康的马,于第一天与第九天皮下注射炭疽 Ⅱ 号芽孢苗或无荚膜芽孢苗做 2 次基础免疫,从第十四天至第六十四天,每隔 3 ~ 5 d 静脉注射上述强毒活菌抗原,注射量从 10 mL、20 mL、30 mL、40 mL 直到 50 mL,共进行 14 次高度免疫。

3. 分离血清和检验

从第十二次注射开始试血。血清效价检测达不到标准的,应加大抗原注射剂量和次数。血清效价检测合格后从 74 d 开始大量采血,按常规方法分离血清,并做如下检验:

(1)效价检测 对 1∶500 以上标准抗原应在 60 s 内出现阳性反应,同时用标准阳性血清做对照;对 1∶100 以上炭疽死亡动物干燥抗原 5 份,应在 60 s 内出现阳性反应,同时用标准阳性血清做对照;取不少于 5 张各种动物炭疽皮的浸出液检验,应在 1 ~ 10 min 内出现阳性,同时用标准阳性血清做对照。

(2)特异性检查 取 25 张健康动物皮的浸出液检验,15 min 不出现阳性反应;对枯草杆菌、类炭疽杆菌抗原检验,15 min 应不出现阳性反应。

本品供诊断炭疽的沉淀反应用。使用时,取检样用生理盐水做 5 ~ 10 倍稀释后煮沸 15 ~ 20 min,冷却过滤。用毛细管吸取澄清滤液沿壁缓慢地加入装有等量炭疽沉淀血清的管内,在 30 ~ 60 s(最长 10 ~ 15 min)内两液面出现乳白色环,为阳性反应。

(三)炭疽沉降素血清检验用皮张抗原参照品(标准抗原)的制备和使用

采取患炭疽死亡的各种动物的皮张,经 121 ℃灭菌 30 min,并烘干之;如为鲜皮,需增菌培养。然后剪碎皮张,加入 10 倍的 0.5% 苯酚生理盐水,置 8 ~ 14 ℃浸泡 20 ~ 24 h 或 37 ~ 37 ℃浸泡 3 h。浸出液经滤过后,滤液经 121 ℃灭菌 30 min 后,无菌分装即可。本品为无色或微黄色澄明液体。无菌生长。与炭疽沉降素血清参照品进行沉淀试验,应在 1 ~ 8 min 内出现阳性反应,对健康动物血清应为阴性。于 2 ~ 8 ℃冷暗处,有效期 10 年。专用于皮张检验的对照。

二、牛传染性胸膜肺炎

补体结合反应是当前诊断牛传染性胸膜肺炎的可靠方法。目前生产使用的诊断制剂主要是牛传染性胸膜肺炎补体结合反应抗原、牛传染性胸膜肺炎补体结合反应阳性血清及牛传染性胸膜肺炎补体结合反应阴性血清。

牛传染性胸膜肺炎补体结合试验抗原制备方法如下:

1. 菌种

丝状支原体丝状亚种 C88051 强毒菌株。活菌滴度应达 10^8 CUU/mL。

2. 制备要点

①种子繁殖:冻干菌种以 1% ~ 2% 的量接种于 10% 马血清马丁肉汤培养,作为一级种子使用。一级种子以 1% ~ 2% 的量接种于 10% 马血清马丁肉汤培养,检验合格后作为二级种子使用。②菌液培养:种子培养液接种于 10% 马血清马丁肉汤,37 ℃培养 7 ~ 12 d,纯粹检验合格后,高速离心收集菌体(8000 r/min 离心 40 min),加入蒸馏水至原培养液的 1/10,使菌体悬浮于其中,倾入加有玻璃球的灭菌瓶中,充分摇振,使菌体分散。③灭活与配制:分散好的菌液经棉花纱布滤过,按菌液量的 0.85% 加入氯化钠,60 ~ 65 ℃作用 30 min,最后按总量的 0.5% 加入苯酚即为抗原。④效价测定:抗原效价测定按常规方法进行。使 80% 稀释的抗原对 1:10 的阳性血清能 100% 抑制溶血(+ + + +),而对 1:40 阳性血清仍有 50% 以上的抑制溶血(+ +),且对 1:5 的阴性血清 100% 溶血。这批抗原效价即为 1:10。抗原效价测定后即可分装。

本品 2 ~ 8 ℃保存,有效期 18 个月。供诊断牛传染性胸膜肺炎的补体结合试验用,按补体结合试验方法使用。判定标准为 0% ~ 40% 溶血,阳性;50% ~90% 溶血,可疑;100% 溶血,阴性。

3. 牛传染性胸膜肺炎活疫苗安全性反应及菌株致病性检验判断标准

(1)安全性反应判定标准

重反应:"+++"示注射部位肿胀蔓延至整个臀部、腹部、后肢、多发性(两肢以上)关节炎、高热稽留、全身瘫痪、卧地不起,甚至死亡者。不安全。

中反应:"++"示注射部位严重肿胀(注射侧臀部全肿或 1/2 以上尾肿)溃烂断尾,一肢有关节炎,高热稽留,在 15 d 内未自愈者。不安全。

轻反应:"+"示注射部位稍有肿胀,脱毛或步态稍僵硬,间有精神沉郁、食欲减退,一过性体温升高等症状,并在 10 d 内康复至正常者。安全。

无反应:"−"示无任何可见反应。安全。

(2)菌株致病性检验判断标准

重反应:"+++"示多发性(两肢以上)关节炎、高热稽留、全身瘫痪,卧地不起,甚至死亡。

中反应:"++"示注射部位严重肿胀(注射侧臀部全肿或 1/2 以上尾肿)溃烂断尾,一肢有关节炎,高热稽留,在 15 d 内未自愈。

轻反应:"+"示注射部位稍有肿胀,脱毛或步态稍僵硬,间有精神沉郁、食欲减退、一过性体温升高等症状,并在 10 d 内康复至正常。

无反应:"−"示无任何可见反应。

三、牛白血病

牛白血病是由牛白血病病毒引起的地方流行性传染病。它经垂直或水平传递,多数表现淋巴细胞持续性增多或亚临床感染,少数恶性转化形成淋巴肉瘤,终归死亡。临床诊断极不可靠,疫苗未获成功,有效的防治措施依赖于血清学和病毒学的正确诊断,结合感染牛的严格隔离饲养,促使病牛逐年减少而最终消灭。

牛白血病病毒属于反录病毒科的人 T 细胞白血病 − 牛白血病病毒(HTLV − BLV)属。它只感染牛的 B 淋巴细胞,并长期持续存在于牛体内,虽然动物产生特异性抗体,但不能将病毒消灭。刚从感染牛分离的 B 细胞,任何方法都无法检出 BLV,除非经过短期(48 ~ 72 h)的体外培养。目前,我国和国际上通用者首推琼脂扩散试验作为法定诊断方法,某些国家则以 ELISA 作为法定诊断方法。合胞体形成试验虽也敏感和特异,但需用 FSl 细胞系做细胞培养才能检测,难以大量应用。

(一)琼脂扩散试验诊断制剂的制备和使用

1. BLV 抗原的来源

目前普遍应用 FLK – BLV 细胞系体外培养以生产 BLV 抗原。FLK – BLV 是一种持续感染 BLV 的胎羊肾细胞系,它虽不导致 CPE,但可产生大量 BLV,成为琼扩抗原的主要来源。培养方法是将 FLK – BLV 在 Eagle 氏 MEM 营养液中培养 4~7 d,收集培养液,从中提取 BLV 抗原,同时将细胞单层自容器表面消化下来扩大培养,继续生产抗原。

2. AGP 抗原的制备

①将收获的培养液合并后每 100 mL 加入硫酸铵,边搅边加,然后在 4 ℃ 静置过夜。②离心,弃去上清液。③以少量 PBS(0.02 mol/L pH 7.2,0.85% 氯化钠)将沉淀物溶解。④用超声波处理 1~2 min,使病毒颗粒破碎。⑤将抗原液装于透析袋中,以 PBS 透析 24 h,每 4 h 更换 PBS,以除去残余的硫酸铵。⑥离心,弃去沉淀。⑦冻干后分装小瓶,4 ℃ 储存,用前加水溶解成培养液量的 1%;也可将透析后的提取液装入透析袋中,用聚乙二醇脱水浓缩至培养液的 1%,分装安瓿,–20 ℃ 以下储存。

用上法提取的抗原液含有 BLV 的囊膜糖蛋白 gp51 和核心蛋白 p24,但培养液中的犊牛血清蛋白却占极大部分。这种制剂虽不纯、粗制,然而制备简便,在琼扩试验中效果满意,为各国所通用。

(二)BLV 酶联免疫吸附试验抗原制备方法

抗原制备:所用抗原须为提纯的 gp 51 或 p 24。gp 51 的纯化是将琼扩抗原通过 Con A – Se Dharose 4B 柱,当用 PBS 洗涤时,gP 吸附于 ConA 上,而其他蛋白被洗脱。随后用甲基 – D – 甘露糖溶液将 gp 洗脱。将洗脱液通过兔抗牛(血清蛋白)亲和层析柱,以除去犊牛血清中的糖蛋白,洗脱液浓缩后即为纯化的 gp 51。P 抗原的提取可将琼扩抗原通过 Sephadex G 150 柱,收集蛋白部分,将有 BLV 抗原活性的洗脱液通过兔抗牛亲和层析柱,再浓缩即可。

四、牛瘟

牛瘟的诊断必须进行一些病毒学和免疫学的检查后方能确诊。例如包涵体检查、细胞培养、补体结合反应、琼脂扩散反应、各种中和试验、间接血凝试验和皮内变态反应等。近来还利用了荧光抗体技术、酶联免疫吸附试验和麻疹血凝抑制试验等,其结果较为满意。现将我国较常用的两种诊断方法介绍如下。

(一)牛瘟兔化毒交互免疫试验

将新鲜的病牛淋巴结和脾脏做成 10 倍乳剂，以 5 mL 皮下注射或 1 mL 静脉注射 2～3 只健康兔，按种后，每天测温 2 次，观察有无反应。经 10～14 d 后，与对照健康兔 2 只，同时接种小剂量牛瘟兔化毒 5～10 个最小发病量，如果对照兔发生牛瘟兔化毒典型热反应及病理变化，而试验兔正常，就可以诊断病牛为牛瘟。这种方法简便易行，费用少。

(二)兔体中和试验

采取近期病愈牛的血清，用原血清或将其稀释 10～100 倍，加入一定量的冻干牛瘟兔化毒(100 个最小发病量)，10 ℃作用 3 h，用 1 mL 接种于健康兔的耳静脉，如果兔不发病，就证明所试血清中有牛瘟抗体存在，可以判定为牛瘟。相反如果兔发病，就可以判定不是牛瘟。不过应该注意的是，如果该牛以前患过牛瘟或曾进行过牛瘟疫苗预防注射，这一方法就不能肯定该牛最近发生的病确实是牛瘟。

五、牛流行热

牛流行热又称三日热或暂时热，是由节肢动物传播的奶牛、黄牛和水牛的一种病毒性急性热性传染病，特征是体温突然升高到 40 ℃以上，呼吸迫促、全身虚弱，伴有消化机能和运动器官的机能障碍。本病流行于非洲、亚洲和澳大利亚许多国家和地区。目前，本病也是我国的重要牛病之一。

从 20 世纪 60 年代末至 90 年代期间，许多国家的研究者在特异性血清学诊断方法方面进行了大量试验研究。其中包括：①以感染的鼠脑毒和细胞毒制备抗原进行补体稀释法半微量补体结合反应的研究。②应用免疫荧光直接法检查牛流行热病毒染毒细胞和自然感染病牛发热期的白细胞具有高度的特异性，而在发热后期收集有样品则不能检出特异性荧光。③以牛流行热病毒与被检血清混合孵育对乳鼠(1～3 日龄)脑内接种的方法，或接种于培养的 BHK21 细胞上或接种在微量滴定板培养的 Vero 细胞上进行常量或微量的中和试验。

近年来，出现了用于检测牛流行热病毒特异性抗体的阻断酶标法，该法的原理是：当阳性血清存在时，牛流行热病毒糖蛋白 G1 抗原位点上的某一抗原表位被阻断，不能与相应的单抗相结合，与中和试验相比，此方法简单、敏感性高，是监测和诊断牛流行热较为理想的方法。试验操作方法简介如下：

1. 培养 BHK21 细胞

生长液为含 10% 灭活犊牛血清 RPMI 1640 培养液,其中应添加青霉素 100 IU/mL 及链霉素 100 μg/mL。

2. 病毒毒价测定

将 BHK21 细胞与牛流行热病毒液做 10 倍系列稀释,在微量滴定板的 BHK21 细胞上进行毒价测定,同时设不接毒的细胞为对照。按 Reed – Met-inch 方法计算 $TCID_{50}$。

3. 微量中和试验程序及判定标准

(1)定性试验 首先向 96 孔聚乙烯塑料板每孔滴加 25 μL 培养液,其次将每份受检血清样品以 25 μL 的量各加 2 个孔,即为 2 倍稀释,取 2 倍稀释的血清向后移 2 孔做 4 倍稀释。然后每孔各加含 1 000 $TCID_{50}$/0.1mL 病毒液 25 μl,置 37 ℃孵育 1 h,最后每孔滴加 0.1 mL 细胞悬液。置 37 ℃二氧化碳培养箱孵育 4~5 d 判定结果。在实施定性试验时,设阳性血清、阴性血清、病毒和空白细胞对照,对本试验使用的病毒随同试验再次进行毒价测定。

(2)定量试验 先向塑料板每孔滴加 25 μL 培养液,其次将受检血清(包括阴、阳性血清)在塑料板上做对倍系列稀释 1∶(2~64),每个稀释度滴加 4 个孔,每孔 25 μL,然后每孔加含 1 000 $TCID_{50}$/0.1 mL 病毒液 25 μL,37 ℃孵育 1 h,最后每孔滴加细胞液 0.1 mL,置 37 ℃ CO_2 培养箱中孵育 4~5 d 判定结果。对照与定性试验相同。

(3)判定标准 在对照成立的情况下,定性试验以 4 倍稀释血清 2 孔均出现 CPE 为阴性;1 孔出现 CPE 判为可疑,但应重复试验 1 次;2 孔均不出现 CPE 为阳性,定量试验判定标准量,抗体价 >4 为阳性,4 为疑似,<4 为阴性。

六、蓝舌病

蓝舌病是一种侵害反刍动物的非接触传染性疾病,主要感染绵羊,其症状的轻重程度取决于病毒株毒力的强弱、绵羊的品种和该地区的自然环境条件。牛、山羊常为隐性感染或仅表现亚临床变化,发热和白细胞减少。

本病的特异性诊断方法很多,群特异性的诊断方法有凝胶琼脂扩散试验、补体结合试验、荧光抗体试验;型特异性的诊断方法有中和试验、空斑抑制试验、单辐射溶血试验及单克隆抗体技术,除中和试验和空斑抑制试验需要由国家指定的兽医机构提供的标准种毒、标准阳性血清外,凝胶琼脂扩散试验和补体结合试验均需由国家指定的生物制品生产厂制备标准的诊断液。

鼻疽是由鼻疽假单胞菌引起的主要发生于马类动物的一种接触性传染病,以鼻腔、肺组织以及皮肤上形成特异性鼻疽结节、溃疡和瘢痕为特征,淋巴结和其他实质器官也可形成鼻疽结节。本病的检疫主要采用变态反应检查和血清学检查。目前我国使用的诊断制剂主要有鼻疽菌素(鼻疽菌素有老菌素和提纯菌素)、补体结合试验抗原、补体结合试验阳性血清及鼻疽阴性血清。菌种为鼻疽杆菌 C67001、C67002 株。这里仅介绍鼻疽菌素制造和使用方法。

1. 提纯鼻疽菌素

菌种划线接种于 4% 甘油琼脂平皿,挑选光滑型菌落移植于甘油琼脂扁瓶,37 ℃培养 2~4 d,用生理盐水洗下,纯粹检验合格后作为菌液种子液。将种子液接种于 4% 甘油肉汤(含 1% 蛋白胨、0.5% 氯化钠、4% 甘油,pH 6.8~7),37 ℃培养 2~4 个月,然后 121 ℃灭菌 1.5 h,放 2~8 ℃冷暗处澄清 2~3 个月。吸取上清液,用塞氏滤器过滤,即为老鼻疽菌素原液。无菌检验、蛋白测定和效价测定合格后,加入适量灭菌的 4% 甘油,定量分装。

菌液经塞氏滤器过滤后,可用三氯醋酸提纯法或硫酸铵提纯。三氯醋酸法提纯时,取滤液 900 mL,徐徐加入 40% 三氯醋酸水溶液 100 mL,充分搅拌,混匀后,2~8 ℃静置 14~20 h,使蛋白沉淀,弃去上清液,沉淀的蛋白液以 3 000~5 000 r/min 离心 30~40 min,弃上清液。硫酸铵法提纯时,取滤液 1 000 mL,徐徐加入饱和硫酸铵 2 000 mL,混匀后,2~8 ℃静置 14~16 h,弃去上清液,沉淀的蛋白液以 3 000~5 000 r/min 离心 30~40 min。将沉淀用少量 pH 7.4 的 PBS 悬浮,并磨成糊状,装入透析袋,用自来水流水透析 12~24 h,再用 PBS 透析 12~24 h,以碱性碘化汞钾试液和 5% 二氧化钡水溶液检查,直至无铵离子和硫酸根离子。

2. 菌素制备

用三氯醋酸沉淀的蛋白加入适量 PBS 液(pH 7.4)充分溶解,再用 1 mol/L 氢氧化钠溶液将 pH 调至 7.4;用硫酸铵沉淀蛋白,经透析除尽硫酸铵后,直接加入硫酸铵缓冲液(pH 7.4),使其充分溶解。将菌素溶液过滤,滤液即为提纯鼻疽菌素原液。无菌检验、蛋白测定和效价测定合格后,鼻疽菌素原液用加有防腐剂灭菌的 PBS 稀释后,定量分装,即为液体菌素;鼻疽菌素原液用灭菌的 PBS 稀释,定量分装,迅速冷冻真空干燥,即为冻干菌素。

3. 质量标准

老鼻疽菌素为黄褐色澄明液体;液体提纯鼻疽菌素为无色或略带淡黄褐色的澄明液体;冻干提纯鼻疽菌素为乳白色或略带淡棕黄色的疏松团块,溶解后呈无色或略带淡棕黄色的澄明液体。用 18 ~ 22 g 小鼠 5 只,各皮下注射菌素 0.5 mL,观察 10 d,均应健活。效价检验和特异性检验方法如下:

(1)效价检验　①致敏原制备　取 1 ~ 2 株强毒光滑型鼻疽杆菌,分别接种于 4% 甘油琼脂扁瓶中,36 ~ 37 ℃培养 48 h 后,每瓶加入生理盐水 20 mL,洗下培养物,混合于空瓶中,经 121 ℃灭活 1 h,置 2 ~ 8 ℃保存使用。②致敏豚鼠:用体重 450 ~ 600 g 的白色豚鼠 8 只,每只腹腔注射致敏原 1 mL,14 ~ 20 d 后,于豚鼠臀部剪去一小块被毛,翌日皮内注射标准提纯鼻疽菌素 0.1 mL(0.1 mg/mL),经 24 ~ 48 h 观察反应,凡注射部位有红肿,直径在 7 mm 以上者,方可用于效价测定。③效价测定:选鼻疽致敏合格的豚鼠 4 只,检验前 1 d 在腹部两侧去毛,每侧去毛面积应满足注射 2 个部位用。将被检菌素和标准菌素稀释液采取轮换方式在每只豚鼠身上各注射一个部位,注射量为 0.1 mL。注射后 24 h 用游标卡尺测量每种菌素各稀释度和标准菌素在 4 只豚鼠身上各注射部位的肿胀面积。计算被检菌素各稀释度和标准菌素在 4 只豚鼠身上肿胀面积平均值的比值(如 24 h 反应不规律时,可观察 48 h,但是注射部位红肿反应的直径应在 7 mm 以上,方可判定)。如被检菌素和标准菌素平均反应面积的比值为 1 ± 0.1,即为合格。

(2)特异性检验　选取 10 匹健康马,均分成 2 组,一组左眼点不稀释标准鼻疽菌素 2 ~ 3 滴,右眼点 75% 稀释新制鼻疽菌素 2 ~ 3 滴;另一组点眼相反。点眼后 3 h、6 h、9 h、24 h 分别进行检查,75% 新制菌素稀释液与标准菌素,全部试验马对被检菌素和标准菌素均无反应为合格。如个别马不一致,可在 2 ~ 5 d 后做第二次检验,反应一致也认为合格。

八、马传染性贫血

(一)琼脂扩散反应抗原的制备和使用

1. 毒种

抗原制备所需毒种是驴胎肺、真皮、胸腺二倍体细胞上培养传代适应、抗原性良好的马传贫病毒,由中国农业科学院哈尔滨兽医研究所提供,并需符合以下条件:①繁殖毒种的驴胎肺、胸腺二倍体细胞必须生长良好,形成单层。②收毒后冻融 3 次,无菌收集。③按 1.5% 沉淀物制出抗原,免疫扩散法测定效价,扩散环直径在 10 mm 以上者。

2. 抗原制造要点

首先按常规的方法,将 6 个月龄左右驴胎肺、胸腺、皮肤等组织制成二倍体细胞,换入等量维持液后,按 2% ~5% 接种种毒,培养 10 ~15 d 收毒。调 pH 至 5.0,于 4 ℃ 透析 15 h,离心,弃上清液,沉渣以 pH 8.6 硼酸缓冲液稀释,再加乙醚研磨。

3. 抗原检验

用含 8 个单位标准阳性血清,配制成含 1% 标准阳性血清的 1% 琼脂平板,打样、加样,经过反应后出现沉淀环者即为合格。

(二)补体结合反应抗原的制备和使用

我国在补体结合反应抗原的制备上有独到特点。应用驴白细胞,或驴胎肺、骨髓传代细胞生产抗原;把小牛血清改为大牛血清;把乙醚处理病毒培养物改为 Tween-80 和乙醚等量联合处理,可大大增加抗原生产量。

1. 毒种

应符合以下条件:①在驴白细胞上生长良好。②接毒白细胞与不接毒白细胞差异明显。③补体结合效价在 5.0 以上。

2. 制备要点

选用健康驴和 5 岁以上健康牛。无菌常规采取驴白细胞,按前述方法培养,并按 2% 接毒,当细胞 90% 左右脱落时即可收获;经过反复冻融离心,按 2% 加 Tween-80,混合后加等量乙醚,再进行脱毒即可成为所制取抗原。

3. 抗原效价检验

用标准阳性血清与阴性血清做半微量补体稀释法补体结合反应检验,对同批次对应的接毒细胞抗原(V)、对照抗原(C)进行效价检验,对接毒抗原与不接毒对照抗原不溶血程度总差异值应在 5.0 以上,并且非特异性检验组及抗原对照组的 V、C 不溶血程度总差异值为 0 时,此抗原为合格抗原。

4. 保存与使用

于 -20 ℃ 可保存 1 年;-7 ~ -9 ℃ 保存 1 个月;2 ~5 ℃ 保存 30 d;15 ~18 ℃ 保存 15 d。冻干抗原于室温(20 ~30 ℃)可保存 2 个月。冻干抗原使用时,用无离子水稀释。

(三)ELISA 抗原的制备和使用

1. 毒种

驴胎肺、皮肤及胸腺等细胞培养传代适应的马传贫驴白细胞弱毒。

2. 制备要点

①取妊娠 3~5 个月驴胎肺、皮或胸腺,按常规法剪碎、洗涤、消化、过滤,收集细胞加适量生长液制成 30 万~40 万/mL 细胞悬液,分装于培养瓶,装量为容积的 1/10,置 37 ℃ 4~7 d 可长成单层,供分散传代、冻存。②细胞经 2~4 d 培养形成单层后,弃去旧培养液,按培养液体积的 3%~5% 接种种毒液,于室温感放置 20~30 min,加入含有 5%~10% 牛血清的新生长液,继续培养,如 pH 下降变黄,可加适量 5.6% 碳酸氢钠溶液调 pH 至 7.2~7.4,培养 10~15 d 收毒。肺细胞无明显变化;皮肤、胸腺细胞 7~9 d,显微镜下可见到细胞圆缩、壁变厚、脱落等病变。③细胞有 75% 左右出现病变时即可收获,置 -20 ℃ 冻结保存。④经冻融处理后,进行蛋白定量,分装小瓶置 -20 ℃ 备用。⑤抗原活性测定用标准阴、阳性血清及合格的酶标记抗体进行,将抗原稀释 1:20 包被 40 孔聚苯乙烯微量板,血清稀释不同倍数,酶标记抗体使用 1:1 000 稀释液。如标准阳性血清的 ELISA 终点滴度不低于 1:1 024 倍,则认为抗原合格。本品在 -20 ℃ 保存,有效期 1 年;在 4~16 ℃ 可保存 1 个月。

九、马沙门菌病

1. 菌种制备

菌种为马流产沙门菌 C77-1 强毒菌株。

2. 制备要点

取种子液接种 pH 7.2~7.4 普通琼脂扁瓶培养后,用 1% 甲醛生理盐水洗下菌苔,经玻璃珠打碎后用纱布漏斗滤过。再用 1% 甲醛生理盐水稀释成 200 亿菌/mL(以细菌浓度标准比浊管滴定),分装制成。

3. 质量标准

本品为微黄色混浊液体,静置观察分上、下两层,上层为浅黄色澄明液体,下层为灰白色沉淀物,振摇后呈均匀浑浊。无菌检验按常规进行,接种检验培养基后应无沙门菌和杂菌生长。效价测定用标准试管凝集试验法进行。标准阳性血清 3 份、阴性血清 1 份。待检抗原的凝集价至少与 2 份标准阳性血清原有的凝集价相符,与标准抗原的凝集反应一致,并在 1:200 阴性血清无凝集反应,在生理盐水对照管无自凝现象,可认为合格。抗原置 2~15 ℃ 保存有效期 1 年。

十、牛伊氏锥虫病

伊氏锥虫病又称苏拉病,是由吸血昆虫传播的马、牛、骆驼等家畜的一种原虫病,马属动物发病后常呈急性经过,死亡率高。黄牛、水牛、骆驼感染后,虽也有急性经过而死亡的病例,但多数是慢性经过,呈带虫现象。本病分布较广,世界许多国家都有发生,我国西北和长江以南多数地区都有分布。

与疫苗相比,伊氏锥虫病的免疫血清学诊断技术进展较快,目前已建立很多血清学诊断技术用于伊氏锥虫病的临床诊断,如间接血凝试验、琼脂扩散试验、对流免疫电泳、补体结合试验、酶联免疫吸附试验及 PAPS 免疫微球凝集试验,这些技术主要用于感染动物血清中特异性抗体的检测,伊氏锥虫单克隆抗体的问世进一步提高了血清学技术的特异性、稳定性及灵敏度。牛伊氏锥虫病间接血凝反应抗原致敏红细胞制备方法如下:

1. 虫种

由流行区采得伊氏锥虫虫株,小鼠或豚鼠传代保种,或体外培养虫体,液氮保存备用。

2. 制备要点

(1)抗原制备 用小鼠保种的虫体或液氮保存的体外无细胞培养虫体复苏后接种小鼠,见到虫体后,尾尖采血接种去脾犬,待镜检每视野有 100 个虫体以上时,颈动脉放血以 1 : 2 比例加入抗凝剂,消毒纱布(两层)过滤,离心沉淀收集纯净虫体,或用 DEAE 纤维素层吸柱收集纯净虫体,以 PBS 液配成10%锥虫悬液,冷冻保存。冷冻的锥虫悬液,反复冻融数次,超声裂解处理,高速离心,其上清液即为抗原,致敏时,以 PBS 液稀释成所需浓度。

(2)致敏红细胞制备 抽取绵羊静脉血液,脱纤,无菌生理盐水数次离心洗涤,记录红细胞压积,用 PBS 液配成5%悬液。以 2%丙酮醛 PBS 液醛化,0.005%鞣酸生理盐水处理,再以 2%戊二醛 PBS 液醛化,其间均要离心洗涤数次。然后用所需浓度的抗原液稀释红细胞沉积成5%悬液,37 ℃水浴致敏,离心洗涤,以含 0.5%～1%灭活健兔血清 PBS 液配成2%悬液,加入叠氮钠,即成致敏红细胞。同时同法制作一批等量的不用抗原致敏的非致敏红细胞,作对照用。进行凝集价检测。

3. 质量标准

从冰箱取出保存的诊断液,充分振动摇匀,呈均匀的血细胞悬液,无颗粒状出现,制备的诊断液用阳性血清测定凝集价,凝集价达 1 : 640 以上判为合格。

4. 保存与使用

4 ℃冰箱中保存,有效期不少于 6 个月,不能冻结。使用前必须充分摇匀,如发现颗粒状则不应使用。用于间接血凝反应测定血清抗体。

十一、肝片吸虫病

肝片吸虫病是家畜最主要的寄生虫病之一,主要危害牛、羊,偶尔感染人。常引起急性或慢性肝炎和胆管炎,并可因虫体毒素而致全身性中毒、贫血和营养障碍,危害相当严重,可致死亡。分布于全世界,我国遍布各地。在不少疫区中,家畜往往同时感染肝片吸虫和伊氏锥虫病并带来很大的损失。

目前已有家畜肝片吸虫、血吸虫、锥虫三联诊断试剂盒(包括三联对照液、三联致敏液、血吸虫病鉴别液、肝片吸虫病鉴别液、锥虫病鉴别液及稀释血样专用试剂等)。

1. 虫种

肝片吸虫、日本分体吸虫和伊氏锥虫。

2. 制备要点

在 pH 7.2 条件下,先用锥虫抗原(35 mg/mL)致敏醛化红细胞,再用日本分体吸虫抗原(20 mg/mL)和肝片吸虫抗原(26 mg/mL)同时致敏在该醛化红细胞上,制成 3 种虫的三联致敏液,同时同法制作非致敏的醛化红细胞作为对照液。另外,用日本分体吸虫、肝片吸虫、锥虫抗原分别致敏 3 份醛化红细胞,特制成 3 种虫的相应鉴别液。

3. 保存与使用

在 4~8 ℃ 条件下保存 11 个月仍然有效,其血凝价在 1∶320 以上。使用方法:①血清稀释。将被检血清用 1% 健康兔血清磷酸盐稀释液分别做 20 倍稀释的 3 个孔,80 倍稀释 2 个孔。②血纸稀释。将被检血纸 1.2 cm² ,放入凝集板左侧第一孔,加入 200 μL 1% 健兔血清磷酸盐稀释液,浸泡 20~30 min 后,该孔为 10 倍液,顺次向右在第二孔加 50 μL 稀释液,并加入 10 倍稀释的血样 50 μL,即成 20 倍稀释,依次在第三、第四、第五孔各加 20 倍液 25 μL,第五孔再加 75 μL 稀释液,混匀即成 80 倍稀释液,第六孔加 80 倍液 25 μL,第五孔留 25 μL,弃去 50 μL,即成第一孔 10 倍稀释,第二、第三、第四孔为 20 倍稀释,第五、六孔 80 倍稀释。③用配上 4 号针头的 5 支注射器分别吸取诊断液于第 2、3、4、5、6 孔按序滴加三联对照液、三联致敏液、血吸虫病鉴别液、肝片吸虫病鉴别液和锥虫病鉴别液各 1 滴,摇匀置室温感作 1~2 h,待对照孔血细胞全部沉于孔底时判定结果。判定标准:三联法和单项法各孔阴、阳性反应标准相同,若三联致敏孔呈阳性,其他任何一个鉴别孔出现阳性反应时,即可判定为该种病,若三联致敏孔与鉴别孔反应不符合,则判为可疑。

十二、日本分体吸虫病

日本分体吸虫病又称血吸虫病,是由分体科分体属的日本分体吸虫引起的。虫体寄生于人和牛、羊、猪、犬等家畜,以及多种啮齿类动物的门静脉和肠系膜静脉内,系一种危害严重的地方性人畜共患寄生虫病,对家畜可引起不同程度的损害,甚至造成死亡。该病主要流行于亚洲,在我国分布很广,遍及长江沿岸及其以南地区。

血吸虫病可采用免疫血清学诊断技术进行诊断。免疫酶染色法可检测血吸虫抗原,ELISA、单克隆抗体 Dot – ELISA 可用于检测感染动物血清中的特异性抗体。钱应娟等(1989,1990)建立了一种聚醛化聚苯乙烯载体微球(PAPS)凝集试验用于日本血吸虫病的快速诊断,该方法用于检测病牛血清中的特异性抗体,对人工感染的病牛阳性检出率为 100%,自然感染病牛的阳性检出率为 91.2%,其特异性、敏感性、重复性都较好,制成的诊断试剂较稳定,在 1 年内均有效。

(一)PAPS 免疫微球凝集试验诊断液的制备

1. 可溶性血吸虫成虫抗原的制备

用 2 000 条血吸虫尾蚴感染家兔,感染后 42 d 剖杀冲虫,将虫体冰冻干燥,磨成粉末。虫体干粉按 1∶100(g/V)加入 0.15 mol/L pH 7.2 PBS 置于冰箱中浸泡 1 周,浸泡期间反复冻融 5 次,超声波处理(200 μA/10 min ×2),最后经 15 000 r/min 离心 30 min,上清液即为血吸虫虫体抗原液。可溶性血吸虫虫卵抗原的制备除了将虫卵干粉按 1∶100(g/V)加入 0.15 mol/L pH 7.2 PBS 浸泡 1 周外,其余步骤与成虫抗原的制备方法相同。

2. PAPS 诊断液的制备

取 5%PAPS 悬液 10 mL 经 4 000 r/min 离心 15 min,弃去上清液,沉淀用 PBS 洗涤一次,然后在沉淀中加入 20 mL 的血吸虫抗原溶液(蛋白质浓度为 2~3 mg/mL)打散混匀,置于 37 ℃ 水浴箱中恒温振荡交联 2 h。经 12 000 r/min离心 10 min,弃去上清液,沉淀用 PBS 洗涤 2 次,最后用含 0.01%叠氮钠的 PIgS 配成 0.5%的悬液即为 PAPS 血吸虫病快速诊断液。

(二)环卵沉淀反应诊断液的制备

1. 血吸虫纯卵收集与分离

虫种为日本分体吸虫。人工接种的阳性兔经冲虫后,取肝脏捣碎,加适量

287

生理盐水,以 8 000 r/min 连续捣碎 3 次,经 0.13~0.36 mm 孔径分样筛过滤,滤渣再捣碎,过滤,沉淀,离心分层,直至呈现金黄色纯净虫卵为止,然后用 0.11~130 mm 孔径尼龙筛过滤,滤渣即为纯净虫卵。

2. 冰冻干燥虫卵

纯虫卵经 1.5% 甲醛溶液作用,自然沉淀,弃上清液,加入蒸馏水浸泡,吸出沉淀的虫卵,置于糊状的乙醇 - 干冰中(约 - 70 ℃)速冻,再置于内盛硅胶的抽滤瓶中,于冰浴内进行真空干燥 2 次,分装安瓿内,真空条件下封口,置于 4~6 ℃ 干燥保存。

本试验操作时,将受检血清 1 滴置载玻片上,加冻干血吸虫虫卵 100 个左右,盖上盖玻片封蜡,置 37 ℃ 温箱中培养 48 h,取出镜检观察。典型的阳性反应为泡状、指状或细长卷曲的带状沉淀物,边缘较整齐,有明显折光,凡虫卵周围出现块状(≥1/8 虫卵面积)或索状(≥1/3 虫卵长径)沉淀物,才定为阳性反应。阳性反应的标本片,应观察 100 个虫卵,计算其沉淀率;阴性者必须看完全片,全片虫卵少于 60 个者应重做。本制剂于 4~6 ℃ 干燥保存有效期 6 个月以上。

第五节 其他动物诊断用生物制品

一、兔梭菌性下痢

兔梭菌性下痢是由 A 型魏氏梭菌引起兔严重下痢的一种急性消化道传染病。病的特征是发病急、病程短、急剧水样下痢,发病率高,病死率几乎达 100%。我国 1979 年在江苏发现本病。目前,绝大多数地区有本病发生或流行。

兔梭菌性下痢的确切诊断靠细菌的分离培养鉴定,其次用病死兔肠内容物做中和试验鉴定。中和试验可以进行血清定型鉴定,所以诊断液主要是定型血清,用于血清型的鉴定和疾病诊断。

1. 制备要点

①免疫原:将标准菌种接种含血清的马丁肉汤培养基,做厌氧培养 24~48 h,8 000 r/min 离心 20 min,取上清液,加入 0.8% 分析纯甲醛,37 ℃ 灭活 48 h。与弗氏完全佐剂和不完全佐剂分别等量混合,充分乳化制成免疫原。

②免疫兔制备高免血清:首次用弗氏不完全佐剂抗原免疫,0.5 mL/只,肌内

或皮下多点注射,第二次以后用弗氏完全佐剂抗原免疫,每次免疫剂量递增0.3～0.5 mL,免疫 4 次后 10～15 d,采取少量血,分离血清,用琼脂双扩散试验测定效价。当效价达 1:16 时,采血,分离血清,分装小瓶(1 mL/瓶)。

2. 质量标准

①无菌检验:按常规接种普通肉汤、厌氧肝汤和血液琼脂,37 ℃培养 48 h 应无菌生长。②安全检验:用 16～20 g 小鼠 5 只,各静脉注射 0.5 mL,豚鼠 2 只(250～450 g)各皮下注射血清 5 mL,观察 10 d 均应健活。③效价测定:用琼脂双扩散试验测定,效价大于 1:16。也可采用中和试验测定。

3. 保存与使用

于 4～8 ℃保存,有效期 3 年。本血清供定型用时,用定型血清 1 mL,加入供检验的毒素 20～100 个小鼠致死量(含于 1 mL 内),37 ℃作用 40 min,然后静脉注射小鼠 0.2 mL,观察 24 h,判定结果。不死者为相应的血清型。诊断用时,取死亡兔肠内容物加适量生理盐水混合均匀,离心沉淀,取上清液 1 mL 加 1 mL 已知抗血清,混合均匀,37 ℃作用 40 min,然后静脉注射小鼠 0.2～0.4 mL,或静脉注射家兔 1～2 mL,同时设立未加血清组,观察 1 d,判定结果。能够被相应血清中和者为其对应的血清型和梭菌疾病。

二、兔病毒性出血症

诊断 RHD 的主要方法有 HA、HI 试验、ELISA、荧光抗体技术和 RT-PCR,但最常用的是 HA 和 HI 试验。HA 试验选用人 O 型红细胞。人 O 型红细胞用生理盐水或 10 mmol/L pH 7.2 PBS 洗 3 次,配成 1%浓度,4 ℃保存 7 d。作为诊断液需固定人 O 型红细胞和制备标准 RHDV 抗血清。

1. 人 O 型红细胞的固定

抗凝的人 O 型全血,用 10 mmol/L pH7.4 PBS 离心洗涤 3 次,每次 1 000 g 离心 15 min。沉淀用 PBS 稀释成 10%的悬液。用同样缓冲液配制 1%高锰酸钾溶液。在 10%红细胞悬液中加入等体积的 1%高锰酸钾溶液,边加边磁力搅拌混匀,然后在室温固定 20 min。用 PBS 离心洗涤 4 次,配成 1%红细胞悬液,加入 0.1%叠氮钠,4 ℃可保存半年。

2. 阳性血清制备

选择非免疫健康家兔,用 RHD 组织灭活疫苗免疫 3～4 次,每次间隔 10～15 d,当 HI 抗体效价达 1:512 时可采血分离血清。作为诊断阳性血清。分装成 1 mL/管。

3. 使用

用微量法,可取病死兔肝脏作检材,将肝脏制成10%乳悬液,2 000 g离心20 min,取上清作为待检材料。反应温度室温或37 ℃,1 h观察结果,HA效价 >1: 40判为阳性,HI试验效价 >1: 8判为阳性。

三、兔黏液瘤病

由于本病有比较典型的临床症状,所以比较容易诊断。实验室诊断方法主要有琼脂扩散试验、ELISA、Dot – ELISA、IFA及补体结合试验,但常用方法为琼脂扩散试验。可以用已知抗原检测抗体,也可以用已知高免血清检测未知抗原。

抗原制备:用兔黏液瘤病毒接种鸡胚成纤维细胞,出现CPE后冻融3次,离心取上清,可用超速离心后浓缩,也可透析浓缩。获得粗制抗原即可。

高免抗血清制备:采用初步浓缩的病毒抗原加弗氏佐剂后免疫兔或其他动物,免疫4~5次,采血分离血清。检测方法按一般琼脂双扩散试验。48 h内可判定,出现沉淀线即为阳性。

四、犬瘟热

用于诊断犬瘟热的方法主要有血清中和试验、补体结合试验、荧光抗体技术、ELISA等。

由于犬感染犬瘟热病毒后血清中抗体滴度较低并且很多犬接种过疫苗,所以诊断多检测病料中的犬瘟热病毒。首选方法是间接荧光抗体技术,其次是ELISA。荧光抗体技术的诊断液主要包括标准犬瘟热抗血清、荧光抗体。

犬瘟热抗血清制备:用纯化的犬瘟热病毒加弗氏佐剂制成免疫原,免疫健康犬,免疫4~5次,当琼扩效价达1: 16以上时,采血分离血清,分装小瓶备用。

荧光抗体制备:采取健康未免疫犬血分离血清,提取IgG,纯化后,免疫山羊,免疫4~5次,当琼扩效价达1: 32以上时,采血分离血清,提取羊血清中的IgG,纯化后,标记荧光素获得荧光抗体。分装小瓶保存备用。

五、犬细小病毒感染

犬细小病毒感染又名犬病毒性肠炎或犬传染性肠炎,是由犬细小病毒(CPV)感染犬所引起的以心肌炎和肠炎,临床上以呕吐、腹泻、血液白细胞显著减少、出血性肠炎和严重脱水为特征的一种急性传染病。本病自 1978 年报道以来,已在美国、英国、德国、法国、意大利、俄罗斯和日本等国家流行,也是我国犬的一种主要传染病。

快速的诊断方法主要有 HA、HI 试验、金标法和 PCR。

(一)HA 和 HI 试验诊断液的制备

1. 醛化红细胞的制备

加抗凝剂采集猪血液,离心弃上清液,用无菌生理盐水离心洗 3 次,用 pH 7.2 PBS 配成 8% 的悬液,加入等量 3% 甲醛溶液,室温 24 ℃左右搅拌 17~24 h,固定后用 PBS 洗 3 次,配成 10% 悬液。加入 0.05% 叠氮钠保存,4 ℃可保存 1 年以上。用时用生理盐水离心洗涤 3 次,配成 1% 悬液进行 HA 试验,用以检测粪便中的 CPV。需同时做 HI 试验。

2. HI 试验高免血清的制备

采用初步纯化的 CPV 加弗氏完全佐剂和不完全佐剂免疫犬或兔,免疫 4~5 次,每次间隔 10~15 d,可获得高效价血清用来做 HI 试验。

(二)金标法操作

此法是一种快速、敏感、特异的检测方法,可检测病犬粪便或病死犬的组织液。可检测 10~50 mg/mL 的 CPV,10 min 内出结果,与其他病毒没有交叉反应。目前在美国、加拿大等国家已有 CPV 检测试剂条销售,用于临床病犬的检测。

CPV 金标试剂条制作要点:用 CPV 单克隆抗体标记胶体金喷在玻璃纤维的结合垫上,CPV 多克隆抗体和抗鼠抗体分别喷在 NC 膜上,然后将 NC 膜、结合垫、样品垫、背衬(PVC 材料)和吸水垫等组装成试剂条,将试剂条装于塑料外壳成为检测试剂卡。检测时用少许粪便或棉试纸取肛门粪样,用生理盐水稀释后直接加在测试卡的检测孔内,几分钟后可在阅读窗口判读结果,阳性将出现 2 条红色线条,阴性仅出现 1 条红线。

PCR 是一种敏感特异的诊断方法,以 CPV 核衣壳蛋白 VP2 基因序列设计的引物,可扩增 226 bp。PCR 可检测粪便中的 CPV,用于 CPV 的早期诊断,是一种有前景的诊断试剂,但目前尚无诊断试剂供应。

六、犬传染性肝炎

犬传染性肝炎是由犬腺病毒 Ⅰ 型所引起的以肝脏受损、循环障碍及呼吸困难和腹泻为特征的犬科动物的急性传染病。临床表现为高热稽留、贫血、黄疽、出血性素质(皮下和口腔黏膜点状出血)、眼睑及头颈部水肿和康复犬角膜混浊、脓性结膜炎等。本病呈世界性分布,也是我国犬的一种主要传染病。

犬传染性肝炎的实验室诊断方法主要有微量补体结合试验、血凝和血凝抑制试验、中和试验、荧光抗体技术和免疫酶法等。微量补体结合试验最早用于犬传染性肝炎的血清学诊断,补反抗原采用细胞培养病毒,稀释液为含钙、镁的生理盐水。该方法操作简便、结果规律并且特异性较强。免疫酶法包括ELISA、Dot – ELISA 和免疫酶组化法。ELISA 适于检测病料中的犬传染性肝炎病毒,免疫酶组化法适于活体检测。免疫酶法是犬传染性肝炎最有价值的商用诊断试剂。

七、猫泛白细胞减少症

猫泛白细胞减少症又称猫传染性肠炎或猫瘟热,是由猫泛白细胞减少症病毒引起猫科动物、浣熊科和鼬科动物的一种急性接触性传染病。病的特征是复相热型、呕吐、腹泻、严重脱水和白细胞减少。本病在绝大多数国家发生流行。我国自 1984 报道本病以来,现已在近 20 个省区流行。

实验室检查方法主要有中和试验、荧光抗体技术、ELISA、HA 和 HI 试验等。其中,HA 试验的特异性最高,准确率达 95%;其次是 ELISA,为 93%;乳胶凝集试验的准确率为 92%。目前国内首推 HA 和 HI 试验,HA 及 HI 试验具有特异、快速、简便等特点,广为采用。对感染动物粪便、感染细胞等都可用猪红细胞做 HA 试验,以检测病毒抗原和毒价;HI 试验可以用于血清抗体的检测。HA 价≥1:80 判为阳性,HI≥1:8 为阳性。

1. HI 抗原制备

用 FPV 细胞培养物,冻融 3 次或经超声波处理,HA 效价≥1:1 024,用时用生理盐水稀释成 4 个血凝单位。

2. 醛化红细胞制备

红细胞醛化前用生理盐水离心洗涤 3~5 次,以去除红细胞表面上黏附的血浆蛋白。用 0.15 mol/L pH 7.2 PBS 配成 8% 悬液,逐滴加入同体积同样缓冲液配置的 3% 甲醛(或戊二醛)溶液,边加边摇,置室温继续磁力搅拌 18 h,用生理盐水反复离心洗涤 5 次,最后配成 10% 红细胞悬液,加 0.01% 叠氮钠或硫柳汞防腐,4 ℃放置,可使用 1 年以上。可重复用 2 种醛固定,效果更好。

八、水貂阿留申病

水貂阿留申病又称浆细胞增多症,是由阿留申病毒引起水貂的一种慢性消耗性、超敏感性和自身免疫性疾病,特征为丙种球蛋白异常增加、浆细胞极度增生以及持续性病毒血症。感染貂出现肾小球肾炎、动脉炎和肝炎。目前,世界所有养貂国家都有本病发生。我国东北、山东和新疆等养貂多的地区也有本病发生。

水貂感染 ADV 后仍能产生抗体,感染后 3~2 年抗体达高峰,病貂只需 40 d。大剂量接种灭活病毒后 3~4 周或小剂量接种后 6~8 周血清中 IgG 升高。所以诊断或检疫主要是针对血清中的 IgG。目前的检测方法主要有碘凝集试验、荧光抗体技术、补体结合试验、对流免疫电泳、ELISA 等。最常采用的是碘凝集试验,其次是对流免疫电泳。

1. 碘凝集试验(IAT)

用来测定血清中的 γ 球蛋白,适用于大批临床检疫,但此法不敏感。在发病早期 γ 球蛋白量较少时出现假阴性,而其他疾病引起的 γ 球蛋白增高又出现假阳性,与疾病的符合率大约只有 64%。

(1)碘试剂配制 碘化钾 4 g 用少量蒸馏水溶解,加入碘 2 g,然后加入蒸馏水至 30 mL 溶解混匀,置棕色瓶保存。

(2)试验方法 取待检血清 1 滴(0.02 mL),与等量碘试剂混匀,1 min 内观察凝集程度。++以上判为阳性(棕色凝集物呈多数较小碎片,放入水中全部浮散)。

2. 对流免疫电泳用抗原

(1)种毒 "83 左 01"毒株,每年用本动物传代 2 次,低温保存。也可采用 ADV-G 毒株。经长期驯化适应 CRFK 细胞系。

(2)制备要点 培养 CRFK 细胞,经胰酶消化后,采取同步接种 ADV-G 毒株。培养 6~7 d 出现 CPE 时收获病毒。冻融 3 次,3 000 r/min 离心 20~30 min,取上清,4~8 ℃ 40 000 r/min 离心 1.5~2 h,去上清,沉淀用少许 PBS 溶解(浓缩 100 倍以上),即为诊断抗原。

(3)抗原的标化 用标准阳性血清 2 倍递增稀释,分别与标化抗原进行对流免疫测定,确定抗原效价标准。取抗原 2 倍递增稀释,与 2 倍递增稀释的标准阳性血清进行对流免疫电泳测定,以标化抗原。并对每批抗原进行敏感性试验、特异性试验、阻抑试验,达到要求为合格。

第七章 常用微生态制剂的安全应用技术

微生态制剂是近年来发展迅速的一类新制品。应用微生态制剂可调节畜禽机体正常菌群，从而促进畜禽健康的事实已经得到充分证实。特别值得一提的是，微生态制剂在防治多种动物的胃肠道疾病方面，解决了临床上一些抗菌药物达不到治疗目的的难题。微生态制剂作为饲料添加剂对畜禽可起到保健和促进生长的作用。

第一节　微生态制剂类生物制品概述

微生态制剂常常使用一株或几株细菌制成不同的剂型,用于直接口服、拌料或溶于水中;或局部用于上呼吸道、尿道及生殖道;或对刚出壳的鸡群进行喷雾使用。我国目前多用粉剂、片剂和菌悬液,直接口服或混于饲料中。虽然有的灭活菌体或细菌培养代谢物同样具有微生态制剂的作用,但微生态制剂的严格概念系指利用有生命的菌群。

用于微生态制剂生产的菌种必须是公认的安全菌,如乳杆菌、某些双歧杆菌和肠球菌等。微生态制剂是否有充分的效果,首先取决于菌株的筛选。菌株的筛选标准要以预定的目的为基础,这些标准可称为特异筛选标准。此外,还必须满足许多基本要求,即生物安全性、生产和加工的可能性及微生态制剂的使用和菌株保持活力所必需的条件等,这样才能用于宿主动物,也才能在其体内或体表发挥有益作用。

自从梅契尼科夫用酸奶调整因菌群失调所致幼畜腹泻后,动物微生态制剂的研制和使用日益广泛和活跃,如我国方定一等用无致病性大肠杆菌 NY－10 株制成微生态制剂,用于防治仔猪黄痢;康白等用促菌生治疗人畜腹泻;何明清等用大肠杆菌菌液预防猪黄痢,其后又用需氧芽孢杆菌制成调痢生,治疗多种动物的细菌性下痢、消化不良,均取得良好效果。

国外使用微生态制剂的历史悠久,如日本已形成了使用双歧杆菌制剂的传统。美国 FDA 审批的、可在饲料中安全使用的菌种包括黑曲霉、米曲霉、4 种芽孢杆菌、4 种拟杆菌、5 种链球菌、6 种双歧杆菌、12 种乳杆菌、2 种小球菌以及肠系膜明串珠菌和酵母菌等。英国除了使用以上菌种外,还应用伪长双歧杆菌、尿链球菌(我国称为屎链球菌)及枯草杆菌 *Toyoi* 变异株等。

第二节　常用微生态制剂种类

一、需氧芽孢杆菌制剂

已经应用于生产的需氧芽孢杆菌包括蜡样芽孢杆菌和枯草杆菌,制成的制剂商品名称为促菌生、调痢灵、乳康生、止痢灵、华星宝、抗痢宝、克泻灵、增菌素、促康生、XA1503 菌粉。目前用于生产的蜡样芽孢杆菌菌株有 DM423、

SA 38、N 42、BC 901、BNL4 和 XA 1503；枯草杆菌有 BNL1、BNL2、BC 88625 株等。该类制剂可用于治疗猪、牛、羊、鸡、鸭和兔等动物的腹泻，并有一定促生长作用。大、中动物按每千克体重 5 000 万个芽孢，雏鸡、雏鸭每只 2 500 万个芽孢，一个疗程 3～5 d，每天 1～2 次。治疗量可以根据病情增减，预防量减半。

促菌生的菌种为土壤中分离到的无毒性需氧芽孢杆菌，对厌氧菌的生长有促进作用。该制剂是一种安全有效的微生态制剂，现已投入大量生产，并在人类医药和畜牧业上广泛应用，对婴幼儿腹泻、肠炎、痢疾均有较好的疗效，且具有预防作用。许多顽固性腹胀，经促菌生治疗也得到缓解。该制剂已广泛应用于预防、治疗羔羊痢疾；对仔猪下痢有明显的治疗和预防作用；对雏鸡白痢也有防治作用，对雏鸡还有增重作用。

调痢生生产用菌种为蜡样芽孢杆菌 SA38 株。该菌株于 1982 年从健康猪肠道内分离的百余株芽孢杆菌中筛选获得。该菌株耐高温、耐高盐、不产生 β 溶血。经菌型鉴定、生物学特性试验、吸氧试验、抗菌药物敏感试验、毒性试验等证明是一株安全、无害的芽孢杆菌。通过培养、干燥等一系列工艺制成的调痢生，经人工感染治疗试验证明，对初生仔猪和雏鸡下痢、犊牛下痢、羔羊痢疾和雏鸡白痢均有治疗作用。

二、乳杆菌制剂

用于微生态制剂的乳杆菌主要是嗜酸乳杆菌，此外有粪链球菌、尿链球菌。它们的共同特征是能大量产酸，常统称为乳酸菌。

乳杆菌的生理作用比较明显，它在肠道内正常地无害定植，能抑制病原菌生长繁殖，合成维生素，促进食物消化，帮助营养吸收，促进代谢，克服食物腐败过程。肠球菌也是人和动物肠道正常菌群之一，其作用类似于乳杆菌。

乳杆菌作为微生态制剂的主要作用是与致病菌竞争，稳定正常菌群。因为乳酸菌能强烈产酸，降低 pH，降低氧还电位，产生过氧化氢和其他特异性抑制成分如杀细菌素等，使致病菌减少。另外，乳酸菌是微需氧菌，它与致病菌对有限营养（包括氧气）进行竞争，也是其抵抗病原菌的重要因素之一。

乳杆菌在防治动物腹泻中的效果很明显。当腹泻动物的正常菌群发生紊乱时，双歧杆菌、乳杆菌和肠球菌均减少；口服乳杆菌后，正常菌群得到恢复，腹泻得以治愈。

粪链球菌对良好生产条件下饲养的猪无效，而对不良卫生条件下饲养的仔猪可提高增重率,增加饲料消耗量,提高饲料转换率,减少腹泻。

我国利用类链球菌生产乳酶生和用嗜酸乳杆菌配以粪链球菌、枯草杆菌制备的抗痢灵及抗痢宝,都已得到农业部批准投入批量生产。这三种菌互相依赖、促进增殖,其中的嗜酸乳杆菌分解糖类产生乳酸,可抑制有害微生物的生长繁殖;粪链球菌产酸,有助于嗜酸乳杆菌的增殖;枯草杆菌则可以分解淀粉产生葡萄糖,为乳酸菌提供能源。抗痢灵对仔猪下痢和雏鸡白痢有治疗和预防作用,可使畜禽增重率平均提高12%。

三、双歧杆菌制剂

双歧杆菌是寄生在人、动物小肠下段的重要正常菌群,起着维护微生态平衡的作用。本菌在人体出生后 2 d 开始定植后,增长十分迅速,第四至第五天占优势,6~8 d 时则建立了以双歧杆菌占绝对优势的菌群。在母乳喂养儿的粪便中,双歧杆菌占细菌总数的98%,可达 10 亿~1 000 亿个/g。此后,双歧杆菌一直是占绝对优势的正常菌;到老年时,双歧杆菌明显减少,但长寿老人体内双歧杆菌却并不减少。

双歧杆菌与动物和人体的许多生理功能如生长发育、营养物质的消化和吸收、生物颉颃和免疫功能等有关,尤其能维护肠道细菌间的生态平衡,防止菌群失调及外来致病菌的入侵等。当机体处于病理状态时,往往表现出双歧杆菌数量减少;当恢复到正常生理状态时,其数量又渐增加到原水平。因此,双歧杆菌可作为衡量机体健康状态的一个敏感指标,补充双歧杆菌则可防治某些疾病,特别是细菌性腹泻。

畜牧兽医方面,利用双歧杆菌和酵母菌制成的混合制剂用于治疗奶牛腹泻有一定疗效。自健康牛阴道分离的双歧杆菌制成活菌制剂,对治疗奶牛阴道炎也有一定效果。

四、拟杆菌制剂

拟杆菌是寄生在人和动物肠道的正常菌,在革兰阴性厌氧杆菌中占第一位,对动物和人体的肠道微生态平衡起着很大作用。拟杆菌能利用碳水化合物、蛋白胨或其中间代谢物,其代谢产物包括琥珀酸、乙酸、乳酸、甲酸和丙酸等。本属菌种需5%~10%二氧化碳、氯化血红素和维生素 K 等,最适生长温度为 37 ℃,最适 pH 7.0,培养基中加 10% 血清或腹水、0.02% Tween – 80、胆汁都可促进其生长。

拟杆菌制剂在我国的使用尚属起步阶段。以脆弱拟杆菌、粪链球菌和蜡样芽孢杆菌制成的复合活菌制剂,在预防和治疗雏鸡、仔猪由沙门菌和大肠杆菌引起的下痢方面有较好效果。

五、其他微生态制剂

除上述菌种外,优杆菌也是一种数量很大的正常菌群成员。该菌在代谢过程中可释放大量丁酸、乙酸和甲酸,具备用作微生态制剂生产用菌种的基本特性。使用酵母真菌制成的酵母片也可用于人,以促进消化,改善消化不良的状况。黑曲霉、米曲霉也可用于制备微生态制剂。此外还有噬菌蛭弧菌的研究和应用。

噬菌体微生态制剂也可用于治疗细菌性疾病,如猪、犊牛、羔羊的肠毒素型大肠杆菌腹泻。其作用机制为噬菌体能与病原菌所结合的肠道细胞受体和病原菌吸附性的决定簇(如 K88、K99 纤毛抗原)相结合,从而降低病原菌的感染。噬菌体微生态制剂与抗生素相比,其优点之一是,对噬菌体产生抗性的变异菌株,其毒力总是低于其原始菌株。从鸡的粪便、饲料和污物中能分离到裂解鸡伤寒沙门菌的噬菌体,可以使鸡沙门菌引起的死亡率从 53% 降至 16%。该方法对控制弯杆菌及生长抑性细菌也很有意义,但是能否像对肠毒素型大肠杆菌一样有效,还不清楚。

噬菌蛭弧菌类似于噬菌体。目前,这类细菌已被成功地用于制备微生态制剂——生物制菌王。噬菌蛭弧菌在自然界中广泛存在,革兰阴性,细菌内寄生。噬菌特性与噬菌体极为相似。其宿主范围极广,尤其是对革兰阴性细菌的裂解作用非常明显,如猪大肠杆菌、霍乱沙门菌和鸡白痢鸡伤寒沙门菌等。噬菌蛭弧菌的培养基以自来水琼脂(添加钙、镁、铁、锌等微量元素)为首选,营养肉汤、酵母膏浸液中也可生长。pH 3.0 ~ 9.8 均可生长,但最适 pH 为 7.2 ~ 7.4。在 4 ~ 43 ℃ 中均可生长,最适温度为 25 ~ 30 ℃。由于是细菌内寄生菌,单独培养不形成噬斑,必须与宿主菌同时培养。

生物制菌王可以用于鸡、鸭、鹅、仔猪、羔羊、牛犊细菌性下痢的预防和治疗,并能促进这些畜禽的生长,无毒副作用,无残留,无抗药菌株的产生,无环境污染。

第三节　我国批准生产的五种微生态制剂质量标准

一、蜡样芽孢杆菌活菌制剂

制剂是用蜡样芽孢杆菌 DM423 菌株接种适宜培养基培养,收获培养液,加适宜赋形剂,经干燥制成的粉剂或片剂。粉剂为灰白色或灰褐色干燥粗粒状;片剂外观完整光滑,类白色,色泽均匀。每克制剂含非病原菌应不超过1 000个。其质量标准除按成品检验的有关规定进行检验外,应做如下检验:

1. 活芽孢计数

每批(组)随机抽取 3 个样品,各取 1 g 用灭菌生理盐水做 100 倍稀释,然后做 10 倍系列稀释至 10^{-10},接种鲜血马丁琼脂平板 2 个,每个接种0.1 mL,37 ℃培养 24 h,计算平均菌数。以 3 个样品中最低芽孢数为该批制剂的菌数,每克制剂含活芽孢应不少于 5 亿。

2. 鉴别检验

用本品培养选出的蜡样芽孢杆菌,接种鲜血琼脂平板培养,呈现 β 溶血;取其菌落与用本菌制的抗血清混合,应发生凝集;与用 SA38 菌株制的抗血清混合不发生凝集。

3. 安全检验

①用 5 ~ 10 日龄雏鸡 10 只,每天每只投服本制剂 1 g(不少于 5 亿菌),连服 3 d;另取同条件雏鸡 10 只,作为对照,同时饲养观察 10 d。10 d 后均应健活,或试验组与对照组合计死亡数不超过 3 只,且试验组的死亡数不超过对照组为合格。②用体重 18 ~ 22 g 小鼠 10 只,每只口服制剂 0.1 g,观察 10 d,应健活。

4. 保存与使用

在干燥处室温保存,有效期为 1 年。用于预防和治疗畜禽腹泻,并促进生长。使用时,可将制剂与少量饲料混合饲喂,病重可逐头喂服。①雏鸡:治疗用量为每次 0.5 g 每日 1 次,连服 3 d;预防用量为每羽份次 0.25 g 日服 1 次,连服 5 ~ 7 d。家禽:为雏鸡的 5 ~ 10 倍量,连服 3 d。②仔猪:治疗用量为每千克体重 0.6 g,每日 1 次,连服 3 d;预防用量为每千克体重 0.3 g,每日 1 次,服3 ~ 5 d 后,每周 1 次。大猪:治疗用量为每头每次 2 ~ 4 g,日服 2 次,连服 3 ~ 5 d。③犊牛:治疗用量为每头每次 1 ~ 6 g,日服 2 次,连服 3 ~ 5 d。④家兔:治疗用量为每只每次 1~2 g,日服 2 次,连服 3~5 d;预防用量按治疗量减半服用。⑤羔羊:治疗用量为每只每次 1 g,日服 2 次,连服 3 d;预防用量为出生后即灌服,每次 0.5 g,日服 2 次,连服 3~5 d。

二、蜡样芽孢杆菌活菌制剂(Ⅱ)

本制剂是用蜡样芽孢杆菌 SA38 菌株接种适宜培养基培养,将培养物加适宜赋形剂,经干燥制成的粉剂或片剂。粉剂为灰白色或灰褐色的干燥粗粉;片剂外观完整光滑,类白色或白色片。产品杂菌检验、病原性鉴定、活芽孢计数和安全检验等方法与蜡样芽孢杆菌活菌制剂(Ⅰ)相同。鉴别检验:用本品培养选出的蜡样芽孢杆菌,接种鲜血琼脂平板,应无溶血现象;取其菌落与用本菌制的抗血清混合,应发生凝集;与用 DM 菌株制的抗血清混合,不发生凝集。本品主要用于预防和治疗仔猪、羔羊、犊牛、雏鸡、雏鸭、仔兔等的腹泻,并能促进生长。治疗用量:猪、兔、牛和羊均按每千克体重 0.1~0.15 g。雏鸡和雏鸭每只 30~50 mg,每天 1 次,连服 3 d。预防用量减半,连服 7 d。

三、嗜酸乳杆菌、粪链球菌和枯草杆菌活菌制剂

本制剂是用嗜酸乳杆菌、粪链球菌和枯草杆菌活菌接种适宜培养基培养,收获培养物,加适宜赋形剂,经冷冻真空干燥制成混合菌粉,加载体制成的粉剂或片剂。粉剂为灰白色或灰褐色干燥粗粉或颗粒状;片剂外观完整光滑,类白色,色泽均匀。每克制剂含非病原菌应不超过 10 000 个。其质量标准除按成品检验的有关规定进行检验外,应做如下检验:

1. 活菌计数

①每克制剂应含活嗜酸乳杆菌 1 000 万个以上。取样品 1 g 用灭菌脱脂奶做 10 倍系列稀释到第十管。置 37 ℃培养 24~28 h,第八管(即 1 亿倍稀释管)以前各管均应均匀生长并凝固。②每克制剂应含活粪链球菌 100 万个以上。取上述稀释培养管第五管(即 10 万倍稀释管)涂片染色镜检,有粪链球菌菌体即可判合格。或者取样品 1 g 用灭菌生理盐水做 1 万倍稀释,接种 2 个牛心汤琼脂平板,各 0.1 mL,置 37 ℃培养 48 h,两个平板上粪链球菌菌落总数应不少于 20 个。③每克制剂应含活枯草杆菌 10 000 个左右。取样品 1 g,用灭菌生理盐水做 100 倍稀释,接种 2 个普通琼脂平板,各 0.1 mL,置 37℃培养 48 h,2 个平板上枯草杆菌菌落总数应不少于 20 个。

2. 安全检验

①用雏鸡检验:用5～10日龄雏鸡10只,抽取3个样品混合,取20 g混入饮水或饲料中,限当天服完,连服3 d,每只鸡服5 g左右,观察10 d。同时设条件相同的对照雏鸡10只。2组死亡数应不超过3只,检验组死亡数不得超过1只(菌粉饮服按每只0.15 g)。②用小鼠检验:选体重18～20 g小鼠5只,取制剂5 g混入饮水或饲料中,限当日服完,连服3 d,观察7～10 d。应全部健活(菌粉饮服按每只0.1 g)。③用豚鼠或家兔检验:选体重250～350 g的豚鼠2只或体重1.5～2 kg的家兔2只,按每100 g体重口服制剂2 g,3 d内服完,观察10 d。应全部健活(菌粉饮服按每100 g体重0.1g)。

3. 保存与使用

在25 ℃以下保存,有效期为1年。本品对沙门菌及大肠杆菌引起的细菌性下痢均有疗效,并有调整肠道菌群失调,促进生长的作用。用凉水溶解后作饮水或拌入饲料口服或灌服。治疗量:雏鸡每次0.1 g;成鸡每次0.2～0.4 g,每天早、晚各1次。雏鸡5～7 d、成鸡3～5 d为1个疗程。预防量减半。仔猪每次1.0～1.5 g,犊牛每次3～5 g,一般3～5 d为1个疗程。

四、蜡样芽孢杆菌和粪链球菌活菌制剂

本制剂是用无毒性链球菌和蜡样芽孢杆菌分别接种适宜培养基培养,收获培养物,加适宜赋形剂经干燥制成的灰白色干燥粉末。每克制剂含菌数、芽孢菌应不少于5亿,链球菌应不少于100亿。杂菌检验和安全检验同蜡样芽孢杆菌活菌制剂(Ⅰ)。杂菌病原性鉴定同嗜酸乳杆菌、粪链球菌和枯草杆菌活菌制剂。

本品为畜禽饲料添加剂,可防治幼畜禽下痢,促进生长和增强机体的抗病能力。作饲料添加剂,按一定比例拌入饲料,雏鸡料0.1%～0.2%、成鸡料0.1%、仔猪料0.1%～0.2%、肉猪料0.1%、兔料0.1%～0.2%。或仔鸡每日每只0.1～0.2 g,仔猪每日每头0.2～0.5 g。治疗量加倍。本品不得与抗菌药物和抗菌药物添加剂同时使用,勿用50 ℃以上热水溶解。

五、脆弱拟杆菌、粪链球菌和蜡样芽孢杆菌活菌制剂

本制剂是用脆弱拟杆菌、粪链球菌和蜡样芽孢杆菌接种适宜培养基培养,收获培养物,加适宜赋形剂,经抽滤后干燥制成的白色或黄色粗粉或颗粒。每克制剂含非病原菌应不超过10 000个。其质量标准除按成品检验的有关规

定进行检验外,应做如下检验:

1. 活菌计数

①每克制剂含活脆弱拟杆菌应不少于 100 万个。取本品 10 g,用 PBS 做 10 倍系列稀释到第五管,接种 2 个血平板,各 0.1 mL,置 37 ℃厌氧培养 48 h。2 个平板上脆弱拟杆菌菌落总数应不少于 20 个。②每克制剂应含活粪链球菌 1 000 万个以上。方法同嗜酸乳杆菌、粪链球菌和枯草杆菌活菌制剂。③每克制剂应含活蜡样芽孢杆菌 1 000 万个以上。取本品 10 g,用灭菌生理盐水做 10^{-6} 稀释,接种于 2 个 GAM 平板上,各 0.1 mL,置 37 ℃培养 24 ~ 48 h,2 个平板上蜡样芽孢杆菌菌落总数应不少于 20 个。

2. 安全检验

同蜡样芽孢杆菌活菌制剂(Ⅰ)。

3. 保存与使用

在干燥处室温保存,有效期为 1 年。对沙门菌及大肠杆菌引起的细菌性下痢如雏鸡、仔猪等动物的白痢、黄痢均有防治效果。

参考文献

［1］杨汉春．动物免疫学［M］．北京：中国农业大学出版社，1996.

［2］姜平．兽医生物制品学［M］．2版．北京：中国农业大学出版社，2003.

［3］陆承平．兽医微生物学［M］．3版．北京：中国农业大学出版社，2001.

［4］王明俊．兽医生物制品学［M］．北京：中国农业出版社，1997.

［5］杜念兴．兽医免疫学［M］．2版．北京：中国农业大学出版社，1997.

［6］于善谦．免疫学导论［M］．北京：高等教育出版社，施普林格出版社，1999.

［7］王永芬，乔宏兴．动物生物制品技术［M］．北京：中国农业大学出版社，2011.

［8］刘安典．常用畜禽疫苗及生物制品使用手册［M］．北京：中国农业大学出版社，2010.

［9］单虎等．现代兽医兽药大全：动物生物制品分册［M］．北京：中国农业大学出版社，2011.

［10］王世若等．现代动物免疫学［M］．2版．长春：吉林科学技术出版社，2001.

［11］林慰慈等．免疫学［M］．北京：科学出版社，2001.

［12］潘树德．畜禽疫苗使用手册［M］．北京：化学工业出版社，2013.

［13］童海兵、张小荣，吴艳涛，等．H9N2亚型禽流感灭活疫苗的免疫效果评价［J］．中国家禽，2010，32（20）：22－25.

［14］王守忠．畜禽免疫接种的不良反应和临床防治原则［J］．黑龙江畜牧兽医，2002（2）：29－30.

［15］郭福兴．影响动物免疫效果因素的探讨［J］．畜牧兽医杂志，2012，

31(1):93 – 95.

[16]陈巨清. 免疫程序制定及免疫效果评价[J]. 兽医导刊,2013(3):50 – 51.